基于overlay频谱共享模式的认知无线电传输机制与方法

谢　萍　张明川　吴庆涛　著

U0351619

科学出版社

北京

内 容 简 介

本书是一部有关认知无线电 overlay 频谱接入技术的专著,本书的中心理念是认知无线电技术与协作技术的有效结合。针对当前移动通信系统中频谱资源短缺和高系统性能需求等问题,重点讨论了基于 overlay 频谱共享模式的认知无线电传送机制与方法。内容主要围绕 overlay 频谱共享模式的几种实现策略而开展,分别研究了点对点通信系统、多跳通信系统、连续型通信系统以及干扰受限系统中的频谱效率和容量。分析了无线资源的优化配置方案对系统频谱效率和容量的影响。此外,本书还涉及了认知无线协作技术的前沿理论,分析了认知协作技术在各领域中的应用状况。

本书可供通信系统、信号处理、无线网络等方向的专业技术人员以及高等学校教师及研究人员阅读与参考。

图书在版编目(CIP)数据

基于 overlay 频谱共享模式的认知无线电传输机制与方法 / 谢萍,张明川,吴庆涛著. —北京:科学出版社,2016
ISBN 978-7-03-049128-2

Ⅰ.①基⋯ Ⅱ.①谢⋯②张⋯③吴⋯ Ⅲ.①无线电通信-传输-研究 Ⅳ.①TN92

中国版本图书馆 CIP 数据核字(2016)第 143259 号

责任编辑:孙伯元 王 苏 / 责任校对:桂伟利
责任印制:张 倩 / 封面设计:蓝正设计

斜 学 出 版 社 出版
北京东黄城根北街 16 号
邮政编码:100717
http://www.sciencep.com

三河市骏杰印刷有限公司 印刷
科学出版社发行 各地新华书店经销
*
2016 年 6 月第 一 版 开本:720×1000 1/16
2016 年 6 月第一次印刷 印张:13 1/2
字数:260 000

定价:80.00 元
(如有印装质量问题,我社负责调换)

前　　言

随着智能终端的普及、移动互联网业务的发展以及无线通信业务需求的快速增长,可用频谱资源变得越来越稀缺,频谱资源的短缺成为制约移动通信网发展的一个极其重要的因素。然而,美国联邦通信委员会(Federal Communications Commission,FCC)的大量研究表明,一些非授权频段,如工业、科学和医用频段以及适于陆地移动通信的 2GHz 左右的授权频段过于拥挤,而有些授权频段却在大部分时间处于空闲状态。实际上,人们大部分时间所用到的频谱只占所有可用频谱的 2%～6%。由此可见,频谱并不是真的匮乏,而是没有被合理管理。因此,对不可再生的频谱资源实现再利用的频谱共享技术受到了人们的广泛关注。认知无线电技术就是在上述背景下发展起来的。它是在 1999 年,由 Mitola 首次提出的一种智能的频谱共享技术。认知系统能自动感知所处的频谱环境,通过智能学习来实时调整适应调制、编码、信道协议和带宽等传输参数,以实现时间、频率以及空间上的多维频谱接入,使得频谱利用更加灵活,可显著地提高频谱的利用率,特别是允许未授权用户(也称二级用户或认知用户)使用授权用户(也称主用户)的频谱。它是一项近年来被学术界所研究的热门无线通信技术。

在无线通信网中,协作技术融合了分集和中继两种技术的优势,可对抗无线信道的衰落,提升信道容量和无线链路的传输可靠性,扩大无线传输的覆盖范围,并大幅度地提高无线资源的利用率。基于协作技术的认知无线电频谱共享方案能充分发挥授权用户和认知用户之间或认知用户之间相互协作所带来的空间分集增益效果,并且有效运用中继技术的优势,以此较大地提升授权用户和认知用户的传输质量;同时又能充分利用可用的频谱资源,减少用户间干扰并避免数据碰撞,从而进一步提高频谱利用率。因此,认知协作传输技术的研究具有重要的理论与实践意义。

1. 认知协作传输技术对移动通信网的影响

快速增长的移动互联网业务和海量的移动终端的网络接入,要求移动通信系统具有更高的性能指标。其中,频谱效率是体现移动通信系统容纳用户数量和实现可靠通信性能强度的一项极其重要的指标。经研究表明,认知无线电技术是一项能有效提升频谱效率的技术。认知无线电技术中有三种经典接入模型,即交织(interweave)模型、衬垫(underlay)模型与重叠模型(即 overlay 频谱共享模型)。重叠模型的核心思想是利用认知用户来协助授权用户传输,而认知用户的传输不受限制,因此它是三者中具有最好系统性能和最高频谱效率的模型。在认知重叠模型系统中,高效可靠的传输技术可以改善二级用户和主用户的系统性能,使系统的频谱共享机会增大,故而可使移动通信系统具有较高的频谱效率和较好的通信性能,进而促进了移动通信网的快速发展和应用。

2. 认知协作传输技术的战略意义

认知无线电技术发展到 2007 年,哈佛大学的 Tarokh 在分析认知信道容量时首次提出将认知无线电分为三种类型,这三种类型的名称、定义及具体划分界限却没有明确阐述。2009 年,Goldsmith 等从信息论的角度分析了认知无线电,根据认知用户所得到边信息的不同,将认知无线电网络模型划分为交织、衬垫及重叠三种模型,并明确定义和详细分析了这三种模型。在本书中,重叠模型也称为补偿式模型。由定义可知,交织模型要求二级用户能较准确地检查出主用户的频谱空洞,所以二级用户必须具有精确快速的频谱检测能力和迅速的频谱切换能力。在实际系统中,主用户频谱资源占用情况是实时变化的,而且现有硬件设备和数据处理方法的局限性,使得一般的移动终端还不具有高精度的检测频谱空洞的能力。衬垫模型需要获得从二级发射端到主用户接收端准确的信号强度。如果该信号强度无法准确得到,二级用户将一直使用最低的发射功率来通信,这样会大大降低频谱的利用率,使得系统性能显著下降,而且在实际非协作系统,该信号强度很难获得。重叠模型的本质是认知用户和授权用户的协作传输,它要求二级用户可以获得主用户的信道信息、码本信息及传输信息,而这些信息对于一般的实际非协作系统是无法完全获得的,故该模型在实际系统中难以实现。因此,在实际系统中不易实现这一问题是当前认知无线电研究的主要突破难点。

3. 认知协作传输技术的行业特征和市场空间

由于传统的通过硬件设备改造升级来完成移动通信新技术改革的方法仍存在很多问题,而随着无线通信新技术和方法的开发,又出现了一些新问题,如通信系统的兼容性差、不同网络间的互联互通互操作程度低、不同网络间以及同一网络不同用户间的资源配置不合理,从而造成了网络资源的浪费等,这在很大程度上制约了移动通信技术的进一步发展。而认知协作传输技术是一种能实现通信新概念和新体制的技术,它能实现较高的频谱效率和数据传输速率,也能适应技术升级和改造后的新通信情况,它的应用市场将获得突破性的进展。因此,认知协作传输技术具有光明的发展前景和广阔的应用市场。

本书基于当前认知 overlay 频谱共享协作传输技术的研究成果,致力于研究较高频谱效率、较高传输速率、较高系统可靠性的传输策略,并在认知 overlay 频谱共享协作传输的理论与方法研究中取得了以下成果。

1)阶段式协作传输方案

基于阶段式的认知 overlay 协作传输方案的工作原理简单,易于实现,应用灵活,因此是认知 overlay 协作传输方案中应用最为广泛的一种。然而,现有研究很少关注二级系统的有效可靠通信,且多个二级用户竞争时,用户的选择具有不公平性,并且只有保证有两个二级用户以上才能实现二级数据通信。本书针对上述问题,提出了一种基于最佳协作用户选择的两阶段式传输策略,其中选择二级用户参与协作传输可提升主用户的系统性能,增大了两者频谱共享的机会,以此来提升点对点移动通信系统的频谱效率和性能。

2)面向多跳系统的传输方案

主用户系统为多跳传输系统时,二级用户根据前一跳上主用户的通信来获取当前跳上协助传输所需信息,从而赢得频谱接入的机会,这是一种典型的认知 overlay 频谱共享系统。目前,关于该系统的研究中极少考虑二级用户间的协作,且其中所采用的叠加编码和正交复用技术限制了主用户和二级用户系统性能的提升。为此,本书提出了一种基于多个二级用户并行通信的多跳传输策略,其中设计的机会路由中继选择方案和并行通信用户选取的搜索算法能较大提升二级用户的性能,同时使主用户性能有一定的提升,故而提高了远距离移动通信网的频谱效率和性能。

3)基于 TPSR 机制的传输方案

基于 TPSR(two path successive relaying)机制的认知 overlay 频谱共享传输方案允许主用户连续传输,而不需要改变传统的主用户传输方式,以此提升了主用户和二级用户间的协作机会。由于 TPSR 传输机制必定会导致系统中用户间的干扰,将其引入常用的认知 overlay 频谱共享系统中,认知系统所采用的叠加编码技术会加深 TPSR 传输实现过程中的用户间干扰。为了降低这种用户间干扰,本书提出了一种基于译码转发和 TPSR 机制的多用户选择传输策略。其中采用的非叠加编码方案能简化系统设计,而 TPSR 传输机制能在主用户的连续通信基础上,使通信系统具有良好的主用户系统性能,从而更有利于提升传统移动通信系统的频谱效率和性能。

4)面向 ARQ 系统的传输方案

基于 ARQ(automatic repeat request)机制的认知 overlay 频谱共享中,当主用户数据通常要经历重传才能被成功传输时,二级用户可通过接收前一次传输的主用户数据来获取重传时隙协助传输所需的信息,这是一种具体而实际的认知 overlay 频谱共享系统。在强干扰场景下,现有的基于 ARQ 机制的认知 overlay 频谱共享系统性能受到了极大的限制。为突破此限制,本书提出了一种基于协作干扰管理与频谱接入之间切换的频谱共享策略,其中设计的主用户和二级用户间协作干扰管理传输方案,使具有强干扰环境的移动通信网的频谱效率和性能有所提升。

5)认知协作无线电系统的资源配置

系统的资源优化配置是提高系统性能的一种有效手段。认知无线电协作系统中的资源配置主要包括频谱资源配置和用户功率配置。本书以资源配置为出发点,探讨了认知无线电协作系统中资源分配的基本元素、资源分配目标函数的设计以及资源分配问题的求解方法。为读者提供了一套用于把握认知无线电协作系统资源配置方案的整体思路。

6)认知协作技术的应用

多种异构网络并存已经成为当前信息网络的重要特征,异构网络下的认知无线技术又表现出新的特征和技术需求。为此,本书介绍了认知异构网络的体系架构,并说明了认知异构网络各部分的组成及其功能,并对其中的关键技术进行了一定的研究。未来无线通信网络、无线传感器网络以及物联网是信息产业发展的重要支柱,而认知协作技术既能提升频谱效率又能提高系统性能,因此本书总结综述了认知协作技术在未来无线通信网络、无线传感器网络以及物联网中的应用,向读者展示了认知协作技术对信息行业发展的重大意义。

本书得到国家自然科学基金(U1404611)、河南省高校科技创新团队与人才(14IRTSTHN021,16HASTIT035)以及河南省科技创新杰出人才(164200510007)等项目资助,由河南科技大学的谢萍副教授、张明川副教授及吴庆涛教授共同撰写完成。其中,谢萍副教授完成了 14.5 万字,张明川副教授完成了 10 万字、吴庆涛教授完成了 1.5 万字。在本书的撰写过程中得到了河南科技大学的普杰信教授、郑瑞娟副教授、朱军龙博士等的支持与帮助,在此一并表示感谢。

由于基于 overlay 频谱共享模式的认知无线电传输机制的研究仍处在不断深入发展之中,加之作者水平有限,书中难免存在不足之处,恳请专家、读者指正。

作　者

2015 年 12 月

目　　录

第1章 绪 论

1.1 引 言

随着通信技术的飞速发展和无线通信需求的快速增长,海量的通信设备通过无线局域网(wireless local area network,WLAN)、无线个域网(wireless personal area network,WPAN)等技术接入互联网和电信网[1]。这导致了无线通信技术面临两方面的挑战:一方面,有限的无线通信频谱资源无法满足各种无线网络及其内部不断增长的业务需求;另一方面,无线信道环境的不确定性和时变性导致通信不可靠和网络不连通。

目前,无线频谱资源的管理方式是静态的,一般是由相关政府机构对无线频谱资源进行统一规划和管理,其中大部分的频谱资源已经授权分配给某些通信业务专用,即使这些频谱资源不被相应的业务占用,它也不能被其他业务所使用。而较少的频谱资源被划为未受权频段,能用于公共通信和新兴业务接入需求。因此,实际通信环境中频谱资源使用情况在时间和空间上存在着巨大的差异。往往当网络中成批的新用户接入和新业务出现时,未授权频段被频繁使用而变得过于拥挤,而某些授权频段只用于特殊通信而很少被使用甚至经常被闲置。例如,美国联邦通信委员会的调查报告表明[2],在纽约,30MHz~3GHz 频段的实际利用率仅为 13.1%;加利福尼亚大学伯克利分校的频谱测量结果表明[3],在伯克利市中心,3~5GHz 的频谱利用率不超过 0.5%;新加坡的频谱利用率也只有 5%左右[4];此外,在我国,授权频段的利用率一般都在 30%以下[5]。由此可见,导致现有无线频谱资源紧张的原因并不是频谱真正缺乏,而是频谱利用率较低。

为了能有效利用频谱资源,近年来,频谱共享技术[6]受到广泛的关注和研究,其主要思想为:在不影响授权用户通信需求的条件下,允许非授权用户使用授权用户的频谱资源。频谱共享技术在实际中是可行的,它既能保证授权用户的通信质量又提高了频谱利用率。基于上述思想,1999 年,Mitola 提出了一种智能的频谱共享技术,即认知无线电技术[7],该技术在随后的十几年里得到了学术界和工业界的广泛研究。

1.2　认知无线电技术简介

认知无线电(cognitive radio,CR)技术是一种能够对不可再生的频谱资源实现再利用的频谱共享技术,是近年来受到人们广泛关注的无线通信技术。图 1-1 概述了认知无线电技术的发展过程,认知无线电技术是在软件无线电技术[8]的基础上逐渐发展起来的。Mitola 在 1999 年首次提出了认知无线电的概念[7],而在文献[9]中,Haykin 阐述了认知无线电的基本概念、体系结构以及一些尚待解决的关键问题,其中定义了认知系统能自动感知所处的频谱环境,通过智能学习来实时地自适应调整调制、编码、信道协议和带宽等传输参数,以实现时间、频率及空间上的多维频谱接入,使得频谱利用更加灵活,因此它被认为是解决频谱资源紧缺、提高频谱利用率的有效途径,特别是可让未授权用户(也称为二级用户或认知用户)使用授权用户(也称为主用户)的频谱,因此认知无线电成为近年来无线通信领域研究的热点。

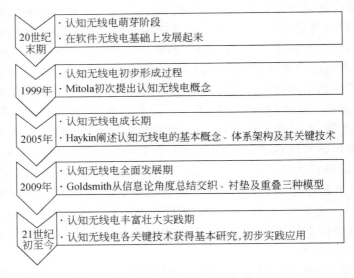

图 1-1　认知无线电技术的发展过程

1.2.1　认知无线电系统工作流程中的关键技术

文献[9]中总结了认知无线电物理层和 MAC(media access control)层的特性以及工作模式,其中介绍的认知无线电系统工作流程如下:通过监听系统预设的反馈信道,二级接收端可检测到信道的相关信息[如频谱空洞(spectrum hole)[10]、通信统计量、信道容量等],并将这些信息传送给二级发射端。发射端再根据接收到的信息选择合适的传输频段,设置相应的发射功率等参数。图 1-2 说明了认知无线电系统中的认知循环过程,该过程主要包括三个模块,即频谱环境分析(radio-scene analysis)、信道环境识别及预测(channel-state estimation)和功率控制与动态频谱管理(transmit-power and spectum management),其中前两个模块是认知无线电工作的前提,第三个模块是实现频谱共享的关键。根据认知无线电系统的工作流程可归纳出四个基本步骤:频谱感知、频谱分析、频谱接入和频谱移动,其中前两个步骤属于频谱环境分析和信道环境识别及预测两模块,后两个步骤属于功率控制与动态频谱管理模块。按照通信网络分层归属,频谱感知是物理层所需处理的问题,频谱分析、频谱接入以及频谱移动技术都跟上层相关,需要实现跨层联合处理,如融合分析感知信息和机会式动态频谱接入将在 MAC 层实现,又在路由层选择合适的频段作为信道以实现跨层路由等。下面将分别介绍这四个步骤并分析各步骤中所需解决的技术问题。

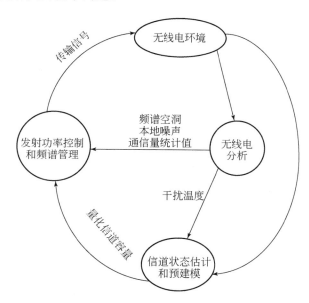

图 1-2　认知无线电的关键功能

频谱感知:在认知无线电系统中,虽然有些主用户为满足通信需求,可能主动将自己所拥有的频谱资源告知二级用户,但一般来说,二级用户想要共享主用户的频谱资源,就必须自主感知周围环境中主用户的频谱状况,即二级用户独立、可靠地通过频谱感知对目标频段进行检测,确定被感知频段的状态以及主用户的活动情况。根据信号检测和分析的方法,文献[11]介绍了一些单点频谱感知方法,其中主要介绍了能量检测(energy detection)、匹配滤波器检测(matched filter detection)和特征值检测(feature detection)等方法,而文献[12]所提出的基于压缩感知的信号检测方法也受到人们的广泛关注。根据系统中用于检测信号设备的等级，频谱感知可以分为集中式和分布式两种。集中式频谱感知是指在二级系统中设置一个具有强大功能的中央控制器，由中央控制器来完成系统感知任务，然后将结果告知各个通信用户，那么各通信用户可以是复杂度较低的设备，但要求中央控制器具有很优越的地理位置以便快速、精确感知周围的频谱环境。分布式感知是指各二级用户先独立完成感知任务，再根据各二级用户间的联系实现频谱感知结果共享。分布式感知可分为两大类，即非协作感知（non-cooperative sensing）和协作感知（cooperative sensing）[13~15]，其中协作感知可以提高信号检测的精确度和可靠度，但用户间的协作会导致信令交互开销的需求和信息处理的时延。

频谱感知技术是认知无线电系统中不可或缺的关键技术。目前，人们已对该技术中的关键问题进行了广泛的研究：文献[16]研究了如何感知主用户接收机的存在；文献[17]研究了通信系统将如何抉择主动感知和被动感知；文献[18]研究了协作感知中的信令开销和检测准确度之间的折中问题；文献[19]研究了感知能力限制下的多信道感知问题；文献[20]研究了非对称感知能力场景下的感知优化问题。

频谱分析：在认知无线电系统中，由于主用户的频谱资源利用状况在时间-空间-频率领域中呈三维变化趋势，因此合理分析和归纳出有用的频段是频谱分析的主要目标。通过对系统频谱特性[21]的分析，二级用户将获得最适合二级用户数据传输的通信频段和一些相关的传输参数。频谱分析的主要过程如下：首先，认知无线电系统要学习和分析频谱感知的结果，通过对无线信道状态的观测建立好二级用户周围环境的知识库，即为频谱学习阶段，该阶段的主要实现方案有机器学习（machine learning）算法[22]、遗传学算法（genetic algorithm）[23]、模糊逻辑控制（fuzzy control）技术[24]等；其次，根据频谱学习时所建立的知识库，二级用户通过频谱分析来获取干扰估计信息、频谱空洞的有效期限以及二级用户和主用户发生通信冲突的概率信息等，同时分析信噪比、频谱空洞的平均持续时间以及相关性等信息来量化频谱质量，从而确定二级用户是否能进行频谱接入；最后，根据主用户系统的约束条件和二级用户系统的优化目标，确定好频谱接入的参数。其中第二阶段是频谱分析中的关键。

在频谱分析技术中，如何根据频谱感知的结果预测主用户接收端的干扰限制，如何根据已有的频谱特性知识库来预测将来的频谱动态特性[25]等是研究的重点。

频谱接入：在认知无线电系统中，可根据频谱分析出的频谱空洞平均持续时间、所感知的频段上的信道质量、二级用户接入该频段的效用等参数来确定频谱接入的决策模型。由于二级用户的频谱感知可能会出现错误，根据感知结果决定是否接入目标频段，确定接入后使用合适的发射功率和调制编码方式以及多个二级用户之间如何实现机会式频谱共享。针对上述问题，一般来说，当漏检概率较大时,二级用户需要采用保守的接入策略;当虚警概率较大时,二级用户应采用激进的接入策略。总之,二级用户的频谱接入策略应该在错过传输和避免给主用户造成冲突之间进行权衡,因而需要进行频谱感知和频谱接入的联合优化。另外,二级频谱接入持续时间也是一个重要的参数,因为接入时间太长,二级传输会给后续的主用户数据传输造成冲突,而接入时间太短时又浪费了频谱资源。二级用户的频谱接入主要通过认知无线电网络中的 MAC 协议(medium access control protocol)来实现,而避免二级用户之间以及二级用户和主用户之间的通信冲突是设计 MAC协议的主要目标。

在频谱接入技术中,MAC 层接入协议的设计是研究的关键。文献[26]设计了一种实现填充式频谱接入的 OSA-MAC 协议;文献[27]设计了一种基于跨层优化的机会式多信道接入 MAC 协议;假设所有信道具有显示信道容量的能力,文献[28]研究了 5 种基于公平性和通信成本的频谱接入选择策略;文献[29]研究了基于硬件条件约束的 HC-MAC 协议;文献[30]设计了基于部分可观察马尔可夫决策过程的分布式认知 MAC 协议。根据现有对频谱接入技术的研究,需要分析的问题为:如何根据感知结果判定单个二级用户是即时单信道接入还是在获得系统统计信息后再单信道接入,以及接入后所采用的调制编码方法、发射功率和接入持续时间。在多用户多信道的频谱接入技术中,同样要考虑这些问题。另外,为了避免冲突、减少干扰还需要设计高效的 MAC 协议。

频谱移动:频谱移动是随着认知无线电技术发展而产生的一个概念,即当检测到目标频段即将被主用户使用,或者主用户的业务需求有所变化后,二级用户就不能再使用该目标频段进行通信,因此需要转换到其他可用频段上继续通信,这一过程称为频谱切换[31,32]。主用户拥有授权频谱,二级用户能使用主用户暂时不用的授权频谱,而当主用户继续使用授权频谱时,二级用户想继续使用该授权频谱,则必须降低发射功率来避免对主用户造成有害干扰,或者终止对此授权频谱的使用而切换到其他合适的授权频谱。当二级用户确定了切换后所使用的频谱,需要设置与新频段相匹配的二级用户不同协议层的参数,这样才能确保新频段上二级用户传输的继续,且其传输速率和质量不被切换所影响。文献[33]提出一种基于链路信噪比的机会式跳频 MORA 协议,并且定义了一种衡量频谱切换代价的标准;文献[34]研究了根据特定频段上频谱切换的次数来选择频段的协议。在频谱切换过程中,如何寻找最优的切换频段以实现平滑切换是研究的关键。频谱切换中所产生的时延,频谱切换后的新频段是否被其他二级用户使用,另外,二级发射还必须通知二级接收进行传输同步,这些都是该过程所要研究的问题。

1.2.2　认知无线电中三种频谱共享模型

1.1.1 小节以认知无线电系统工作流程为主线来阐述该领域中的关键技术,

这是一种纵向研究思路。近年来,很多研究的开展都以这种纵向思路为基础,其中每个关键技术的研究内容会随着认知无线电系统类型的不同而变化,使得各技术点的研究纷繁复杂,这些研究一般只是着眼于其中的某个技术点。本节将以公认的认知无线电系统类型为主线讨论一种横向的认知无线电研究思路。认知无线电的本质是要求认知用户感知周围环境。由于系统中认知用户感知能力有强有弱,可根据用户所认知的不同程度的信息来划分认知无线电系统。这种横向思路是以整体系统为出发点来进行研究的。图 1-3 说明了认知无线电横向研究思路和纵向研究思路的关键技术的主要内容。

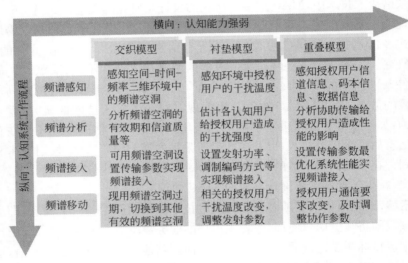

图 1-3　认知无线电横向和纵向研究的关键技术

　　2007 年,哈佛大学的 Devroye 首次提出将认知无线电分为三种类型[35],给出了这三种类型的简单概念,但并没有明确说明这三种类型的名称和具体的定义,其主要研究了一种认知无线电类型,该类型能使系统的性能达到最优,而且具有更好的频谱效率。这类认知无线电系统与后续所研究的认知重叠模型具有相同的本质特征。2009 年,Goldsmith 从信息论的角度分析了认知无线电技术,根据认知用户感知而获得的边信息的不同,将认知无线电模型明确划分为三类[36],即交织、衬垫及重叠三种模型。她给出了这三种模型的详细定义,分析了这三种模型所能达到的系统容量,说明了三种模型下的自由度。Goldsmith 的分类思路与 Devroye 分类思路的本质是一样的。这三种模型的定义简单说明如下。

　　交织模型:在认知无线电交织系统中,二级用户若能感知周围未被使用的授权频谱,系统允许二级用户使用这些频谱来进行数据传输。若感知主用户即将使用这些频谱,二级用户必须马上让出这些频谱。最初的认知无线电技术就是基于此模型[7]展开研究的。交织概念是基于机会式通信思想而形成的，这种思想来源于 FCC[2] 和 Shared Spectrum Company[37] 的研究报告，该研究报告表明大多数频谱在大部分时间上未被利用。换句话说，存在临时的空间-时间-频率空隙，即为频谱空洞，这些频谱空洞可用作支撑认知用户通信，但它们会随着时间和地理位置的变化而变化，因此抓住这些频谱空洞的使用机会可使频谱利用率得到提高。要想合理有效地利用这些频谱空洞，必须已知主用户的通信活跃性状态信息，从而保证二级用户使用这些频谱空洞时不影响主用户的通信性能。因此，认知无线电交织系统是一种智能的通信系统，它能周期性地检测无线频谱资源的占用情况，并在给主用户造成干扰最小的条件下，机会使用所检测到的频谱空洞。对应 1.1.1 小节中所讨论的认知无线电的关键技术，在交织模型中，频谱感知的主要内容是二级用户周围环境中的频谱空洞，根据感知内容分析出各频谱空洞的有效期和信道质量。由于感知阶段可能会出现错误，要联合优化频谱感知和频谱接入，当频谱空洞过期时，二级用户需要执行频谱移动，切换到新的频谱空洞上进行通信。总的来说，感知频谱空洞是认知交织模型实现的基础，1.1.1 小节中讨论的与频谱空洞相关的技术研究必须考虑。

认知交织模型是认知无线电技术中最早研究的一种模型，同时是现阶段应用最广泛的一种。文献[38]研究了交织模型下动态无线频谱感知。文献[39]～文献[41]深入分析如何有效、可靠地感知所需要的信息。由上述分析可知，交织模型要求二级用户能准确地检测出主用户的频谱空洞，并给主用户造成最小干扰，因此二级用户必须具有精确快速的频谱检测能力和迅速的频谱切换能力。在实际系统中，主用户频谱资源占用情况是实时变化的，而且现有硬件设备和数据处理方法的局限性，使得一般的移动终端还不具有高精度地检测频谱空洞的能力。文献[9]中给出了认知交织模型一个重要的驱动力，并讨论了该模型在信号处理方面所要面临的挑战。

衬垫模型：在认知无线电衬垫模型系统中，若二级用户给主用户造成的干扰在主用户的容忍范围之内，则允许二级用户共享主用户频谱资源，这里的主用户干扰容忍度也称为干扰温度。要实现认知无线电衬垫模型通信，就要求二级用户感知出主用户系统的干扰温度，且预测出二级用户给主用户造成的干扰强度，这由认知无线电衬垫模型的本质思想决定。那么该模型中，当二级用户给主用户造成的干扰低于一个系统接受的门限值时，二级用户数据和主用户数据能同时传输，从而实现频谱共享，这个门限值是根据主用户系统的干扰温度确定的。对应 1.1.1 小节中认知无线电的关键技术，在衬垫模型下，感知的主要内容是主用户系统的干扰温度。预测二级用户给所有主用户造成的干扰强度，并分析感知信息找出合适的频谱用于二级用户通信。二级用户根据干扰受限条件，设置合理的发射功率，调制编码方式等实现频谱接入。若感知到主用户系统的干扰温度即将变化，二级用户必须及时调整传输参数,以保证主用户系统通信性能不受影响。若感知到主用户即将退出使用此频段,二级用户可增大发射功率。若主用户干扰温度下降,二级用户或者降低发射功率或者切换到其他可用频段。

在干扰受限下,二级用户可利用两种技术进行通信:一种是多天线技术,即利用波束对准法则,使二级发射端朝二级接收端方向发送信号;另一种是扩频传输技术,即二级用户数据使用宽带传输,使二级用户信号的传输功率比噪声功率还小,从而被噪声淹没。二级接收端使用解扩技术恢复二级用户信息,这是一种以扩频和超宽带通信为基础的技术。利用监听到的二级接收端位置上的信号强度来近似代替二级发射端给主用户终端造成的干扰,且二级发射端要严格控制其发射功率以保证给主用户所造成的干扰低于预设的门限。一般来说,二级用户的干扰限制是十分严格的,因此只适用于短距离通信。认知衬垫模型既适用于授权频段,也适用于非授权频段上的不同通信业务。

认知衬垫模型是认知无线电中一种常用的系统模型,由于此模型能实现二级用户和主用户的同时传输,它比交织模型的频谱利用率更高。现在衬垫模型的主要研究有:文献[36]讨论了认知衬垫模型的结构;文献[42]、文献[43]等研究了衬垫模型中功率分配策略和基本限制条件。由衬垫模型的定义可知,该模型中需要获得二级发射端到主用户终端准确的信号强度[44]。然而,无线电系统具有随机性和不稳定性,可能导致该信号强度无法准确获得。因此,二级用户将一直使用最低的发射功率来通信,这会大大降低频谱利用率,并使得系统性能显著下降。对于实际非协作系统,该信号强度很难获得,这是衬垫模型研究的难点。

重叠模型:在认知无线电重叠模型系统中,二级用户通过协助主用户进行通信来获得频谱接入的机会。其中只要不损害主用户的系统性能,就允许二级用户和主用户在同一频谱资源上同时进行通信。二级用户要能协助主用户数据传输,就要求二级用户感知出信道信息、主用户的码本信息和数据信息。信道信息可以参考现有的估计方法而获得。当主用户使用统一标准的公共码本,或者主用户周期性广播码本时,码本信息很容易被二级用户获得。另外,主用户的数据信息可通过二级用户成功接收和译码其信息而获取。认知重叠模型的定义中,假设二级用户在主用户数据传输之前就能感知出这些信息。虽然在主用户数据的首次传输中这种假设是不可能成立的,但在一些常见系统中,如自动请求反馈重传系统和主用户的多跳传输系统等,这种假设是能成立的。即当主用户数据初次传输时,二级用户能监听并译码此数据信息,主用户终端可能因为信道衰落或者干扰而不能译码这个数据信息,此时主用户终端会发起重传请求,那么在主用户数据信息重传时隙中,上述假设就成立了。对应于 1.1.1 小节的认知关键技术,在认知重叠模型中,感知的主要内容是主用户数据信息、码本信息以及信道信息,分析这些信息并确定最优的接入频谱和设置合理的传输参数,以确保协作传输带给主用户的系统性能提升量大于等于二级用户频谱接入时造成主用户系统性能的损失量。当主用户系统通信要求改变时,二级传输也必须做出相应的调整。

在认知无线电重叠模型系统中,主用户和二级用户之间达成协作后,主用户在数据传输前先将其数据传送给二级用户。这些已知的主用户数据和码本信息可被用于二级接收端和主用户终端的干扰消除或者干扰减小。一方面,二级接收端已知这些信息后,可通过使用一些先进的技术,如脏纸编码(dirty paper coding, DPC),来完全消除由主用户信息传输所造成的干扰;另一方面,二级发射端将这些信息转发给主用户终端,其一部分功率用于中继转发主用户数据,另一部分功率用于传送二级数据。这里二级用户的协助会给主用户系统引入分集增益,则主用户系统的接收信噪比(signal-to-noise ratio, SNR)得到提高。而二级数据的通信会给主用户数据传输造成干扰,使得主用户系统的接收信噪比下降。若经过合理的功率分配,使得这两者相互抵消,这时主用户系统性能不受影响,而实现了二级用户的通信。值得注意的是,认知重叠模型不仅适用于授权频段也适用于非授权频段。在授权频段上,二级用户不会降低反而可能提升主用户的性能,在非授权频段上,认知用户能利用这些数据信息和码本信息来实现更高的频谱效率。

根据上述对认知重叠模型的定义可知,重叠模型要求二级用户已知主用户的信道信息、码本信息及传输信息[45],而这些信息对于一般的实际非协作系统是无法完全获得的,因此如何使认知重叠模型应用于实际系统是研究的难点。在认知重叠模型的研究方面,文献[46]研究了重叠模型下减弱传输信息的干扰信道的种类,文献[47]、文献[48]研究了强干扰、弱干扰信道下的容量域。目前关于该领域的其他研究还有:特定场景下的可达速率分析、传输策略的设计、波束形成技术和资源分配方法的研究、与交织和衬垫两种模型的联合使用及其在某些实际系统中的应用。

表1-1总结了认知无线电技术中交织、衬垫和重叠这三种模型的对比,其中衬垫模型和重叠模型允许二级用户和主用户能同时进行通信,而交织模型则不允许二级用户和主用户同时进行通信。表1-1中也说明了不同的认知通信模型需要认知不同的边信息,即交织模型需要分析出主用户通信的活跃状况,衬垫模型需要认知主用户的系统干扰容忍量,同时预测二级发射端给主用户接收端带来的干扰;重叠模型则需要主用户的码本信息、可能的数据信息。在交织和衬垫模型中,二级用户的发射功率不仅取决于设备电源,而且取决于主用户的干扰限制条件或感知的区域。根据这三种模型的优势和劣势可将它们进行组合构造形成混合型认知模型[44]。根据上述对三种认知模型的介绍,可以分析出各种认知模型都存在的一些挑战性的问题。图1-4说明了认知无线电交织、衬垫及重叠模型系统工作方式。图中设置有4个主用户PU_1、PU_2、PU_3及PU_4分别使用4个通信频段f_1、f_2、f_3及f_4进行传输。第一个二级用户ST_1检测到频段f_1没被使用,ST_1采用频段f_1进

行二级数据传输。第二个二级用户ST_2检测到PU_2的干扰温度，据此，ST_2控制其发射功率采用频段f_2进行二级数据传输。第三个二级用户ST_3成功接收到了PU_3的信息，采用频段f_3协助主用户数据的同时实现二级数据传输。因此二级用户ST_1、ST_2和ST_3分别工作在交织模型系统、衬垫模型系统和重叠模型系统下。

表 1-1　认知无线电技术中交织模型、衬垫模型和重叠模型的对比

模型类别 基础条件	交织模型	衬垫模型	重叠模型
活动边信息	从空间-时间-频率三维上检测出的频谱空洞及其持续范围	检测环境中主用户的干扰温度	检测目标主用户的信道信息、码本信息及所传输信息
二级用户实现频谱接入的条件	用于二级通信的频谱空洞未过期	二级用户通信给主用户通信造成的干扰低于主用户的干扰温度	二级用户协助带给主用户性能提升可抵消其频谱接入带给主用户的干扰
二级传输的限制条件	二级用户传输限制在频谱空洞的有效期范围内	二级用户发送功率满足由主用户干扰温度而决定的干扰限制	二级用户发送功率不受限制

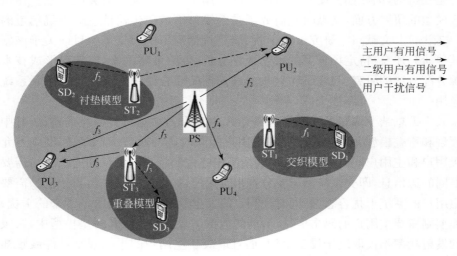

图 1-4　认知无线电交织、衬垫及重叠模型工作示意图

　　由上述定义可知，交织和衬垫模型具有相同的本质，都是通过设计传输参数来避免二级数据传输给主用户数据传输造成干扰。在这两种认知无线电系统模型中，二级用户的发射功率都是受到限制的，这是由两种模型的通信本质决定的，因此限制了频谱资源的利用。而重叠模型的本质是利用二级用户的传输来协助主用

户通信,此时二级用户发射功率不被限制,只要二级用户进行合理的资源分配,就可能会实现主用户和二级用户系统性能的同时提升,因此认知重叠模型具有更高的频带利用率,对其深入研究为认知无线通信的发展起了重要的推动作用。

1.3 认知无线网络中的协作技术

认知无线网络(cognitive radio network,CRN)简单来说是具有认知功能的无线网络,其中布置了两类最基本的用户,即主用户和二级用户。无线通信网中,由于协作技术融合了分集和中继两种技术的优势,可以大幅度地提高无线资源的利用率,从而提升通信系统的传输速率、增加其传输可靠性、扩大传输距离和覆盖范围。也就是说,通过协作可大幅度地提高系统的可实现性和无线资源的使用效率。同样,经研究表明,将协作技术引入认知无线网络中,能充分发挥主用户和二级用户之间或二级用户之间相互协作所带来的空间分集增益效果和中继技术优势,从而较大地提升主用户和二级用户的传输质量,同时能充分利用可用的频谱资源,减少用户间干扰和避免数据碰撞,实现进一步提高频谱利用率,因此认知无线电协作传输技术成为近年来研究的热点。又由 1.2.2 小节可知,认知无线系统存在三种频谱共享模型,在不同的传输模型下,用户间协作带给系统性能和频谱效率的提升量可能不同。但用户间的协作传输方式、协作节点选取方式的本质特点与无线通信协作技术中的大体一致。下面先简单介绍协作中继传输技术的关键原理,由此引导出认知无线网络中的多项协作技术,包括协作频谱感知技术、协作资源分配、协作频谱共享与频谱接入技术等。

1.3.1 协作中继传输

协作中继传输也称为协作分集(cooperative diversity)[49],这一概念是 1998 年由 Sendonaris 等将多径衰落引入传统中继传输并进行扩展而提出的,协作分集能对抗多径衰落和阴影效益,可带来可观的系统性能增益,受到众多学者和研究机构的广泛关注和研究。基于协作分集的无线协作传输技术也开展得如火如荼。协作中继通信场景主要由源节点、中继节点和目的节点组成。协作中继传输通信模型如图 1-5 所示。系统主要传输原理为:源节点先利用无线环境固有的广播特性向目的节点和协作中继节点发送信号;接着中继节点对来自源节点的信号做一定处理后再将其转发给目的节点;最后目的节点将来自源节点和中继节点两路径信号按照一定的方式合并后

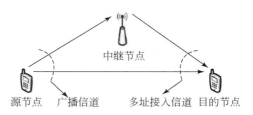

图 1-5 协作中继通信模型

再解码。目的节点接收了来自不同路径上的相同信号,系统因此获得空间分集增益,从而提升了无线传输性能。

协作中继传输中,按照中继节点对转发信号所做出处理方式的不同,可将协作传输技术分为放大转发(amplify-and-forward,AF)、解码转发(decode-and-forward,DF)和编码协作(coded-cooperation,CC)三种常用方式。其中,AF 是指中继节点接收到源节点信号后仅按一定比例将其放大后再转发给目的节点,它是一种简单的、易于实现的协作方式,然而这种方式在放大有用信息的同时也放大了噪声分量[50]。DF 是指中继节点接收到源节点信号后,先对信号进行解码,然后采用与源节点相同的编码方式对解码后的信号重新编码,最后将重新编码过的信号发送给目的节点。这种协作方式能够通过中继节点解码而消除部分高斯白噪声,但需要解码和重新编码过程从而增加了处理的复杂度[51]。此外,DF 的性能受源节点与中继节点间信道条件的影响较大,当此信道条件较差时,协作节点可能无法正确解码源信号,而可能造成错误传播。CC 是指中继节点接收到源节点信号后,重新编码源信号并转发给目的节点,以达到通过两种不同路径发送用户码字不同的目的。这种协作方式结合了分集和编码的优势,使系统获得空间分集增益和编码增益,因而能提升系统的整体性能[52]。综上,三种常用的协作方式存在各自的优点和缺点,研究中可根据通信需求和实际应用灵活选择。

基于上述常用的协作策略,根据不同的选取方式,协作中继又可分为固定中继(fixed relaying)、选择中继(selective relaying)、增量中继(incremental relaying)和机会中继(opportunity relaying)等。固定中继是指中继节点始终转发源节点的信号。该中继方式实现简便,但若中继节点不能正确解码源信号[53],会发生错误传播而造成目的节点误码率升高。选择中继是指只有中继链路状况好时,才进行中继协作传输,否则便采用直接链路传输。由于这种中继选择方式是根据源节点和中继节点间的链路状况来决定传输方式的,因此克服了固定中继的缺点[54]。增量中继是指只有直接链路状况不好时,才进行中继协作传输,否则便采用直接链路传输。这是一种优先选择的直接链路传输的方式,因而其实现比选择中继简单[55]。机会中继是指存在多个中继用户时,选择最好的节点进行协作传输。其中的最优用户选择使得机会中继性能最好,且频谱利用率最高[56]。

1.3.2　协作感知技术

频谱感知是认知无线电系统中非常重要的环节,该环节准确无误地开展会影响和决定系统后续工作环境的顺利进行。对于动态多变的无线通信环境,单用户感知性能极大程度受到信道噪声、阴影衰落以及多径衰落等因素的限制。如当主用户接收信号的信噪比低于阈值信噪比时,无论进行多长时间的频谱感知都不能获得可靠的感知信息。此外,单用户感知无法解决隐藏终端问题,即二级用户若检测主用户发射信号不在某频段范围内时,认知无线电系统便认为该频段没主用户存在,然而主用户的一些接收信号可能就在此频段范围内,这时二级用户在该频段上进行通信会给主用户端的接收信号造成干扰。

协作频谱感知是在单用户频谱感知的基础上,为解决隐藏终端和信道衰落等问题而提出的频谱感知算法。它利用协作技术来改善频谱感知性能和提升认知系统的频谱检测效率,其中,主要通过空间分集增益来改善性能关联指标,从而克服单节点感知时的多径衰落、阴影衰落影响和隐藏终端问题。协作频谱感知的主要工作思路为:通过合并处理单用户的本地检测结果,进行信息和数据融合,再按一定的准则进行最终频谱决策,从而提高复杂无线环境中可用频谱的正确检测率。因此,协作频谱感知主要包含五大工作要素,如图 1-6 所示。其中各要素所发挥的主要功能可简单概述如下。

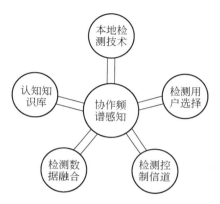

图 1-6 协作频谱感知的主要工作要素

(1)本地检测技术。多个认知用户采用一些频谱检测算法(如能量检测算法、匹配滤波检测算法、循环平稳特征检测算法以及高阶统计量检测算法等)分别单独对授权用户频谱使用情况进行检测。协作频谱检测是以这些本地检测信息为基础,因此本地检测技术最终也影响着协作频谱的检测性能。

(2)检测用户选择。认知用户的检测性能参差不齐[57],必须选取性能较优的用户参与协作检测才能获得良好的协作检测性能,这是因为检测性能较好的用户可以提高协作检测增益,并减少协同检测开销。现有的检测用户选取技术有:通过评估认知用户历史上报信息来选择协作检测用户[58,59];根据用户的信誉等级来应用本地检测结果,同时鉴别并摒弃参与协作检测用户中的一些恶意用户[60~62]。

(3)检测控制信道。检测控制信道是协作频谱检测中的重要组成部分[63],一方面,它用于上报本地频谱检测结果或交换相邻认知用户的检测结果,另一方面,认知用户也通过检测控制信道接收中心节点的检测融合结果。因此,检测控制信道的主要目标是如何高效、可靠地把认知用户获得的本地检测结果上传到数据融合的中心节点,并且把协作检测结果通知到各个认知用户。

(4)检测数据融合。本地检测数据的融合分为软判决融合和硬判决融合两种。软判决融合是指认知用户对检测到的本地数据不做任何处理,直接发送至融合中心,并由融合中心做出判决,其中融合中心一般为认知基站。硬判决融合是指各个协作检测用户向融合中心上报比特检测结果。显然,使用软判决融合可以达到最佳的检测性能,硬判决融合因为量化检测信息而导致信息损失使检测性能降低,但软判决融合需要更多地检测控制信道带宽。具体的软判决融合算法有等增益合并（equal gain combining，EGC）、最大比合并（maximal ratio combining，MRC）和 Chair-Varshney 最优融合准则[64]等。硬判决融合算法最常见的是"K out of N"判决准则，其主要思想是若有 K 个本地检测用户判定了主用户信道被占用才最终判决主用户信道被占用，否则便判决主用户信道空闲，其中 $K=1$ 和 $K=N$ 分别为或准则和与准则，N 表示本地检测用户的总数。

（5）认知知识库。认知知识库包括授权用户和认知用户的特性信息，如位置、发射功率和移动轨迹等。它主要有两个作用，一是利用学习的经验和积累的知识，如数据库中的统计模型，来改善检测性能；二是利用频谱信息，如数据库中的授权用户频谱被占用列表，来减轻协作频谱检测的开销。一般可包含无线电环境图、接收信号强度配置、信道增益图和功率谱密度图等。

在多用户频谱检测中，根据认知终端在网络中共享检测信息方式的不同，可将协作频谱检测分为集中式和分布式两种。集中式协作频谱检测：由一个中心节点（一般为认知基站）来控制所有本地认知用户的协作频谱检测。中心节点先选择一个感兴趣的特定频段，并控制参与协作检测的所有认知用户独立检测该频段；其次，所有认知用户将各自检测的数据通过检测控制信道上传给中心节点；最后中心节点融合并处理这些数据，最终决策授权用户是否存在，且把判决结果通过检测控制信道分发给各个认知用户。分布式频谱检测：与集中式协作频谱检测方法不同，这种方法并不利用中心节点来做协同决策。而是认知用户之间通过不断的通信和汇聚，对感兴趣的频段形成一个一致的判决结果。图 1-7 描述了这种分布式的频谱检测方法。在本地检测后，认知用户在它们的传输距离内与其他认知用户分享自己的检测结果，将自己的检测结果发送给其他认知用户，并且接收其他认知用户发送来的检测结果与自己的检测结果进行融合，最后通过一定的本地约束来判决授权用户是否存在。如果这种约束规则不是很合适，认知用户将会再次向其他认知用户发送它们的综合判

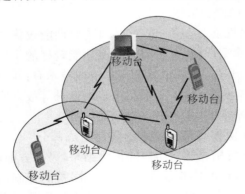

图 1-7　分布式频谱感知模型

决结果并会重复这个过程，直到得到一个相对一致的判决结果。

1.3.3　协作频谱共享技术

认知无线电网络中，二级用户一般采用 1.3.1 小节所介绍的频谱共享模式接入授权频段，那么不同位置的二级用户所处频谱环境是动态变化的，包括可用的授

权频段、主用户与二级用户间可实现的频谱共享模式、主用户可接受干扰温度限制要求、二级用户频谱接入能力、对频谱依赖程度以及二级用户的通信需求等差异。上述动态变化的频谱环境导致了不同二级用户间频谱资源分布严重不均匀,从而致使频谱资源不能高效利用,可通过下面的例子来说明。假设认知无线电系统中存在两个认知发射端和一个认知接收端,表示为 ST_1、ST_2 和 SR,由于三者地理位置不同,所处的频谱环境也不同,令 ST_1 的可用频段为 f_1,ST_2 的可用频段为 f_1、f_2、f_3,SR 的可用频段为 f_2、f_3。由于 ST_1 与 SR 无公共可用频段,它们之间的通信无法建立,因而无法满足 ST_1 的通信需求。而 f_2 和 f_3 两频段都是 ST_2 与 SR 的公共可用频段,通信频段在满足 ST_2 通信需求的同时可能还存在富余。显然,该系统中的频谱资源并没有得到充分利用,某些用户通信需求也没有得到满足。

在认知系统中使用协作通信技术能在很大程度上解决上述因频谱资源分布不均而导致频谱资源利用率低的问题。基于上述例子,若 ST_2 能作为中继用户协助 ST_1 实现通信需求,即先利用频段 f_1 建立 $ST_1 \rightarrow ST_2$ 链路通信,接着利用频段 f_2 或 f_3 建立 $ST_2 \rightarrow SR$ 链路通信,从而实现了 ST_1 到 SR 间双跳信道信息传输,此时在满足 ST_1 通信需求的同时也使系统频谱资源得到充分利用。由此可知,将协作通信技术引申至认知无线电系统能提高系统频率分集增益而缓解频谱资源分布不均的问题。引入了协作中继技术的认知网络也称为认知无线电中继网络(cognitive radio relay network,CRRN),它是认知无线电网络的重要推广,该网络中的空间分集度和频率分集度[65,66]都得到了提升,从而极大地提高了网络性能。认知无线电中继网络兼顾了认知无线电网络和协作中继网络的优点,但是它是认知无线电、协作通信、正交频分多址等多项新技术的融合,其无线资源分配涉及多个维度,因此,各用户间的协作频谱共享所涉及的无线资源优化配置将会更加复杂。

根据协作通信技术在系统用户中应用范围的不同,即主用户间的协作、二级用户间的协作以及主用户与二级用户间的协作,可分别将认知无线电中继网络协作频谱共享分为三类:主用户间的协作频谱共享、二级用户间的协作频谱共享以及主用户与二级用户间的协作频谱共享。主用户间的协作频谱共享和传统无线通信网络用户之间的协作频谱共享没有太大区别,在此不做详细论述。

二级用户间的协作传输可以提高单个频段内二级系统的吞吐量、降低链路的通信中断概率,并且降低单个二级用户的传输功率,从而减小其对主用户的干扰。这种协作方式的主要思想是一个二级用户作为另一个二级用户的中继设备为其数据传输提供服务。与传统协作无线通信网络不同的是,进行二级数据传输前要先执行频谱检测,以确认主用户是否存在或获取主用户的关联信息,从而实现不影响主用户通信需求条件下的二级数据通信。这是因为地理位置和设备装置的不同,二级用户的可用频谱资源及其在这些频谱上的最大发射功率是具有差异性的。二级用户间的协作频谱共享除了需要考虑传统无线网络中的直接传输(direct transmission)、中继传输(relay transmission)外,还需考虑双跳传输(dual-hop transmission)。文献[65]~文献[73]主要研究了基于集中式网络架构的认知无线电协作传输方案,其中着重考虑的是多个二级用户间的协作方案。文献[65]和文献[67]针对认知无线电网络中二级用户的可用频谱资源与需求的不匹配问题,以系统吞吐量最大为优化目标,提出一种基于图论的联合中继选择和频谱分配方案,将系统中所有二级用户的频谱资源与数据速率需求理想抽象为边和顶点的权数,将二级系统吞吐量最大化问题转化为一个最大流问题。其主要思路为:各二级用户节点同步执行频谱检测,并将检测结果及其自身的通信需求汇报给认知接入终端,根据所获得的各二级用户可用频谱资源情况及这些二级用户通信需求设计了一种可分配信道和指派相对应的中继协作节点的启发式算法。该机制采用集中式解决方案,只适用于存在中心控制节点的网络,其中用信道带宽代替了二级用户传输速率而未考虑二级用户间的信道状态信息,因此与实际通信相差甚远。文献[70]研究了认知无线电中继网络二级系统的联合功率和信道分配问题,其出发点是最大化目标用户对间的传输速率,不考虑充作中继的二级用户的数据通信需求。文献[71]和文献[72]研究了认知无线电中继网络中的联合中继选择和功率分配方案,也没有考虑充作中继的二级用户的数据通信需求。在分布式网络架构下,网络的基本功能由独立节点以分布式的方式来实现,网络行为决策多放在用户端来执行[73~75]。由于中继转发所耗费的功率、频谱等无线资源会使认知终端自身性能损失,分布式网络中的用户一般以最大化自身性能为目标。根据对等用户网络行为的一致性,没有用户愿意作为中继,因而协作通信将难以进行。

现有主用户与二级用户间的协作频谱共享研究着眼于保障主用户性能以及提高二级用户的传输机会。与之相关的早期研究主要基于二级用户无条件作为主用户中继的假设,即如 1.2.2 小节所描述的 overlay 频谱共享传输模式,文献[76]主要研究此方面的内容。该文献中,作者提出了利用二级用户作为主用户中继,转发主用户传输失败的信息,帮助主用户尽快完成传输,从而使二级用户获得更多的传输机会。尽管这种方案可以显著地提高主用户的传输性能,但二级用户无法通过协作获得稳定的频谱资源,因而二级用户的通信需求得不到保障。近期的研究着眼于以二级用户充做主用户中继为代价来换取对授权频谱的使用权[77~80]。此外,一些学者研究了多输入多输出(multiple input multiple output,MIMO)场景下干扰对齐等技术的应用,而将频域问题推广到空域问题[81,82]。本书就是以主用户与二级用户间的协作频谱共享为研究基础,多方面开展二级用户间以及主用户间的协作频谱共享传输方案的研究。

1.4 本章小结

本章主要总结论述了认知无线电系统和认知无线电协作中继系统的基本知

识,为后续研究知识的介绍和分析奠定了基础。

一方面介绍和总结了认知无线电系统的基本概念、发展历程、主要的工作流程、关键技术以及三种典型频谱共享模式。首先,总结论述了认知无线电系统的基本概念、研究背景以及所解决的关键科学问题;其次,简单介绍了认知无线电系统的起源、发展所经历的各个阶段、目前的研究现状等;接着,重点分析了认知无线电系统的两种研究思路,包括以工作流程为主线的纵向研究思路和以频谱共享模式为基准的横向研究思路,对纵向研究中的各项关键技术所能实现的功能和必须采纳的通信技术进行了详细说明,对横向研究中的交织频谱共享模式、衬垫频谱共享模式以及重叠频谱共享模式的实现原理进行简单介绍;最后,基于横向研究和纵向研究归纳综述了认知无线电系统的研究现状。

另一方面,由于协作通信技术兼顾了分集和中继两种技术的优势,在认知无线电系统中引入协作技术可大幅度地提高无线资源的利用率,从而提升通信系统的传输速率、增加其传输可靠性、扩大传输距离和覆盖范围。因此,本章也重点介绍了认知无线电中继协作系统。首先,为引出认知无线协作中继系统而介绍了协作中继技术,包括其基本概念、主要实现原理及所需技术要求等;接着,总结分析了认知无线电系统中的协作感知技术,包括协作感知所能解决的问题、协作感知的工作原理、协作感知的分类等;最后,简单综述了协作频谱共享技术,针对协作通信技术所涉及范围的不同,对协作频谱共享技术进行了分类,并对各类频谱共享技术的概念、实现方法以及研究现状进行了论述。

参 考 文 献

[1] 郧希云. 认知无线网络协作频谱感知、协作传输、频谱切换技术研究. 北京:北京邮电大学[D],2012.

[2] Federal Communications Commission(FCC). Spectrum policy task force report. Specturm Policy Task Force ET Docket 02-135,2002.

[3] McHenry M,Livsics E,Nguyen T,et al. XG dynamic spectrum access field test results. IEEE Communications Magazine,2007,45(6):51—57.

[4] Islam M H,Koh C L,Oh S W,et al. Spectrum survey in Singapore:Occupancy measurements and analysis. 3rd International Conference on Cognitive Radio Oriented Wireless Networks and Communications,2008:1—7.

[5] 李景春. 认知无线电技术. 2010 全国无线电监测技术研讨会,2010.

[6] Cabric D,O'Donnell I D,Chen M S W,et al. Spectrum sharing radios. IEEE Circuits Systems Magazine,2006,6(2):30—45.

[7] Mitola J. Cognitive radio:An integrated agent architecture for soft-ware defined radio. Stockhlm:Royal Institute of Technology,1999.

[8] Fette B. SDR technology implementation for the cognitive radio. Cognitive Radio Technologies

Proceedings(CRTP). ET Doeket No. 03-108,2003.

[9] Haykin S. Cognitive radio: Brain-empowered wireless communications. IEEE Journal on Selected Areas Communication,2005,23(2):201—220.

[10] Kolodzy P, et al. Next generation communications: Kickoff meeting. Proceedings of IEEE DARPA,2001:1—6.

[11] Cabric D, Mishra S M, Broadersen R W. Implementation issues in spectrum sensing for cognitive radios. Conference Record of the Thirty-Eighth Asilomar Conference on Signals, Systems and Computers,2004,1:772—776.

[12] Donoho D L. Compressed sensing. IEEE Transactions on Information Theory,2006,52(4): 1289—1306.

[13] Ghasemi A, Sousa E S. Collaborative spectrum sensing for opportunistic access in fading environments. 2005 First IEEE International Symposium on New Frontiers in Dynamic Spectrum Access Networks,2005:131—136.

[14] Ghasemi A, Sousa E S. Asymptotic performance of collaborative spectrum sensing under correlated log-normal shadowing. IEEE Communications Letters,2007,11(1):34—36.

[15] Mishra S M, Sahai A, Brodersen R W. Cooperative sensing among cognitive radios. IEEE International Conference on Communications,2006:1658—1663.

[16] Wild B, Ramchandran K. Detecting primary receivers for cognitive radio applications. 2005 First IEEE International Symposium on New Frontiers in Dynamic Spectrum Access Networks,2005:124—130.

[17] Kim H, Shin K G. Efficient discovery of spectrum opportunities with MAC-layer sensing in cognitive radio networks. IEEE Transactions on Mobile Computing,2008,7(5):533—545.

[18] Liang Y C, Zeng Y H, Edward C Y, et al. Sensing throughput tradeoff for cognitive radio networks. IEEE International Conference on Communications,2007:5330—5335.

[19] Liu H, Krishnamachri B, Zhao Q. Negotiating multichannel sensing and access in cognitive radio wireless networks. 6th Annual IEEE Communications Society Conference on Sensor, Mesh and Ad Hoc Communications and Networks Workshops,2009:1—6.

[20] Lee W, Cho D H. Sensing optimization considering sensing capability of cognitive terminal in cognitive radio system. Proceedings of IEEE 3rd CROWNCOM,2008:1—6.

[21] Akyildiz I F, Lee W Y, Vuran M C, et al. Next generation/dynamic spectrum access/cognitive radio wireless networks: A survey. Computer Networks,2006,50(13):2127—2159.

[22] Claney C, Heeker J, Stuntebeck E, et al. Applications of machine learning to cognitive radio networks. IEEE Wireless Communications,2007,14(4):47—52.

[23] Goldberg D E. Genetic Algorithms in Search, Optimization and Machine Learning. New Upper Saddle River: Addison-Wesley,1989.

[24] Baldo N, Zorzi M. Fuzzy logic for cross-layer optimization in cognitive radio networks. Consumer Communications and Networking Conference(CCNC)2007:1128—1133.

[25] Takeuchi K, Kaneko S, Nomoto S. Radio environment prediction of cognitive radio. 3rd In-

ternational Conference on Cognitive Radio Oriented Wireless Networks and Communications,2008:1－6.

[26] Le L,Hossain E. A MAC protocol for opportunistic spectrum access in cognitive radio networks. Wireless Communications and Networking Conference,2008:1426－1430.

[27] Su H,Zhang X. Cross-layer based opportunistic MAC protocols for qos provisionings over cognitive radio wireless networks. IEEE Journal on Selected Areas Communications,2008, 26(1):118－129.

[28] Zheng H T,Cao L L. Device-centric spectrum management. 2005 First IEEE International Symposium on New Frontiers in Dynamic Spectrum Access Networks,2005:55－65.

[29] Jia J C,Zhang Q,Shen X M. HC-MAC:A hardware-constrained cognitive MAC for efficient spectrum management. IEEE Journal on Selected Areas in Communication,2008,26(1):106－117.

[30] Zhao Q, Tong L,Swami A, et al. Decentralized cognitive MAC for opportunistic spectrum access in Ad Hoc networks:A POMDP framework. IEEE Journal on Selected Areas in Communication,2007,25(3):589－600.

[31] Wang L C,Anderson C. On the performance of spectrum handoff for link maintenance in cognitive radio. International Symposium on Wireless Pervasive Computing(ISWPC),2008:670－674.

[32] Zhang Y. Spectrum handoff in cognitive radio networks:Opportunistic and negotiated situations. IEEE International Conference on Communications,2009:1－6.

[33] Kanodia V, Sabharwal A, Knightly E. MOAR:A multi-channel opportunistic auto-rate media access protocol for ad hoc networks. First International Conference on Broadband Networks,2004:600－610.

[34] Krishnamurthy S,Thoppian M,Venkatesan S,et al. Control channel based MAC-layer configuration, routing and situation awareness for cognitive radio networks. IEEE Military Communications Conference,2005:455－460.

[35] Devroye N,Mitran P,Sharif M,et al. Information theoretic analysis of cognitive radio systems//Bhargava V,Hossain E. Cognitive Wireless Communications. Berlin:Springer,2007.

[36] Goldsmith A,Jafar S,Maric I,et al. Breaking spectrum gridlock with cognitive radios:An information theoretic perspective. Proceedings of the IEEE,2009,97:894－914.

[37] Shared Spectrum Company. Comprehensive spectrum occupancy measurements over six different locations. http://www. sharedspectrum. com/? section＝nsf_summary[2011-9-30].

[38] Mitola J. Cognitive radio architecture evolution. Proceedings of the IEEE,2009,97(4):626－641.

[39] Urkowitz H. Energy detection of unknown deterministic signals. Proceedings of the IEEE, 1967,55(4):523－531.

[40] Digham F F,Alouini M S,Simon M K. On the energy detection of unknown signals over fading channels. IEEE Transactions on Communications,2007,55(1):21－24.

[41] Hong S C,Vu M H,Tarokh V. Cognitive sensing based on side information. IEEE Sarnoff Symposium,2008:1－6.

[42] Zhao Q, Sadler B M. A survey of dynamic spectrum access. IEEE Signal Processing Magazine, 2007, 24(3): 79—89.

[43] Lee C, Liu T, Oyman O. Limits on cognitive communications in the wide- band regime. Proceedings of 3rd International Conference on Cognitive Radio Oriented Wireless Networks and Communication, 2008: 1—6.

[44] Ganesan G, Li Y. Cooperative spectrum sensing in cognitive radio networks. 2005 First IEEE International Symposium on New Frontiers in Dynamic Spectrum Access Networks, 2005: 137—143.

[45] Son K, Jung B C, Chong S, et al. Opportunistic underlay transmission in multi- carrier cognitive radio systems. IEEE Wireless Communications and Networking Conference(WCHC), 2009: 1—6.

[46] Devroye N, Mitran P, Tarokh V. Achievable rates in cognitive radio channels. IEEE Transactions on Information Theory, 2006, 52(5): 1813—1827.

[47] Maric I, Yates R, Kramer G. The strong interference channel with unidirectional cooperation. Inaugural Workshop Information Theory Applications(ITA), 2006: 268—273.

[48] Jovcic A, Vishwanath P. Cognitive radio: An information- theoretic perspective. IEEE Transactions on Information Theory, 2009, 55(9): 3945—3958.

[49] Sendonaris A, Erkip E, Aazhang B. Increasing uplink capacity via user cooperation diversity. IEEE International Symposium on Information Theory(ISIT), 1998.

[50] Costa D B, Aissa S. Amplify-and-forward relaying in channel-noise- assisted cooperative networks with relay selection. IEEE Communications Letters, 2009, 14(7): 608—611.

[51] Yi Z, Kim I. Diversity order analysis of the decode- and- forward cooperative networks with relay selection. IEEE Transactions on Wireless Communications, 2008, 7(5): 1792—1799.

[52] Janani M, Hedayat A, Hunter T E, et al. Coded cooperation in wireless communications: Space- time transmission and iterative decoding. IEEE Transactions on Signal Processing, 2004, 52(2): 362—372.

[53] 李洪星. 无线协作通信中的关键技术研究. 上海: 上海交通大学[D], 2010.

[54] Kramer G, Gastpar M, Gupta P. Cooperative strategies and capacity theorems for relay networks. IEEE Transactions on Information Theory, 2005, 51(9): 3037—3063.

[55] Ikki S, Ahmed M H. Performance analysis of incremental relaying cooperative diversity networks over Rayleigh fading channels. IEEE Wireless Conmunications and Networking Conference(WCNC), 2008: 1311—1315.

[56] Bletsas A, Shin H, Win M, et al. Cooperative diversity with opportunistic relaying. IEEE Wireless Conmunications and Networking Conference(WCNC), 2006: 1034—1039.

[57] Peh E, Liang Y C. Optimization for cooperative sensing in cognitive radio networks. IEEE Wireless Communications and Networking Conferece(WCNC), 2007: 27—32.

[58] Khan Z, Lehtomaki J, Umebayashi K, et al. On the selection of the best detection performance sensors for cognitive radio networks. IEEE Signal Processing Letters, 2010, 17(4): 359—362.

[59] Adelantado F,Juan A,Verikoukis C. Adaptive sensing user selection mechanism in cognitive wireless networks. IEEE Communications Letters,2010,14(9):800—802.

[60] Chen R,Park J M,Hou Y T,et al. Toward secure distributed spectrum sensing in cognitive radio networks. IEEE Communications Magazine,2008,46(4):50—55.

[61] Chen R,Park J M,Reed J H. Defense against primary user emulation attacks in cognitive radio networks. IEEE Journal on Selected Areas in Communications,2008,26(1):25—37.

[62] Yu F R,Tang H,Huang M,et al. Defense against spectrum sensing data falsification attacks in mobile ad hoc networks with cognitive radio. IEEE Military Communications Conference (MILCOM),2009:1—7.

[63] Sun C,Zhang W,Letaief K B. Cooperative spectrum sensing for cognitive radios under bandwidth constraints. IEEE Wireless Communications and Networking Conference(WCNC), 2007:1—7.

[64] Chair Z,Varshney P K. Optimal data fusion in multiple sensor detection systems. IEEE Transactions on Aerospace and Electronic Systems,1986,22(1):98—101.

[65] Qian Z,Jun C J,Jin Z. Cooperative relay to improve diversity in cognitive radio networks. IEEE Communications Magazine,2009,47(2):111—117.

[66] Letaief K,Zhang W. Cooperative communications for cognitive radio networks. Proceedings of the IEEE,2009,97(5):878—893.

[67] Jia J,Zhang J,Zhang Q. Cooperative relay for cognitive radio networks. IEEE INFORCM, 2009:2304—2312.

[68] Gong X W,Yuan W,Liu W,et al. A cooperative relay scheme for secondary communication in cognitive radio networks. IEEE Global Telecommunications Conference,2008:1—6.

[69] Asghari V,Aissa S. End-to-end performance of cooperative relaying in spectrum-sharing systems with quality of service requirements. IEEE Transactions on Vehicular Technology, 2011,60(6):2656—2668.

[70] Huang P T,Chen Y H,Lin B Y,et al. Power and channel allocation for cooperative relay in cognitive radio networks. IEEE Journal of Selected Topics in Signal Processing,2011,5(1): 151—159.

[71] Li L,Zhou X,Xu H,et al. Simplified relay selection and power allocation in cooperative cognitive radio systems. IEEE Transactions on Wireless Communications,2011,10(1):33—36.

[72] Ubaidulla P,Aissa S. Optimal relay selection and power allocation for cognitive two-way relaying networks. IEEE Wireless Communication Letter,2012,1(3):225—228.

[73] Zou Y L,Zhu J,Zheng B Y,et al. An adaptive cooperatiove diversity scheme with best-relay selection in cognitive radio networks. IEEE Transactions on Signal Processing, 2010, 58 (10):5438—5445.

[74] Zhang G,Cong L,Ding E. Fair and efficient resource sharing for selfish cooperative communication networks using cooperative game theory. 2011 IEEE International Conference on Communications(ICC),2011:1—5.

[75] Zhang G, Zhang H, Zhao L. Fair resource sharing for cooperative relay networks using nash bargaining solutions. IEEE Communications Letter, 2009, 13(6): 381—383.

[76] Simeone O, Bar-Ness Y, Spagnolini U. Stable throughput of cognitive radios with and without relaying capability. IEEE Transactions on Communications, 2007, 55(12): 2351—2360.

[77] Weifeng S, Matyjas J D, Batalama S. Active cooperation betweem primary users and cognitive radio users in cognitive ad-hoc networks. IEEE International Conference on Acoustics Speech and Signal Processing(ICASSP), 2010: 3174—3177.

[78] Nadkar T, Thumar V, Shenoy G, et al. A corss-layer framework for symbiotic relaying in cognitive radio networks. 2011 IEEE Symposium on New Frontiers in Dynamic Spectrum Access Networks(DySPAN), 2011: 498—509.

[79] Jayaweera S K, Bkassiny M, Avery K A. Asymmetric cooperative communications based spectrum leasing via auctions in cognitive radio networks. IEEE Transactions on Wireless Communications, 2011, 10(8): 2716—2724.

[80] Guan X R, Cai Y M, Yang W W. Improving primary throughput by cognitive relay beamforming with best-relay selection. International Conference on Wireless Communications and Signal Processing, 2011: 1—5.

[81] Perlaza S M, Fawaz N, Lasaulce S, et al. Opportunistic interference alignment in MIMO interference channels. IEEE 19th International Symposium on Personal, Indoor and Mobile Radio Communications, 2008: 1—5.

[82] Perlaza S M, Fawaz N, Lasaulce S, et al. From spectrum pooling to space pooling: Opportunistic interference alignment in MIMO cognitive networks. IEEE Transactions on Signal Processing, 2010, 58(7): 3728—3741.

第 2 章　基于 overlay 频谱共享模式的认知无线电系统

2.1　引　　言

由 1.2.2 小节的介绍可知,认知无线电系统主要存在三种频谱共享模式,即交织、衬垫及重叠模式[1],该部分内容详细说明了三种频谱共享模式的实现方式和工作特点。根据对这三种频谱共享模式现有研究的分析总结,发现 overlay 模式的本质是二级用户协助主用户进行数据通信。二级传输对主用户信息有效传输起促进作用,因此二级用户发射功率不被限制,那么若合理配置二级用户的无线资源,就可能实现主用户和二级用户系统性能的同时提升,从而相比另外两种频谱共享模式,认知 overlay 模型具有更高的频带利用率,对其深入研究为认知无线电通信技术的发展起了重要的推动作用。

根据 overlay 频谱共享模式的定义,假设在主用户数据传输前,二级用户能感知出主用户的数据信息、码本信息以及信道信息,那么在主用户数据传输中二级用户能利用所感知的信息协助主用户通信,导致主用户只需要部分的频谱和时间就能完成通信任务,于是二级用户能利用剩余的频谱和时间实现二级数据通信。上述假设中,主用户的信道信息可通过传统的信道估计方法获得,码本信息可根据主用户系统周期性码本广播或者公共码本信息来获取,但对于一般的非协作系统来说,在主用户数据传输前要获取主用户所传输的数据信息却是个难点,因此认知重叠模型的应用会受到限制。为促进认知 overlay 频谱共享模式系统的发展与应用,本书将就此难点为研究主线而开展工作。近年来,关于认知 overlay 频谱共享模式系统的实现主要有四种研究方案,即阶段式传输中的认知 overlay 频谱共享模式、多跳传输系统中的认知 overlay 频谱共享模式、TPSR 传输中的认知 overlay 频谱共享模式以及自动重复请求重传(automatic repeat request,ARQ)系统中的认知 overlay 频谱共享模式。这四种实现方案的研究依赖不同的通信场景,有着各自的优点和缺点。为了更好地理解和研究认知 overlay 频谱共享模式系统,本章将分别对这四种实现方案的工作原理和系统模型、关键的传输机制、常用的实现方法以及研究现状和挑战进行综合论述。

2.2　阶段式传输中的认知 overlay 频谱共享模式

基于阶段传输机制的认知 overlay 频谱共享模式的主要思想为,同一份主用户信息的传输可分为多个阶段(至少两个阶段以上)。在第一个传输阶段上,二级用户能截获到主用户所传信息,并对此信息进行一定处理再在后续阶段将其传送给主用户接收端。该过程中,二级用户充当主用户的中继设备,使主用户系统获得了中继协作分集增益,因而提升了主用户系统的通信性能,那么与无二级用户协助的系统相比,此时的主用户系统只需要部分频段或部分时间就能完成主用户的通信需求,从而二级用户可利用剩余的频段或时间来实现二级数据传输。

在 overlay 频谱共享模式中,若二级用户成功获取了主用户的数据信息,那么二级用户必须先对主用户数据进行相关处理然后转发。最常用的处理方式主要有两种,其一为放大转发[2],其二为译码转发[3]。为了能更深入地理解基于阶段传输机制的认知 overlay 频谱共享模式,下面以基于放大转发处理和两阶段传输的方案为例来对其工作原理、系统模型、传输机制等进行说明,而基于译码转发处理的overlay频谱共享模式原理将在第 4 章中讨论。

2.2.1　系统模型及工作原理

基于两阶段的 overlay 频谱共享模式中,主用户数据传输分为两个阶段,该系统的传输方案可描述如下:第一阶段,主用户发射端向系统广播信息,于是二级发射端、二级接收端及主用户接收端都会接收该阶段来自主用户发射端的信息;第二阶段,二级发射端先放大第一阶段接收到的主用户信息,再将其与要传输的二级用户数据信息进行加权组合而构造出新信息,并将这个新信息转发给主用户接收端和二级用户接收端,主用户接收端会将第一阶段的信号和第二阶段的信号按最大

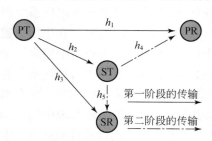

图 2-1　两阶段式的 overlay
频谱共享模式系统模型

比合并再解码出主用户信息,二级用户接收端可能利用第一阶段的接收信号执行干扰消除再解码二级用户信息。图 2-1 即为基于两阶段式的 overlay 频谱共享模式系统模型,一个系统中布置了主用户对 PT- PR(primary transmitter, primary receiver)和一个二级用户对 ST- SR(secondary transmitter, secondary receiver),二级用户通过上述传输方案共享主用户的频谱。本章中各参数的物理意义描述如下:h_1、h_2、h_3、h_4、h_5 和 d_1、d_2、d_3、d_4、d_5 分别表示链路 PT→PR、PT→ST、PT→SR、ST→PR 和 ST→SR 上的信道系数和链路距离。令 x_P、x_S 分别表示主用户和二级用户需要传输的信号,P_P、P_S 分别表示主用户和二级用户系统的发射功率,α 表示路径损耗因子,β 表示功率分配因子。假设所有的接收噪声 n 为加性高斯白噪声,且噪声功率为 σ^2。

认知无线电频谱共享系统中,最基本的要求是必须保证有二级用户协助传输

时的主用户性能不比无二级用户协助传输时的主用户性能差,因此上述传输中加权因子的选取必定受到一定的限制。为便于分析说明,无二级用户协助传输(即无频谱共享)时的主用户传输可实现速率表示为

$$R_0 = \log_2(1 + P_P d_1^{-\alpha} \mid h_1 \mid^2 / \sigma^2) \tag{2-1}$$

下面将讨论基于两阶段传输的 overlay 频谱共享系统的具体传输机制。

2.2.2　主用户系统实现速率

主用户信息传输的第一阶段如图 2-1 中的实线所示,即 PT(primary transmitter)向系统广播信息 x_P,且各通信节点 PR(primary receiver)、ST(secondary transmitter)、SR(secondary receiver)接收此信息,令各节点上相应的接收信号分别为 $y_{1,1}$、$y_{2,1}$ 和 $y_{3,1}$,而对应的可实现速率分别为 $R_{1,1}$、$R_{2,1}$ 和 $R_{3,1}$,那么

$$y_{i,1} = \sqrt{P_P d_i^{-\alpha}} h_i x_P + n_{i,1}$$
$$R_{i,1} = \frac{1}{2} \log_2(1 + P_P d_i^{-\alpha} \mid h_i \mid^2 / \sigma^2) \tag{2-2}$$

式中,对数函数前的 1/2 因子是因 x_P 的传输分成两个阶段而造成的;$i=1,2,3$。ST 接收到第一阶段通信信息后,依据自身功率限制条件归一化该接收信息,并利用功率分配因子 β 进一步放大此信息,并将放大后的信息与所要传输的二级用户信息 x_S 进行叠加组合,组合信号表示为

$$y_{2,2} = g y_{2,1} + \sqrt{(1-\beta)P_S} x_S \tag{2-3}$$

式中,$0 \leqslant \beta \leqslant 1$;归一化因子 $g = \sqrt{\beta P_S / (P_P d_2^{-\alpha} \mid h_2 \mid^2 + \sigma^2)}$。

主用户信息传输的第二阶段如图 2-1 中的虚线所示,ST 将信号广播给节点 PR 和 SR,那么此时 PR 和 SR 接收到的信号可表示为

$$y_{j,2} = y_{2,2} \sqrt{d_j^{-\alpha}} h_j + n_{j,2}$$
$$= g\sqrt{P_P d_2^{-\alpha} d_j^{-\alpha}} h_2 h_j x_P + \sqrt{(1-\beta)P_S d_j^{-\alpha}} h_j x_S + g\sqrt{d_j^{-\alpha}} h_j n_{2,1} + n_{j,2} \tag{2-4}$$

式中,$j=4$ 或 5。主用户接收端将第一阶段和第二阶段接收到的主用户信号按最大比合并,那么 PR 的可达速率可表示为

$$R_{MAC} = \frac{1}{2} \log_2(1 + P_P d_1^{-\alpha} \mid h_1 \mid^2 / \sigma^2 + g^2 P_P d_2^{-\alpha} d_4^{-\alpha} \mid h_2 h_4 \mid^2 / \lambda) \tag{2-5}$$

式中,$\lambda = (1-\beta)P_S d_4^{-\alpha} \mid h_4 \mid^2 + g d_4^{-\alpha} \mid h_4 \mid^2 \sigma^2 + \sigma^2$。

要实现二级用户与主用户间的频谱共享,主用户的系统性能不能比无频谱共享时的系统性能差,那么必须保证不等式 $R_{MAC} \geqslant R_0$ 成立。将式(2-1)与式(2-5)代入该不等式,便可以求解出 β 的取值范围。存在信号传输的系统中,一般都有 $P_P d_2^{-\alpha} \mid h_2 \mid^2 \gg \sigma^2$,于是归一化因子可以近似替换为 $g \approx \sqrt{\beta P_S / (P_P d_2^{-\alpha} \mid h_2 \mid^2)}$,将近

似的归一化因子代入不等式 $R_{MAC} \geqslant R_0$ 中,便可求得不等式取等号时的 β 值,即

$$\beta_t = \frac{P_S d_4^{-\alpha} |h_4|^2 + \sigma^2}{\dfrac{P_S d_4^{-\alpha} |h_4|^2}{\rho(1+\rho)} + P_S d_4^{-\alpha} |h_4|^2 - \dfrac{P_S d_4^{-\alpha} |h_4|^2}{P_P d_2^{-\alpha} |h_2|^2}\sigma^2} \tag{2-6}$$

式中,$\rho = P_P d_1^{-\alpha} |h_1|^2 / \sigma^2$。注意:由于无线信道的随机性,可能存在 $\beta_t > 1$ 的情况,因此必须令 $\beta^* = \min(\beta_t, 1)$。只要选择功率分配因子 $\beta > \beta^*$,主用户系统的传输速率就会变大。也就是说,当 $\beta_t < 1$ 和 $\beta^* < \beta \leqslant 1$ 成立时,基于放大转发和两阶段式的 overlay 频谱共享的主用户系统性能优于无频谱共享的主用户系统性能。

2.2.3　二级用户系统实现速率

由式(2-2)可知,主用户数据包的第一个传输阶段中,二级节点 SR 接收到的信号及链路 PT→SR 上的实现速率分别表示为

$$y_{3,1} = \sqrt{P_P d_3^{-\alpha}} h_3 x_P + n_{3,1}$$

$$R_{3,1} = \frac{1}{2} \log_2(1 + P_P d_3^{-\alpha} |h_3|^2 / \sigma^2) \tag{2-7}$$

由式(2-4)可知,主用户数据包的第二个传输阶段中,二级节点 SR 接收到的信号表示为

$$y_{5,2} = g \sqrt{P_P d_2^{-\alpha} d_5^{-\alpha}} h_2 h_5 x_P + \sqrt{(1-\beta) P_S d_5^{-\alpha}} h_5 x_S + g \sqrt{d_5^{-\alpha}} h_5 n_{2,1} + n_{5,2} \tag{2-8}$$

假设据式(2-7)SR 可成功解码获取主用户信息 x_P,那么式(2-8)的干扰成分 $g \sqrt{P_P d_2^{-\alpha} d_5^{-\alpha}} h_2 h_5 x_P$ 可以完全被消除,那么剩余部分的信号表示为

$$y_{5,2} = \sqrt{(1-\beta) P_S d_5^{-\alpha}} h_5 x_S + g \sqrt{d_5^{-\alpha}} h_5 n_{2,1} + n_{5,2} \tag{2-9}$$

将 $g \approx \sqrt{\beta P_S / (P_P d_2^{-\alpha} |h_2|^2)}$ 代入式(2-9),可获得第一阶段上 SR 成功解码主用户信息条件下,第二阶段中链路 ST→SR 上的实现速率为

$$R_{5,2} = \frac{1}{2} \log_2 \left(1 + \frac{P_P(1-\beta) d_2^{-\alpha} d_5^{-\alpha} |h_2 h_5|^2}{\beta d_5^{-\alpha} |h_5|^2 \sigma^2 + P_P d_2^{-\alpha} |h_2|^2 / P_S}\right) \tag{2-10}$$

式中,实现速率 $R_{5,2}$ 是在第一阶段上 SR 能成功解码主用户信息的条件下求得的,第一阶段上的实现速率 $R_{3,1}$ 可由式(2-7)求得,若 $R_{3,1} < R_{5,2}$,那么二级系统总的实现速率为 $R_S = \min(R_{3,1}, R_{5,2})$。

根据上述分析可知,当 β 的取值增加时,ST 将分配更多的发射功率用于辅助主用户数据传输,而越少的发射功率用于传输二级用户数据包,因此相应的主用户的实现速率会增加,二级用户的实现速率会减小。信道深衰落或者阴影效益的影响使得链路信道非常弱,相比 $d_i^{-\alpha} |h_i|^2 (i=2,3,4,5)$ 来说,$d_1^{-\alpha} |h_1|^2$ 的取值会非常小,那么就可以求得取值较小的 β^* 值,这时 ST 可以在区间内选择合适的 β,使得主用户系统具有较大的实现速率的提升,而二级用户系统的实现速率也能满足通信需求。

基于阶段式传输机制的认知 overlay 频谱共享系统,由于其传输机理简单,实

现较为简易,且应用灵活,易于与现有的各项通信新技术融合,因而它在研究和应用中受到广泛的关注。除了上述介绍的两阶段式传输机制外,多阶段式的认知 overlay 频谱共享系统也是现有研究的重点[4]。

2.3　多跳传输系统中的认知 overlay 频谱共享模式

多跳传输中的认知 overlay 频谱共享系统中,主要考虑主用户数据包由源节点发出必须历经多个中继节点转发才能成功到达主用户目的端的通信情况,其中主用户系统能通过多跳中继节点的多种选择性(即机会路由传输策略设计)来获取信道增益,从而获得端到端吞吐量性能的提升。当有二级用户想要共享主用户频谱资源时,二级用户会充当主用户候选中继,为主用户系统机会路由传输策略的设计提供资源,从而实现二级用户与主用户间的协作频谱共享。

基于多跳传输的认知 overlay 频谱共享传输系统场景布置如图 2-2 所示,其中 PS、PD 分别表示主用户的源节点和目的节点,PR 表示主用户系统中继节点,ST 表示二级用户,实线表示主用户数据包实际传输链路。该系统的工作原理[4]可简单概述如下:在主用户数据包从源节点经历多个中继节点传送至目的节点的过程中,二级用户充当主用户的候选中继节点,通过机会路由形式协助主用户数据包的传输。一般来说,可以根据主用户数据包的连续两跳传输来说明基于多跳传输的认知 overlay 频谱共享系统的传输机理。先考虑前一跳的传输情况,二级用户能成功译码获取前一跳传输的主用户数据包;当前跳传输中,若二级用户中继转发主用户数据会有利于主用户系统性能的提升,这里性能提升包括主用户传输中断性能、传输速率或者系统能量损耗等,此时二级用户将被选作为当前跳上主用户数据传输的中继,与此同时,二级用户也会分配部分资源用于二级用户的数据传输。该系统性能分析将在第 5 章中详细给出。

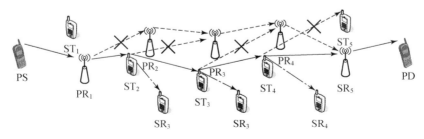

图 2-2　多跳传输中的 overlay 频谱共享模式系统模型

上述原理中,二级用户中继转发主用户数据包时也会实现二级用户数据包的传输,此时一般存在两种配置系统资源的方式用于实现两类数据的传输,即正交复用(orthogonal multiplexing,OM)模式和叠加编码(superposition coding,SC)模式。正交复用模式是二级用户节点将可用的资源分成两部分，或是对传输时隙进行分配，或是对传输频带资源进行分配。将系统资源量化为 1，可令资源分配指数为 $0 \leqslant \phi \leqslant 1$，那么二级用户节点将利用 ϕ 部分的资源来中继传输主用户数据，而剩下的 $1-\phi$ 部分资源用于传输二级用户数据。叠加编码模式是一种物理层技术，二级用户先对两类数据包进行编码调制，再分配发射功率给每类数据。设二级用户发射功率为 1，令功率分配指数为 $0 \leqslant \mu \leqslant 1$，二级用户将使用 μ 部分发射功率进行主用户数据传输，而剩余 $1-\mu$ 部分功率被用于二级用户数据的传输，再加上复基带符号[5]以此获得了承载主用户数据和二级用户数据的发射信号，最后二级用户就将叠加组合信号发送给主用户接收端和二级用户接收端。2.2 节介绍的基于阶段式的 overlay 频谱共享系统采用的就是叠加编码模式。一般来说，当主用户主导协作时，在保证了二级用户服务质量的条件下，根据最优化主用户性能来设置 OM 中的 ϕ 或者 SC 中的 μ；当二级用户主导协作时，在保证主用户性能不受影响的条件下，根据最优化二级用户性能来设置 ϕ 或者 μ。

根据上述原理可知，在基于协作机会路由的认知传输策略的研究中，一方面，二级用户的加入使得主用户可用的中继数量变多，导致系统获得了多用户分集增益，从而使得主用户吞吐量性能有所提高；另一方面，二级用户的中继传输会降低主用户系统的能量损耗。因此，在认知多跳传输系统中，设计合理的基于协作机会路由的认知传输策略有利于提高主用户的系统性能。

2.4 TPSR 传输中的认知 overlay 频谱共享模式

无线协作通信的两跳信道传输中，为了能改善因半双工中继所引起的频谱效率减半问题[6]，研究提出了 TPSR 传输机制。这种传输机制的主要实现机理为空间复用技术，即两个半双工中继节点分别进行奇时隙接收和偶时隙发射、偶时隙接收和奇时隙发射，从而实现将奇/偶时隙上所接收到的源节点信息在奇/偶时隙上发送给目的节点。由于基于 TPSR 传输机制的认知 overlay 频谱共享系统具有以下一些优点：①主用户系统性能可不受影响；②能支持主用户数据和二级用户数据的并行传输；③二级用户的接入并不影响主用户的通信方式，因此，主用户仍然能保持连续传输信号的模式，而不需要改变其传统的通信方式。综上，TPSR 传输机制在认知无线电系统中受到广泛的关注和深入研究。

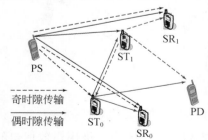

图 2-3　基于 TPSR 传输机制的认知 overlay 频谱共享系统模型

基于 TPSR 传输机制的认知 overlay 频谱共享系统的主要工作原理[7]可概述如下。

基于 TPSR 传输机制的认知 overlay 频谱共享系统模型如图 2-3 所示,一个主用户对(PS-PD)和两个二级用户对(ST_0-SR_0,ST_1-SR_1)共享频谱资源。假设系统中所有节点的位置固定,且任意二级用户对间的距离远小于主用户节点与二级用户节点之间的距离。主用户信源连续发送数据,两个二级发射节点交替中继转发主用户数据,且二级用户发射节点利用 2.3 节介绍的叠加编码技术同时实现二级用户数据的传输。对于某一确定时隙 k,可令 $x_P(k)$、$x_0(k)$ 和 $x_1(k)$ 分别表示通信用户 PS、ST_0 和 ST_1 所要传输的单位功率信号,因此认知系统整体通信过程可描述如下。

时隙 1:PS 发送信号 $x_P(1)$,如图 2-3 中起点为 PS 的虚线所示的传输链路;ST_0、SR_0 和 SR_1 接收并检测获取信号 $x_P(1)$;ST_1 保持待机工作状态;PD 接收信号 $x_P(1)$。

时隙 2:PS 发送信号 $x_P(2)$,如图 2-3 中起点为 PS 的实线所示的传输链路;ST_0 发送叠加组合信号 $x_c(2)=f(x_P(1),x_0(2))$,如图 2-3 中起点为 ST_0 的实线所示的传输链路;SR_0 和 SR_1 先将接收到的信号中的 $x_P(1)$ 信号消除,然后又检测和消除信号 $x_0(2)$,最后检测出信号 $x_P(2)$;ST_1 先检测并消除信号 $x_P(1)$,然后检测并消除信号 $x_0(2)$,最后检测出信号 $x_P(2)$;PD 接收信号 $x_P(2)$ 和 $x_c(2)$。

时隙 3:PS 发送信号 $x_P(3)$,如图 2-3 中起点为 PS 的虚线所示的传输链路;ST_1 发送叠加组合信号 $x_c(3)=f(x_P(2),x_1(3))$,如图 2-3 中起点为 ST_1 的虚线所示的传输链路;SR_0 和 SR_1 先将接收到的信号中的 $x_P(2)$ 信号消除,然后又检测和消除信号 $x_1(3)$,最后检测出信号 $x_P(3)$;ST_0 先检测并消除信号 $x_P(2)$,然后检测并消除信号 $x_1(3)$,最后检测出信号 $x_P(3)$;PD 接收信号 $x_P(3)$ 和 $x_c(3)$。

重复时隙 2 和时隙 3 上的操作直到时隙 L。

时隙 $L+1$:ST_1 发送叠加组合信号 $x_c(L+1)=f(x_P(L),x_1(L+1))$;$SR_1$ 先将接收到的信号中的 $x_P(L)$ 信号消除,并检测信号 $x_1(L+1)$;ST_0 和 SR_0 保持待机;PD 接收叠加组合信号 $x_c(L+1)$,并联合译码主用户信号,其中将二级用户的数据当做噪声处理。

由上述通信流程可知,主用户通信系统中总共要使用 $L+1$ 个时隙来传输 L 个主用户信息,那么主用户的频谱效率为 $L/(L+1)$,对于较大的 L,该值接近 1。其中使用了联合最大似然法译码主用户信息,二级系统在每个时隙上实现了干扰的成功接收和消除来恢复期望信号。当 ST_i 和 PS 同时传输信号时,其中 $k(k=2,\cdots,L)$ 为偶数时,$i=0$;k 为奇数时,$i=1$。ST_i 所发送到叠加信号由前一时隙发射的主用户信号和当前时隙发射的二级用户信号线性组合而成,即

$$x_c(k)=f(x_P(k-1),x_0(k))=\sqrt{\beta}x_P(k-1)+\sqrt{1-\beta}x_0(k) \tag{2-11}$$

式中,$\beta\in[0,1]$ 为功率分配因子。当 $\beta=0$ 时,ST_i 是完全自私的而仅仅发送二级用户信号;当 $\beta=1$ 时,ST_i 是完全无私的而全功率中继转发主用户信号。可以通过保

证主用户的通信服务质量来设定 β 的大小,β 越大,则二级用户对主用户的干扰就越小,主用户的通信性能就越好,因此为保证主用户的服务质量,一般设置 $\beta \geqslant 0.5$。

根据上述过程可知,PD 端在 $L+1$ 个时隙内接收到的所有信号可表达为

$$y = Hx_P + w \tag{2-12}$$

式中,$x_P = [x_P(1), x_P(2), \cdots, x_P(L)]^T$ 是 L 个时隙上的主用户信号矢量,上标 T 表示转置操作;H 是大小为 $(L+1) \times L$ 的等效 MIMO 信道;矢量 w 是加性的干扰和噪声。对于一个确定的通信系统,H 和 w 具有已知的分布特性,因此 PD 能比较容易地成功解码获得 x_P。基于 TPSR 传输机制的认知 overlay 频谱共享系统性能分析将在第 6 章中详细介绍。

2.5　ARQ 系统中的认知 overlay 频谱共享模式

ARQ 系统是通信系统中很常见的一种传输模式,它通过接收端的自动反馈信息来告知发射端上一次信息是否成功传输和是否需要重传。一般地,系统会预先设置最大的重传次数,若达到最大重传次数,数据包还没有传输成功,则放弃此数据包的传输而继续传输新的数据包,即未成功传输的数据包默认为丢失或传输失败。基于 ARQ 传输机制的认知 overlay 频谱共享系统[8]中,主用户系统采用 ARQ 传输机制,二级用户会根据检测到的主用户接收端反馈信息来协助主用户系统的数据传输,以此减少主用户数据包的重传次数而提升主用户的系统性能,这时认知系统将这里的性能提升量核算为二级系统所获得的信用度,称为协作阶段。当信用度累积到一定量时,认知系统允许二级用户占用主用户频段进行二级数据包的传输,而二级数据包的传输必然会降低主用户的系统性能,认知系统又将这里的性能损失量核算为二级系统的惩罚度,称为接入阶段。当信用度和惩罚度相等时,实现了在不影响主用户系统性能条件下的二级用户与主用户间的频谱共享。当优化设置协作和接入时间时,可能既使主用户系统性能有所提升,也实现了二级数据包的成功传输。上述即为基于 ARQ 传输机制的认知 overlay 频谱共享系统的主要工作原理。

根据上述对基于 ARQ 传输机制的认知 overlay 频谱共享系统工作原理简介可知,该系统的工作过程主要分为两个部分,即协作阶段和接入阶段。为了更好地理解基于 ARQ 传输机制的认知 overlay 频谱共享系统工作过程,下面将结合系统模型图来分别说明协作阶段和接入阶段中用户的主要传输机理。协作阶段下系统各用户的工作机制如图 2-4 所示,其中实线为主数据包信息的传输,虚线为控制信息的传输。主数据包首次通过直接链路进行传输,若数据包被成功传输,如图 2-4(a) 所示,目的端 PD 将控制信息 ACK(acknowledgement)反馈给 PS,二级发射端 ST 也将检测到该信息。若数据包首次传输不成功,目的端 PD 将控制信息 NAK(no-acknowledgement)反馈给 PS,二级发射端 ST 也会检测到该信息。而 ST 将先判

断是否能成功解码获取主数据包,若可以,如图 2-4(b)所示,ST 便向 PS 发送控制信息 HTS(help-to-send)传送给 PS,表示重传时隙上 ST 会将主数据包中继转发 PD,而 PS 会在重传时隙中保持待机工作;否则 ST 保持待机工作,重传时隙中主数据包通过直接 PS→PD 链路进行传输。图 2-4(c)表示,主数据包通过 ST 的协助成功传送给了 PD,且 PD 向系统反馈控制信息 ACK,表示下一个传输时隙可以传送新的主数据包。当然,协助传输时,也可能存在 ST 无法将主数据包成功传送至 PD 的情况,那么 ST 将利用后续的重传时隙继续中继传输此主数据包,直到该主数据包被成功传输或者重传时隙已到达系统预设的最大值。

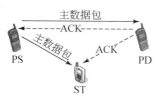
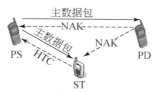
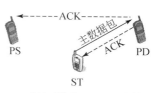

(a) 主数据包直接链路传输成功,不需要二级用户进行协助传输

(b) 主数据包直接链路传输不成功,二级用户能协助传输

(c) 重传时隙上,二级用户协助主数据包传输成功

图 2-4 协作阶段中认知系统中的各级用户传输模型

当二级用户在上述的协作阶段中获得了足够的信用度后,系统会允许二级数据包占用主用户频谱资源实现传输,即系统工作进入接入阶段,该阶段中,系统各用户的工作机制如图 2-5 所示,实线表示主数据包的传输链路,虚线表示控制信息传输链路,点划线表示二级数据包传输链路。主数据包通过直接链路传输时,SR 会尝试解码以便截获主数据包并不断监测每个主数据包的重传次数,这是为了在接收二级数据包时能成功实现干扰消除而提高二级数据传输链路的中断性能,这里的干扰指的是主数据包给二级数据包造成的干扰。当 SR 能成功截获主数据包且该包重传次数未达到最大时,如图 2-5(a)所示,SR 会通过控制信道向 PS 发送控制信息 INF,该控制信息能干扰或破坏由 PD 反馈给 PS 的控制信息 ACK 或 NAK,致使 PS 认为当前传输的主数据包未被 PD 成功接收而需要被重传。于是 ST 会利用当前主数据包的下一次传输来实现链路 ST→SR 上二级数据包的传输,

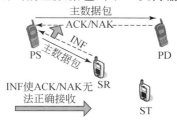
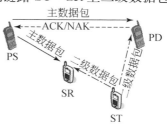

(a) 主数据包被 SR 成功解码截获

(b) 重传时隙传输二级数据包

图 2-5 接入阶段中认知系统中的各级用户传输模型

如图 2-5(b)所示,此时由 PS 发送来的主数据包会干扰 SR 端二级数据包的成功接收,SR 可利用之前截获到的主数据包来实现干扰消除以提高二级数据包的传输性能;而 ST 所传输的二级数据包也会干扰 PD 端上主数据包的成功接收,导致主数据包传输性能下降,量化后即形成二级系统的惩罚度。

综上所述,基于 ARQ 传输机制的认知 overlay 频谱共享系统中,协作模式下,二级用户通过协作传输提高主系统的性能,以此获取共享主用户频谱资源的机会;接入模式下,二级用户利用主用户频谱资源来实现二级数据的传输,从而整体上实现二级用户和主用户间的协作频谱共享。该系统中,只要控制好协作模式和接入模式的工作时间,主系统和二级系统的传输性能都可能获得提升。基于 ARQ 传输机制的认知 overlay 频谱共享系统性能的理论以及仿真分析将在第 7 章中详细讨论。

2.6   研究意义与现状

2.6.1   研究的意义

基于 overlay 频谱共享的认知无线电系统定义中的假设条件确实过于理想,在一般实际系统中较难实现,特别是在主用户数据传输前,二级用户要获取主用户所传输的数据信息是个难点,然而在一些特定的通信场景中,若采用现代信号处理方法、编码技术及一些协作传输技术,该系统是有可能实现的。下面将从三个方面来说明基于 overlay 频谱共享的认知无线电系统的可实现性。

(1)认知无线电模型适用于如下通信场景,即二级用户发送端与主用户发送端很接近,主用户首次传送失败,必须进行信息重传,而且二级用户能正确译码主用户首次所传送的信息。主用户发送端使用独立频段给其接收端和二级用户发射端传送信号,二级用户发射端比主用户接收端有优先接收权。能支持 overlay 频谱共享的认知实际系统有:主用户的传输是基于自动反馈重传的系统、主用户系统采用阶段式传输机制以获取二级用户协作、主用户系统为多跳传输系统以及基于成功实现了两路径中继传输的主用户通信系统等。

(2)认知 overlay 频谱共享模型定义的本质思想是二级用户协助主用户来实现频谱共享。该模型与交织模型和衬垫模型有着本质的区别,它是利用二级用户的通信来获得更好的主用户系统性能,这是一种互惠互利的用户间协作方式。传统协作通信中的信号处理技术和编码技术以及协作传输技术都可作为认知无线电重叠系统的技术支撑。

(3)认知 overlay 频谱共享模型的正常工作前提是假设二级用户能感知主用户的信道信息、码本信息以及数据信息。但这种假设过于严格,使得认知无线电

overlay频谱共享模型只适用于某些特别的通信系统。为了一般化认知 overlay 频谱共享模型的应用场景,可放宽假设条件,其中具有部分认知能力的 overlay 频谱共享系统已成为当前研究的热点问题。对于实际系统无法获得的部分信息[9],可通过相关的编码技术和资源分配技术来抵消或减小信息不全所造成的性能损失。

　　互惠互利的协作传输是认知无线电重叠模型的本质,该本质特征使得认知 overlay频谱共享模型能实现更好的系统性能和更高的频谱利用率。Goldsmith 在文献[1]中通过自由度分析和系统容量分析详细说明了 overlay 频谱共享模型的这些优势。综上所述,认知无线电 overlay 频谱共享模型具有很好的研究价值和较好的研究前景,从而对其研究具有重要的意义。

2.6.2　研究的现状及挑战

　　在认知无线电 overlay 频谱共享模型中,如何获取所需的主用户信息是研究的关键和难点。不同的通信系统具有不同主用户信息的获取方法,基于这些系统而设计的频谱共享传输方案中的用户性能也会不同。现有认知 overlay 频谱共享模型的研究主要针对下述几种系统展开,即基于阶段式传输机制的通信系统、主用户通信为多跳传输的系统、基于 TPSR 传输机制的通信系统以及面向自动重复请求重传的通信系统。本书以提高系统性能(如中断性能、吞吐量)为主要目标,对这四类认知 overlay 频谱共享模型做出了相应的研究。另外,当认知用户只能获得部分主用户信息时,具有部分认知能力的 overlay 频谱共享模型成为当今研究的热点。又根据频谱环境的随机变化,自适应组合重构认知无线电的三种模型是现今研究的又一关键点。根据上述认知 overlay 频谱共享模型研究类别的分析,下面将对其研究现状展开说明。

　　在基于阶段式传输机制的通信系统中,主用户数据的传输过程分为多个阶段:在第一通信阶段中,二级用户发射端成功接收来自主用户发射端的数据;在后续的通信阶段中,二级用户发射端会实现协助主用户数据传输和二级用户数据传输。文献[3]提出了基于译码转发的两阶段式传输协议,文献[2]提出了基于放大转发的两阶段式传输协议,这两种传输协议针对一个单天线二级用户的系统。文献[10]~文献[13]研究了多用户场景下的通信系统,设计二级用户之间、主用户之间以及二级用户与主用户之间的协作通信方案和各用户之间的竞争机制。认知波束成形是一项能实现二级用户和主用户有效频谱共享的多天线技术,能智能控制波束以减小二级用户之间、二级用户与主用户之间的干扰,从而提升系统性能。文献[14]~文献[16]研究了二级用户配置多天线的通信系统。

　　在现有的认知 overlay 频谱共享模型中,阶段式系统的研究较为广泛,这是因为它能灵活应用于各种通信场景中。二级用户在不同阶段中实现不同的通信功能,它是一种合理有效的认知 overlay 频谱共享模型系统实现方案。只要主用户同意执行分段传输机制,不管系统中其他条件如何,都可以设计出有效的认知频谱共享传输方案。而二级用户协助主用户传输以提高主用户性能会激励主用户同意分段传输,尤其当主用户源到主用户目的间的直接通信链路上信道状态不好时,这种激励特别有效。在阶段式认知 overlay 频谱共享模型系统中,单个二级用户协作设计已较为成熟,而在多用户场景下,可能存在用户间竞争,且会造成用户间干扰,此时该如何选取最优协作用户、如何设计性能优越的频谱共享方案等是研究的难点。另外,现有的研究主要保证主用户的服务质量,而并没有保证二级用户的有效可靠通信,因此本书第 4 章将围绕这些问题来研究阶段式认知 overlay 频谱共享模型系统。

在主用户数据通信为多跳传输的系统中,二级用户通过前一跳上主用户数据的传输来获取主用户信息,从而实现二级用户在主用户数据的当前跳传输前已知主用户信息,这是认知无线电 overlay 频谱共享模型实现的前提,其中主用户数据包一般都会经历大于两跳的传输。在主用户系统为多跳传输的通信系统的研究中,由于二级用户可充做主用户的中继,既通过下一跳中继的多种选择性来获得信道增益而提高主用户的系统性能,又能降低主用户系统的能量损耗。文献[17]主要研究了主用户系统为多跳传输的通信系统,提出了一种认知频谱共享传输方案并设计了四种机会路由选择策略,其中二级用户通过协作来传输主用户的信号,并利用主用户的部分频谱资源来实现二级数据的通信。参与协作的二级用户个数越多,主用户系统所消耗的能量就越少,但同时二级数据的通信会导致主用户系统的吞吐量下降。该研究点上还存在一些有待深入研究的问题,即如何实现二级用户与主用户间的最优协作,如何设计机会路由策略使主用户系统和二级用户系统都能实现更好的性能。针对主用户资源有限的情况,特别是能量有限的情景,如何权衡主用户能量损耗和主用户吞吐量性能以达成通信系统要求等问题将在本书第 5 章进行研究。

在基于 TPSR 传输机制的通信系统中,存在多个二级用户协作,从而可实现两路径中继传输。在主用户数据传输中,两个二级用户交替充当主用户中继而协助其进行数据传输,其中,二级用户通过接收前一时隙上来自主用户信息源的信息来获取当前时隙上进行中继转发的主用户数据,作为中继的二级用户同时实现二级数据传输,因此系统中至少要有两个二级用户能协助主用户通信,且这两个二级用户要能互相协作。这种思路起源于无线通信中的中继协作,即文献[2]中提出的一种空间复用传输协议,它实现了使用两个半双工中继更替将源信号转发给终端。近年来,关于基于 TPSR 传输机制的认知 overlay 频谱共享模型的研究主要有:文献[13]和文献[15]研究了能实现合作分集和高带宽效率的两路径中继通信协议;文献[18]和文献[19]利用空时编码技术实现了全分集和全速率。又因为基于 TPSR 的通信系统存在中继用户间干扰,给通信带来一定的性能损失,因此需要设计相关的干扰消除技术来补偿这些损失。文献[20]研究了利用全干扰消除算法来完全消除中继用户间干扰。相比上述的阶段式认知 overlay 频谱共享模型传输协议，基于 TPSR 的认知 overlay 频谱共享模型具有以下优势：①不会引起主用户系统频谱效率损失；②能支持主用户数据和二级用户数据的并行传输；③由于二级用户的接入并不影响主用户的通信方式，因此主用户依旧连续发送信号而不需要改变其通信方式。故对基于 TPSR 的认知 overlay 频谱共享模型的研究具有重要的意义。基于 TPSR 机制的传输中存在中继用户间干扰，即二级用户间的干扰，因此如何设计合理的二级用户间协作方式以降低二级用户间干扰是该研究点着重要解决的问题。本书第 6 章将针对此问题展开研究。

在面向 ARQ 的通信系统中，主用户数据传输可能不会一次传输成功，因此存在数据重传的现象。二级用户在前一次传输上获取主用户信息，且分析前一次传输上来自主用户接收端的反馈信息，从而实现在主用户数据重传前获得主用户信息。主用户传输是自动反馈重传的通信系统是认知 overlay 频谱共享模型应用的又一个重要场景。基于此类系统的认知 overlay 频谱共享模型的研究主要有：文献[21] ～文献[23]提出了几种单个二级用户和基于 ARQ 的主用户共存的机会频谱共享协议，它们的核心思想是利用主用户的重传时隙实现二级用户的机会频谱接入；另外，文献[12]和文献[24]研究了基于 ARQ 的主用户系统频谱租赁协议，其中主用户决定是否将频谱资源租赁给二级用户以换取其协作；文献[25]研究了一种协作模式和接入模式相互切换的自动重复反馈重传系统下的认知 overlay 频谱共享模型传输方案。若系统中的干扰源也是自动反馈重传系统，二级用户根据所获得的干扰源信息来协助主用户实现干扰管理，这是实现认知 overlay 频谱共享模型的另一种协作方式。文献[26]主要研究了认知 overlay 频谱共享模型下协作干扰管理传输方案，讨论了此方案下的主用户系统中断性能。当二级用户协助主用户进行干扰管理时，如何设计合理的传输机制以获得较好的系统性能以及如何推导二级用户协作干扰管理能给主用户带来性能的提升量，是第 7 章研究的重点。

在认知无线电技术的横向研究中，大部分的研究只是针对认知无线电三种模型中的一种。基于三种模型不同的特性和实际系统的多样化特征，可以将交织、衬垫及重叠模型结合应用于实际系统，建立更合理的新认知模型是另一个值得研究的方向。针对这三种模型的结合应用，现今研究有：根据各模型的本质特性，比较分析认知无线电中三种模型的频谱共享策略[27]；根据衬垫模型和重叠模型所能实现的数据传输速率的比来选择认知系统的模型，从而设计认知传输方案，并分析这种方案下系统的容量域[28]；二级用户根据所检测主用户是否占用授权频段来选择认知模型，从而设计认知传输方案，并分析该传输策略的系统性能[29]；研究基于正交频分复用（orthogonal frequency division multiplexing，OFDM）系统重叠与衬垫混合应用的认知系统的功率分配方案[30]。现有的这些研究主要对比分析了这三种模型,或者将两种模型简单混合应用,而这些模型的简单组合方式还是无法满足实际中无线通信系统的随机变化特性,因此这些研究是不够完善的。

在具有部分认知能力的 overlay 频谱共享模型系统中,针对传统定义下的认知无线电 overlay 频谱共享模型中的假设条件过于严格,在实际应用中不易实现,因此放宽了假设条件,即研究二级用户只能获得主用户部分信息的 overlay 频谱共享认知系统,其中未能认知的信息可能是主用户信息或者信道状态信息,此时将如何保证系统有效可靠的传输是研究的难点。在已有的研究中,当二级用户能获得部分信道状态信息时,通过使用信道统计特性来描述未知的信道状态,而设计了莱斯信道下的编码方案[31],获得了高斯、瑞利信道下的容量域[32,33];当二级用户能获得部分主用户信息时,现有工作设计了适用于高斯信道的编码方案[34],并获得了强干扰信道、弱干扰信道下的容量域[35,36]。然而,在现有关于部分认知能力的 overlay 频谱共享模型系统的研究中,上述编码方案、容量域分析都是基于特定的信道条件和场景,缺乏一般适用性。另外,现有的研究仅分析认知部分信道信息或者认知部分主用户信息的情况,当同时只获得部分信道状态和主用户信息时,认知 overlay 频谱共享系统的编码方案将如何设计,各信道条件下的系统容量该如何分析,这些问题都是未来研究的关键。要设计合理有效的认知 overlay 频谱共享系统传输方案就要充分利用所认知的部分信息和有效处理未认知的部分信息所带来的性能损失,因此,对具有部分认知能力的 overlay 频谱共享模型系统的研究有重要的实际意义。

2.7　本章小结

本章主要介绍了四类常见的基于 overlay 频谱共享模型的认知无线电系统,即基于阶段式的认知 overlay 频谱共享系统、基于多跳传输的认知 overlay 频谱共享系统、基于 TPSR 传输机制的认知 overlay 频谱共享系统和基于 ARQ 传输机制的认知 overlay 频谱共享系统,并对上述每种系统的工作模型和实现原理进行了简单介绍。讨论了基于 overlay 频谱共享的认知无线电系统的研究意义,总结了该系统的研究现状,分析了当前研究所面临的挑战,为本书后续对基于 overlay 频谱共享的认知系统的深入研究奠定了基础。

参 考 文 献

[1] Goldsmith A, Jafar S A, Maric I, et al. Breaking spectrum gridlock with cognitive radios: An information theoretic perspective. Proceedings of the IEEE, 2009, 97(5): 894—914.

[2] Han Y, Pandharipande A, Ting S H. Cooperative spectrum sharing via controlled amplify-and-forward relaying. IEEE 19th International Symposium on Personal, Indoor and Mobile

Radio Communications (PIMRC),2008:1—5.

[3] Han Y,Pandharipande A,Ting S H. Cooperative decode- and- forward relaying for secondary spectrum access. IEEE Transactions on Wireless Communications,2009,8(10):4945—4950.

[4] Chiarotto D, Simeone O. Spectrum leasing via cooperative opportunistic routing techniques. IEEE Transactions on Wireless Communications,2011,(9):2960—2970.

[5] Cover T M,Thomas J A. Elements of Information Theory. 2nd ed. New York:John Wiley & Sons,2006.

[6] Bolcskei H,Nabar R U,Oyman O,et al. Capacity scaling laws in MIMO relay networks. IEEE Transactions on Wireless Communications,2006,5(6):1433—1444.

[7] Zhai C,Zhang W,Ching P C. Cooperative spectrum sharing based on two- path successive relaying. IEEE Transactions on Communications,2013,61(6):2260—2270.

[8] Li Q,Ting S H,Pandharipande A. Cooperate- and- access spectrum sharing with ARQ- based primary systems. IEEE Transactions on Communications,2012,60(10):2861—2870.

[9] Wu W,Vishwanath S,Arapostathis A. Capacity of a class of cognitive radio channels:Interference channels with degraded message sets. IEEE Transactions on Information Theory,2007,53(11):4391—4399.

[10] Han Y,Ting S H,Pandharipande A. Cooperative spectrum sharing protocol with secondary user selection. IEEE Transations on Wireless Communication,2010,9(9):2914—2923.

[11] Han Y,Ting S H,Pandharipande A. Cooperative spectrum sharing protocol with selective relaying system. IEEE Transactions on Communications,2012,60(1):62—67.

[12] Simeone O,Stanojev I,Savazzi S,et al. Spectrum leasing to cooperating secondary Ad Hoc networks. IEEE Journal on Selected Areas in Communications,2008,26(1):203—213.

[13] Duan L J,Gao L,Huang J W. Cooperative spectrum sharing:A contract based approach. IEEE Transactions on Mobile Computing,2014,13(1):174—187.

[14] Huang K B,Zhang R. Cooperative feedback for multiple antenna cognitive radio networks. IEEE Transactions on Signal Processing,2011,59(2):747—758.

[15] Manna R,Raymond H Y L,Li Y H,et al. Cooperative spectrum sharing in cognitive radio networks with multiple antennas. IEEE Transactions on Signal Processing,2011,59(11):5509—5522.

[16] Bohara V A,Ting S H,Han Y,et al. Interference free overlay cognitive radio network based on cooperative space time coding. 2010 Proceedings of Fifth International Conference on Cognitive Radio Oriented Wireless Network & Communications (CROWNCOM),2010:1—5.

[17] Chiarotto D,Simeone O. Spectrum leasing via cooperative opportunistic routing techniques. IEEE Transactions on Wireless Communication,2011,10(9):2960—2970.

[18] Zhai C,Zhang W. Adaptive spectrum leasing with secondary user scheduling in cognitive radio networks. IEEE Transactions on Wireless Communications,2013,12(7):3388—3398.

[19] Laneman J N,Wornell G W. Distributed space- time coded protocols for exploiting coopera-

tive diversity in wireless networks. IEEE Transactions on Information Theory, 2003, 49 (10): 2415—2425.

[20] Scaglione A, Goeckel D L, Laneman J N. Cooperative communications in mobile ad hoc networks. IEEE Signal Processing Magazine, 2006, 23(5): 18—29.

[21] Tannious R A, Nosratinia A. Coexistence through ARQ retransmissions in fading cognitive radio channels. Proceedings 2010 IEEE International Symposium on Information Theory Proceedings, 2010: 2078—2082.

[22] Tannious R A, Nosratinia A. Cognitive radio protocols based on exploiting hybrid ARQ retransmission. IEEE Transactions on Wireless Communications, 2010, 9(9): 2833—2841.

[23] Li J C F, Zhang W, Nosratinia A, et al. Opportunistic spectrum sharing based on exploiting ARQ retransmission in cognitive radio networks. 2010 IEEE Global Telecommunications Conference, 2010: 1—5.

[24] Stanojev I, Simeone O, Spagnolini U, et al. Cooperative ARQ via auction- based spectrum leasing. IEEE Transactions on Communications, 2010, 58(6): 1843—1856.

[25] Li Q, Ting S H, Pandharipande A, et al. Cooperate-and-access spectrum sharing with ARQ-based primary systems. IEEE Transactions on Communications, 2010, 60(10): 2861—2870.

[26] Elkourdi T, Simeone O. Spectrum leasing via cooperative interference forwarding. IEEE Transactions on Vehicular Technology, 2013, 62(3): 1367—1372.

[27] Senthuran S, Anpalagan A, Das O. Throughput analysis of opportunistic access strategies in hybrid underlay-overlay cognitive radio networks. IEEE Transactions on Wireless Communications, 2012, 11(6): 2024—2035.

[28] Do C T, Tran N H, Hong C S. Optimal queueing control in hybrid overlay/underlay spectrum access in cognitive radio networks. 2012 IEEE 75th Vehicular Technology Conference, 2012: 1—5.

[29] Blasco-Serrano R, Jing L, Thobaben R, et al. Comparison of underlay and overlay spectrum sharing strategies in MISO cognitive channels. 2012 7th International ICST Conference on Cognitive Radio Oriented Wireless Networks and Communications, 2012: 224—229.

[30] Arpanaei F, Navaie K, Esfahani S N. A hybrid overlay-underlay strategy for OFDM- based cognitive radio systems and Its maximum achievable capacity. 2011 19th Iranian Conference on Electrical Engineering, 2011: 1.

[31] Lin P H, Lin S C, Lee C P, et al. Cognitive radio with partial channel state information at the transmitter. IEEE Transactions on Wireless Communications, 2010, 9(11): 3402—3413.

[32] Salim U. Achievable rate regions for cognitive radio gaussian fading channels with partial CSIT. 2011 IEEE 12th International Workshop on Signal Processing Advances in Wireless Communications, 2011: 81—85.

[33] Gong X T, Ascheid G. Ergodic capacity for cognitive radio with partial channel state information of the primary user. 2012 IEEE Wireless Communications and Networking Conference, 2012: 555—560.

［34］Wu Z H,Mai V. Partial decode-forward binning for full-duplex causal cognitive interference channels. 2012 IEEE International Symposium on Information Theory Proceedings,2012: 1331—1335.

［35］Chung G,Sridharan S,Vishwanath S,et al. On the capacity of overlay cognitive radios with partial cognition. IEEE Transactions on Information Theory,2012,58(5):2935—2949.

［36］Costa M H M. Writing on dirty paper. IEEE Transactions on InformationTheory,1983,29 (3):439—441.

第 3 章　实现认知 overlay 频谱共享系统的协作与接入技术

3.1　引　　言

认知无线电和协作通信是未来新型无线网络系统中非常重要的两大技术。协作通信技术为未来无线网络提供一种高可靠性的传输模式和高连通性的网络架构,而认知无线电则能够提供一种灵活、自主、智能的动态频谱共享和资源管理方式。随着各自研究的深入和下一代无线网络系统架构的逐步完善,人们发现,认知无线电技术与协作通信技术的相互结合和渗透有助于进一步提升未来无线网络的整体性能。而认知 overlay 频谱共享系统就是认知无线电技术与协作通信技术紧密结合的一项典型实例,其本质是通过主系统和二级系统间的协作来实现频谱共享。当然,为了提升各级系统的通信性能,很多研究也考虑了认知 overlay 频谱共享系统中主用户间以及二级用户间的协作关系。

根据 Goldsmith 从信息论角度[1]给出的认知 overlay 频谱共享模型的定义可知,认知无线电频谱共享系统的实现原理是二级用户协助主用户进行通信,致使主用户只需要占用部分的频谱资源或者时间就能实现通信需求,那么二级用户便可利用剩余的频谱或时间来进行二级数据信息的传输。该系统中如何实现二级用户与主用户间的协作关系是核心问题,现有研究中主要通过三种方式来实现这种协作关系,即协作中继传输、协作干扰管理以及协作能耗控制。3.2 节将对这三种协作方式的实现机理进行简单概述。

认知无线电技术频谱接入技术是实现认知用户与授权用户间资源共享的关键技术,由于认知无线环境的随机性,其中频谱接入也称动态频谱接入。认知 overlay 频谱共享系统中,动态频谱接入的设计也是其关键内容。为了深入理解和掌握认知 overlay 频谱共享系统,3.3 节主要介绍认知 overlay 频谱共享系统中的动态频谱接入技术。其中根据频谱接入原理,介绍接入控制技术,包括如何实现频谱接入、频谱接入过程中必须注意的因素以及接入参数的设置等。频谱租赁模型是认知 overlay 频谱共享系统中的又一重要分支,3.4 节就频谱租赁模式的设计思路进行扩展说明,并详细介绍以降低主系统功率损耗为目标的认知 overlay 频谱租赁系统的工作原理。

3.2　实现认知 overlay 频谱共享的典型协作方式

3.2.1　协作中继传输

协作中继技术[2]可通过节点之间相互协作转发信号或分组，获得了空间分集增益和功率增益，拓宽了网络的覆盖范围。图 1-5 给出了单中继节点参与的协作传输，从源节点到目的节点存在两条独立的通信链路，这样，目的节点能收到来自源节点相同信息的两份数据，可以采用最大比合并等方法处理数据，以提高传输成功的概率。同理，对布置有主用户和二级用户的认知无线电系统，二级用户充当主系统的中继节点，当主系统传输可靠性低、网络连通性差时，通过二级用户的中继传输能很大程度地提升主系统的性能。这样，相比无二级用户协作的情况，主用户系统仅需要部分的频谱资源和时间就能完成通信需求，从而二级用户能利用剩余的资源进行二级数据信息传输。协作中继技术在认知无线电系统中的应用灵活、实现简便，因而成为当前研究的热点，特别是通过协作中继技术来实现认知 overlay 频谱共享系统是现有研究的主流，如文献[3]和文献[4]研究的是阶段式协作中继的认知 overlay 频谱共享系统，文献[5]研究的是多跳协作中继传输的认知 overlay 频谱共享系统，文献[6]和文献[7]研究的是 TPSR 协作中继的认知 overlay 频谱共享系统、文献[8]～文献[10]研究的是 ARQ 协作中继传输的认知 overlay 频谱共享系统。第 2 章中介绍的四类认知 overlay 频谱共享系统都是基于协作中继技术实现的。

基于协作中继传输的认知 overlay 频谱共享系统实现机理如图 3-1 所示，其中布置了一个主用户对 PS-PD 和一个二级用户对 ST-SR。该系统的实现过程主要分为三个步骤。第一步，二级发射端 ST 通过一定的方式获取主用户信息，如图 3-1 中实线所示，这些信息可能包括主用户数据信息、信道信息以及码本信息等，这些信息可通过第 2 章介绍的四种方式之一来获取。第二步，ST 充当主系统的中继设备，将主用户数据信息中继转发给主用户目的端 PD，如图 3-1 中虚线所示，中继转发时可采用放大转发或译码转发，这主要取决于系统性能需求，于是主用户源节点 PS 到主用户目的节点 PD 间存在两条独立的通信链路，从而获得了分集增益来提升主系统性能。第三步，基于第二步工作的实现，主系统完成通信任务后可能还存在多余的频谱资源或时间，于是二级用户便利用这些资源实现二级数据的传输，即 ST→SR 链路上的数据传输，如图 3-1 中点划线所示。

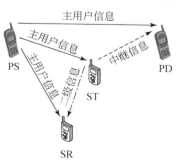

图 3-1　协作中继传输下的认知 overlay 频谱共享系统

3.2.2　协作干扰管理

在干扰受限的通信场景中,干扰用户是影响主系统性能的重要因素,二级用户协助中继传输主用户信息并不能明显改善主系统的通信性能,即 3.2.1 小节中的协作中继传输技术此时并不能发挥优势,那么经二级用户协作传输而完成主系统通信需求后,所剩余的频谱资源或时间将很少,始终都无法满足二级系统的通信需求。针对此场景,可采用另一种协作方式来取代协作中继传输,即通过二级用户和主用户间的协作干扰管理(cooperative interference management,CIM)[11,12]来实现认知 overlay 频谱共享系统。协作干扰管理的主体思想是:协作用户转发的是干扰源信息,接收端通过联合译码先获取干扰源信息,并消除干扰信息,从而获得期望信息。因此,CIM 是有可能提高用户性能的。这种思想源自无线中继网络中的协作干扰管理技术。研究表明,协作干扰管理技术是提升干扰受限场景中用户性能的有效手段,因而也受到学术界较为广泛的关注。

基于协作干扰管理的认知 overlay 频谱共享系统的实现机理如图 3-2 所示,其中,研究了一个主用户对 PS-PD、一个二级用户对 ST-SR 以及一个干扰用户对 IT-IR 的系统模型,干扰用户是影响主用户性能的决定性因素。该系统的实现过程也分为三个步骤。第一步,二级发射端 ST 利用一定的途径来获取干扰用户信息,主要是干扰用户数据信息,如图 3-2(a)中的点划线所示,并判别所获取的干扰用户信息是否能有效用于主系统的干扰消除,这里的有效性是根据 ST 监听干扰接收端的反馈控制信息来确定的,如图 3-2(a)中的虚线所示,即分析得出干扰信息将被重传就判为有效,而干扰信息不被重传将判为无效。第二步,二级发射端 ST 将第一步中获得的干扰信息转发给主用户目的端 PD,如图 3-2(b)中的点划线所示,于是 PD 端将 IT→PD 链路上所传输的干扰信息和 ST 转发而来的干扰信息按最大比合并

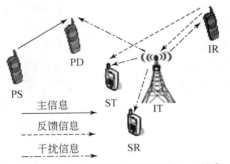

(a) 干扰信息强烈影响主信息的接收,二级发射截获干扰信息并监测反馈信息

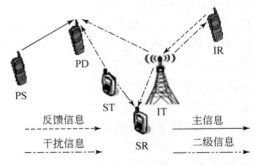

(b) 干扰发射端重传干扰信息,二级发射端转发干扰信息并传送二级信息

图 3-2　协作干扰管理下的认知 overlay 频谱共享系统

后,通过联合译码先获取干扰源信息,并消除干扰信息,最终解码获取主信息,其中干扰信息的消除能明显提升主系统的性能。第三步,基于第二步工作的实现,主系统完成通信任务后可能还存在多余的频谱资源或时间,于是二级用户便利用这些资源实现二级数据的传输,即 ST→SR 链路上的数据传输,如图 3-2(b)中的双点划线所示。

3.2.3　协作能耗控制

近年来,移动电子设备得到人们极大的喜爱和广泛的应用,如移动电话、微型笔记本计算机等,这些应用极大地刺激了高速率多媒体无线设备的应用和开发。其中多种多样、普遍存在的数据业务导致移动电子设备的电池功率能量快速消耗。为了缓解移动设备能量消耗的问题,学术界和工业界从另一角度来研究能量消耗问题,即利用绿色通信技术来设计高能量效率的通信系统,从而减小能量损失。绿色通信系统的设计思想是,在保证用户的数据通信服务质量下,最大限度地减小系统中的能量损耗[13]。基于协作技术的无线通信网中,如 Ad Hoc 网络和无线传感网,中继设备和用户终端所使用的电池供电经常受到限制,导致网络生存时间的有限性,因此需要设计中继选择策略和功率分配机制等来实现最大的网络生存时间,即实现高能效的通信传输。在认知无线电系统中,若主系统处于能量受限状况,为延长主系统的通信时间,可利用二级系统的协助传输来降低其能量损耗[14,15]。在增长的通信时间中,主系统能实现额外的通信需求,因此提升了主系统的通信性能。如果主系统只需完成预设的通信任务,由于可通信的时间增长,那么必定存在剩余的频谱或时间以便实现二级系统的数据通信。上述内容即概述基于协作能耗控制的认知 overlay 频谱共享系统的实现思想。

图 3-3 可示例说明基于协作能耗控制的认知 overlay 频谱共享系统的实现机理。主系统为两跳通信,即实现 PS→PR→PD 的链路通信,主用户中继设备为能量有限的移动设备,认知系统中布置了一个二级用户对 ST-SR。该系统的主要实现过程同样分为三步。第一步,主系统利用传统中继传输技术进行数据通信,如图 3-3 中实线所示,即 PS→PR→PD 的传输,当 PS 到 PD 间的通信中断性能变差或者经常有数据包丢失时,主系统默认为中继设备 PR 的能量已经耗尽,因而需要寻求其他通信链路,即系统会进入第二步工作。

图 3-3　协作能耗控制下的
认知 overlay 频谱共享系统

第二步,二级发射端 ST 充当主系统中继设备将来自 PS 的主信息转发给 PD,如图 3-3 中虚线所示,因此延长了主用户网络的通信时间,这时主系统性能随之获得了提升。第三步,若主系统只需要完成额定的通信任务,而随着主系统性能的提升,必然存在剩余的频谱资源和时间可用于二级信息通信,如图 3-3 中点划线所示。

3.3　频谱接入技术

认知 overlay 频谱共享系统中,二级用户需要对所处环境中的主用户信息进行感知,并发现需求且具备协作条件的主用户,其中"需求"是指主用户直接链路通信不能满足其通信需求,需要二级用户协作以提升其性能,最终完成主用户系统通信任务,即主用户需要二级用户的协作;"协作条件"是指二级用户能获取实现 overlay 频谱共享模型的所有主用户信息,即实现认知 overlay 频谱共享系统的二级用户与主用户间协作能成功达成。于是,认知 overlay 频谱共享系统的实现意味着主用户和二级用户共享频谱资源,当协作促使主用户通信需求得到满足后,主用户便会允许二级用户实现二级数据的通信,进而实现了二级系统的频谱接入。认知无线网络中,主用户在环境中的分布是随机的,则其频谱资源利用状况也是动态变化的,因此二级用户的频谱接入属于动态频谱接入(dynamic spectrum access, DSA)方式,而认知 overlay 频谱共享系统作为一种特殊的认知无线网络,二级用户的频谱接入自然也属于动态频谱接入方式。

在认知 overlay 频谱共享网络中,由于主用户的出现总是随机变化的,导致可达成协作的主系统的通信需求不断改变,这就要求二级用户能及时切换协作对象或者调整协作时的资源配置方案。多用户通信场景中包括多个主用户和多个二级用户,怎样优化实现竞争接入与信道分配,即二级用户将如何决定在什么时间与哪一个主用户达成协作,并且不会对其他主用户通信产生干扰。尤其在没有中心控制节点的分布式自组织网络中,二级用户之间是相互协作和竞争的关系,对这个问题的研究将更具有挑战性。目前,认知 overlay 频谱共享网络中的动态频谱接入研究正在受到人们越来越多的关注。

3.3.1　频谱接入控制

认知 overlay 频谱共享系统中,频谱接入控制功能是确定二级用户是否可以接入主用户网络,以及采用何种参数接入网络,也是实现频谱共享和提升频谱利用率的前提。

1. 频谱接入技术

频谱接入是在 MAC 层协议的基础上,要求既能保证二级用户的通信服务质量,又要避免二级用户与主用户的冲突概率,即二级用户的频谱接入不能降低主用户的通信服务质量。认知无线电系统中,根据二级用户接入频谱时是否考虑主用户的存在,接入控制一般可以分为协调接入和透明接入两类。透明接入是指在主用户无察觉的情况下实现二级用户的频谱接入,它又分为基于信道预留和信道预测的接入控制两类。透明接入方式不需要修改主用户网络,实现较为简单,因此在研究中得到了广泛关注,如文献[16]提出了一种从时间上估计道信可用性的启发式预测算法,文献[17]基于隐马尔可夫模型来预测主用户的频谱空闲占用概率,来减少与授权用户冲撞的次数等。协调接入是指主用户调整自身网络,通过协作共赢的方式允许二级用户实现频谱接入。一般来说,协调接入要求修改主用户网络,如增加控制信道等,实现相对较为困难,但是主用户系统可通过协作方式获得额外的性能提升,因此也得到了学术界的广泛关注。本书研究的认知 overlay 频谱共享系统采用的就是协调接入方式。

2. 接入参数设置

基于成本的考虑,认知 overlay 频谱共享系统一般都采用一根天线来进行信号的发送与接收,所以不能同时实现频谱检测与接入。因此,该系统在 MAC 层一般采用帧结构方式,帧结构如图 3-4 所示。每帧由协作信息获取时间、协作转发主信息时间以及二级数据传输时间组成。只有在第一段时间内二级用户顺利获取了协作信息,二级用户才能在第二段时间中接入主用户信道,协助主用户数据传输,而只有第二段时间中的协助传输不降低主用户的系统性能时,第三段时间内二级用户才能实现二级数据的发送。因此必须合理地分配第二和第三段时间,至少得保证主用户和二级用户的通信服务质量,那么接入控制技术的一个重要方面是对上述三段时间即帧长的优化。

图 3-4　认知 overlay 频谱共享系统的信息帧结构图

3.3.2　动态频谱接入类型

动态频谱接入广泛意义上的概念是指目前所提出的各种不同于传统固定模式的频谱管理和接入模式,同时也是频谱改革的方法。它的基本思想是通过灵活多变的频谱共享方式来提高频谱资源利用率。文献[18]总结规划了动态频谱接入技术的三种经典类别,其将动态频谱接入技术大致概括为以下三种模型:动态独享使用模型(dynamic exclusive use model)、分级接入模型(hierarchical access model)和开放共享模型(open sharing model)。

　　动态独享使用模型仍沿用了传统频谱管理政策的分配模式,其核心思想是增加频谱使用的灵活性以提高频谱利用率。该模型主要包含两种方法,即频谱产权和动态频谱分配。频谱产权的方法指的是通过为频谱建立产权,通过市场手段来对频谱资源进行分配。动态频谱分配的方法是由 DRiVE[19] 项目提出来的。该方法利用不同无线业务在时间域和空间域上的统计特性,通过对共存的业务进行时空相关的频谱共享,来达到提高频谱利用率的目的。动态频谱分配方法下,将指定时间、指定地域无线频谱的某一部分分配给某一无线网络,其他网络不得使用,而分配结果可以随时间和地点不同而动态变化。动态独享使用模型的主要缺点是它无法消除由于通信业务的突发性而产生的频谱空洞。

　　分级接入模型是一种基于分层接入思想的动态频谱接入模型。该模型通过为不同的通信系统设置频谱资源使用的优先级别,实现通信系统间的频谱共享。在分级接入模型中,被授权使用某一频段的系统叫做主系统,共享主系统频谱资源的通信系统叫做二级系统,相应的用户分别称为主用户和二级用户。在使用频谱资源时,主系统具有更高的优先级,二级系统必须在不干扰主系统正常工作的前提下才能接入主系统频谱。从实现方式上来看,分级接入模型中的二级系统必须具有频谱感知的能力和自适应地改变无线电特征参数(如发射功率、调制、编码、工作带宽等)的能力。由于分级接入并不需要改变现有频率划分表的总体结构[20],又能根据系统需求调整不同级别用户间的频谱共享方案,从而实现较高的主、二级系统性能,因此它是研究中应用较为广泛的一种接入模型。

　　公共开放接入模型中,不同的通信系统对频谱的使用没有主次之分,也不需要频谱管理机构对通信系统进行授权,即频谱对所有用户开放,各用户平等地共享之。通信设备只需要遵守一定的发射功率约束,就可接入公共开放频段进行通信。那么如何协调使所有用户和平相处,从而更好地利用频谱是开放共享模型最关心的问题。在所有动态频谱接入模型中,公共开放接入模型实现简单,因此应用也最广泛,典型的系统包括 WiFi(wireless fidelity)、ZigBee、蓝牙等,典型的应用频段是2.4GHz 的 ISM(industrial scientific medical)频段。其中,为了避免干扰,一般只允许发射机以较低的功率发射,因此只能够进行短距离通信,应用场景受限。同时,不同通信系统间无法就频谱资源的分配进行协作,在争用频谱资源时有可能造成频谱利用率的下降,例如,文献[21]的研究结果显示,蓝牙设备与无线局域网(wireless local area networks,WLAN)共存时,通信效率将出现显著下降。

　　动态频谱接入的上述三种模型都可实现由两个或多个通信系统共同使用某一段频谱资源。但它们在频谱利用率、频谱管理方式和对现有网络的改动程度上有着较大的差异性。从频谱利用率来看,分级接入模型通过发现主系统的可用频谱资源,使主系统和二级系统能够取得接近于最优的频谱资源利用率[22]。动态独享使用模型采用市场方式对频谱资源进行配置,对自身收益的关注可能使博弈各方的利益均衡点并非最优的资源配置方案。公共开放接入模型中,各个通信系统在接入频谱资源时,并不进行协作,对频谱资源的争用可能导致系统间的相互干扰,因此频谱利用率比另外两种模型更低。本书研究的认知 overlay 频谱共享系统中的动态频谱接入方式主要属于上述前面两种类型。

3.4　协作频谱租赁

频谱租赁属于 3.3.2 小节所述的动态独享使用频谱接入模型的频谱产权方法,通信系统间采用市场方式解决频谱资源的优化配置,提高频谱利用效率。频谱租赁模型通过开放二级频谱市场,允许授权系统运营商向其他系统出租空闲的频谱[23]。基于频谱租赁模型的动态频谱接入策略一般以物权模型(property- right model)为基础[24]。在这种模型中,主系统是频谱拥有者,它为了特定的目的,如增加收益、节省功率、最大化其传输速率、降低中断概率等,与二级用户网络之间建立一定的联系。在频谱租赁中需要考虑的问题主要包括两方面[25]:①二级系统租用频谱和主系统出租频谱的激励来自哪里;②二级系统如何分配频谱资源才能保证频谱的高效利用。在现有网络中,虚拟运营商已经初步具备了物权模型的一些特征。在频谱管理方面,FCC 在 2012 年发布的对广播电视频段实施激励拍卖(incentive auctions)[26]的规则中,也体现了市场方式解决频谱资源优化配置的思想。频谱租赁模型已得到国内外学术研究者的广泛关注。归纳现有研究,频谱租赁主要从下述三方面展开了研究。

(1)使用中间服务商进行频谱租赁。它的主要思想是通过引入一个中间服务商从主用户处租赁频谱,然后以一定的价格租借给二级用户,主用户和中间服务商从中获得一定的收益。例如,Min[27]等通过引入多个中间服务商构成了一个四阶段博弈的租赁模型,中间服务商首先通过频谱检测,确定主用户的空闲频谱,并根据主用户的活动行为确定其可以租借给二级用户的带宽,接着确定以多少的价格租借给二级用户来最大化自己的收益,然后二级用户决定自己从中间服务商处租借的带宽,二级用户在租赁的过程中需要考虑自己的带宽需求以及向中间服务商支付的费用。

(2)从干扰门限的角度进行频谱租赁。当该模型要求二级用户对主用户产生的干扰要小于主用户设定的干扰门限值(即主用户可以忍受的最大干扰值)时,才可以获得接入主用户频谱的机会。Jayaweera 等[28]从博弈论的角度分析了频谱租赁的问题,主用户根据二级用户对其产生的干扰或者对其带宽的需求不断地调整干扰门限值,而获得一定的收益。二级用户根据主用户的干扰门限值来调整其发射功率,以最大化其效用函数。此效用函数与二级用户所获得接收信噪比以及其对主用户的干扰大于门限值受到的惩罚相关。若二级用户对主用户造成的干扰大于主用户设置的干扰门限值,二级用户的效用函数将会以负指数形式快速降低。文献中假定信道是时变的,且二级用户的数量是不断改变的。与之不同的是,文献[29]所提出的租赁模型中,若二级用户的干扰大于门限值,将会对二级用户进行惩罚。而二级用户的效用函数与其租赁主用户频段得到的信噪比相关。

(3)协作频谱租赁。它的主要思想是通过主用户和二级用户之间的合作来实现动态频谱共享。主用户出租其授权频谱或者部分传输时隙给二级用户,希望通过二级用户的协作传输来提高其传输速率、中断性能等传输质量。二级用户协作传输主用户信息的同时,可以获得主用户的时间、带宽资源来传输自己的信息,从而获得一定的传输速率。它属于认知 overlay 频谱共享系统研究范畴。该模式下,主用户和二级用户间资源共享、利益双赢,因而也得到学术界的广泛研究。

3.4.1　协作频谱租赁研究现状

认知 overlay 频谱共享系统中,协作频谱租赁技术是其研究的一个重要分支,关于频谱租赁的研究现状可总结如下。

Simeone 等[30]提出了一种主用户和二级用户协作频谱共享——频谱租赁的经典模型。文献中主用户和二级用户的频谱共享是基于时隙的,作者讨论了两种情况,即主用户知道所有信道的瞬时信息和知道信道的不完全信息。该模型的基本思想是,若二级用户的协作可增大主用户的传输速率,那么二级用户将被选作主用户中继而传输信息,其中采用 DF 中继传输方式。这种模型考虑到若主用户发射机和接收机间的距离较远或者信道条件较差,主用户的传输质量可能得不到保证,而一些二级用户到主用户之间的信道条件可能较好,那么主用户将利用这些二级用户进行中继传输。作者将每个传输时隙分为三部分,设总时隙长度为 T,其中 $(1-\alpha)T$ 时长内主用户传输信息给主用户接收端和充当主用户中继设备的二级用户。剩余的 αT 时长又被分成两部分,$\alpha\beta T$ 时长内二级用户中继传输信息给主接收端,$\alpha(1-\beta)T$ 时长内进行二级信息传输。该模型下,主用户以最大化自身传输速率为目标,二级用户以在竞争中花费较少的发射功率来获得接入主用户频谱的机会和获得较大的信道容量为目标。理论分析和仿真实验的结果均表明这种认知协作模型可以增加二级用户接入主用户信道的机会,而且能有效避免二级用户对主用户造成的干扰,从而提高了频谱的利用率。

目前关于协作频谱租赁还有大量其他研究,如文献[31]提出了一种频谱租赁方案,主用户在信息传输中,若发现有二级用户想共享其信道,那么主用户会从这些二级用户间选择一些二级用户用于中继传输主信息,这些充当协作中继的二级用户在帮助主用户传送信息后,具有优先接入网络的权利。该方案设计了一个互惠合作的机制,系统模型中只包含一条主用户链路。文献[31]研究了包含多个主用户和多个二级用户的系统模型。主用户选择一部分二级用户作为中继,并设定其租借给二级用户带宽的价格。二级用户根据主用户的决策和其要支付的价格，来决定其接入主用户频谱的时间。文献[32]设计了一种双赢的协作租赁模型来鼓励主用户租借部分频谱资源给二级用户。主用户通过二级节点的中继合作来提高传输速率和降低功率消耗，而二级用户在中继传输时需要保证二级系统的服务质量。同时，作者提出了一种协作 MAC 协议来解决主用户和二级用户间的协商租赁问题。

文献[33]提出了一种基于 OFDM 的频谱租赁方式，其中主用户在传输信息时可选择直接传输或者借助二级用户进行单向或者双向传输。由于采用 OFDM 形式，主用户频谱资源以时隙和正交子载波的形式租借给二级用户，这样，主用户的频谱资源在分配时更加灵活。此外，主用户可利用二级用户的协助来实现双向传输，这刺激了主用户租借子载波给二级用户的积极性。该模型在保证主用户服务质量的前提下，以最大化二级网络的信道容量为目标。通过子载波和时隙的分配，使得主用户可以在时域和频域上得到多用户分集增益。文献[34]也提出了一种基于 OFDM 的频谱租赁方式，不同的是，主用户将每个 OFDM 帧分为两部分，一部分时间分配给主用户进行信息传输，另一部分分配给二级用户进行信息传输，在二级用户传输时，部分子载波用于中继传送主用户信息，剩余部分子载波用于传输二级用户信息。

最近，MIMO 技术成为了学术界的研究热点，它是指通信信号通过发射端和接收端的多个天线进行传送和接收，从而改善通信质量。由于它能够充分利用空间资源，通过多个天线实现多发多收，在不增加频谱资源和天线发射功率的情况下，可以成倍地提高系统信道容量，显示出明显的优势，因此在无线通信系统的各个研究分支中采纳 MIMO 技术已受到了研究者的广泛关注。图 3-5 即为一种研究基于 MIMO 技术的认知频谱租赁模型，主信号源 PS 首先将主信息广播给二级用户 SU_2 和 SU_3，同时 SU_2 接收了来自二级用户 SU_1 的信息，此时要求来自 SU_1 和 PS 的数据流个数小于等于 SU_2 天线的个数。接着 SU_2 和 SU_3 将接收到的主信息

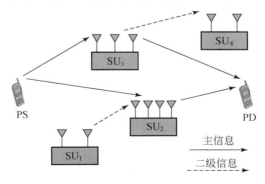

图 3-5 MIMO 系统下的认知频谱租赁模型

协作转发给主目的端 PD,同时 SU₃ 利用波束成型技术将自己的信息发送给二级用户 SU₄。该模型下,二级用户通过 MIMO 技术在协作传输主用户信息的同时,也获得了传输自己信息的机会,其中主用户不需要分配特定的时隙给二级用户,那么主系统不需要改变传输机制,即主信息的传输依然是连续的。当然,二级用户使用较为复杂的多天线技术时,就需要采用一定的波束成型技术来消除用户间的干扰。区别于之前频谱租赁模型,该模型通过给二级用户配置多根天线来实现空间分集,即从空间上对主用户的频谱资源进行了利用。

3.4.2　协作频谱租赁系统工作原理

认知 overlay 频谱共享系统的租赁模型中,主用户为了某些特定的目标,如增加收益、节省功率、最大化传输速率、降低中断概率等,通过与二级用户建立通信网络关系,而将部分频谱资源出租给二级用户。研究中可以着眼于其中一个目标建立单目标优化问题,也可以联合考虑多个目标建立多目标优化问题。为了便于理解针对主用户以节省功率为单一目标,下面介绍认知 overlay 频谱共享系统中频谱租赁模型的主要工作原理。

认知 overlay 频谱共享系统中频谱租赁模型的工作思路可简单概述为:在保证主用户传输速率的条件下,通过选择协作二级用户,来降低主用户信息传输中的功率损耗,主用户获得功率节省收益后,会将其所拥有的部分带宽资源租借给二级用户,即允许二级用户使用其部分频谱资源进行二级数据通信,而二级用户在参与协作传输时必定会有额外的功率消耗,那么租借到的这部分带宽可算作对其中继传输主用户信息时所消耗功率的一种补偿。于是二级用户便可利用租借到的带宽实现二级信息的传输。

图 3-6 给出了频谱租赁系统的简要模型,系统中一个主用户链路和一个二级用户链路共享频谱资源,主用户拥有授权频段。主链路包含主发射机(PS)和主接收机(PD),二级链路包含二级发射机(ST)和二级接收机(SR)。假设主用户拥有的整体带宽为 F,每个信息传输帧长为 T。传输过程中,主用户首先要判定是否能与二级用户建立协作:在保证主用户传输速率的条件下,计算协作传输所需要的带宽 F_1,那么可租借给二级用户的带宽 $F_2 = F - F_1$,若 $F \leqslant F_1$,主用户和二级用户间的协作无法建立,则主用户信息通过直接链路 PT→PR 进行传输;若 $F > F_1$,即 $F_2 > 0$,主用户可与二级用户建立协作,于是二级用户将协作中继传输主信息,同时利用租借到的带宽 F_2 来传送二级信息。主用户的传输时间帧也被划分为两部分,即 $T = T_1 + T_2$,T_1 时间段上,ST 将获取来自 PS 的主信息,T_2 时间段上,ST 将中继传输 T_1 时间上所获取的主信息。假设 h_1、h_2、h_3、h_4 和 d_1、d_2、d_3、d_4 分别表示链路 PS→PD、PS→ST、ST→PD 和 ST→SR 上的信道系数和链路距离。令 x_P、x_S 分别表示主用户和二级用户需要传输的信号,P_P、P_S 分别表示主用户和二级用户

系统的发射功率,α 表示路径损耗因子,d 表示信息传输的路径长。假设所有的接收噪声 n 为加性高斯白噪声,且噪声功率为 σ^2。图 3-6 所示的认知 overlay 频谱租赁系统的工作原理可介绍如下。

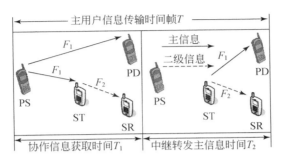

(a)认知overlay频谱共享系统频谱租赁模型

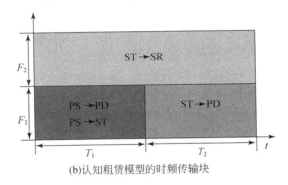

(b)认知租赁模型的时频传输块

图3-6　认知 overlay 频谱共享系统中的频谱租赁模式及时频传输块示意图

为了便于后续研究分析,先讨论无二级用户协作情况下,主用户信息由直接链路 PS→PD 进行传输,主系统能实现的传输速率 R_0 为

$$R_0 = F \log_2(1 + P_P d_1^{-\alpha} |h_1|^2 / \sigma^2) \tag{3-1}$$

该情况下的主用户消耗功率易求得为 FP_P。若主系统的目标传输速率为 R_P,为保证主用户的通信性能,必须满足不等式 $R_0 \geqslant R_P$,当不等式取等号时,即为主用户信息直接链路传输所消耗的最小功率 P_P,其为

$$P_P = \sigma^2 (2^{R_P/F} - 1) d_1^{\alpha} / |h_1|^2 \tag{3-2}$$

若系统建立主用户和二级用户间的协作传输,则 T_1 时间段上,PS 利用带宽 F_1 向 PD 和 ST 广播主信息,即进行 PS→PD 和 PS→ST 链路上的主信息传输,那么 PD 和 ST 上的接收信号可分别表示为

$$y_{\text{PD},1} = \sqrt{F_1 P_P d_1^{-\alpha}} h_1 x_P + n_{\text{PD},1} \tag{3-3}$$

$$y_{\text{ST},1} = \sqrt{F_1 P_P d_2^{-\alpha}} h_2 x_P + n_{\text{ST},1} \tag{3-4}$$

　　T_2 时间段上，ST 仍利用 F_1 将 T_1 时间段上获得的主用户信息中继转发给 PD，即实现 ST→PD 链路上主用户的信息传输，中继传输过程中，考虑到译码转发会威胁到主用户信息的安全性，因此这里采用的是放大转发中继策略。为满足中继转发信号的功率约束要求，二级用户需要先对式（3-4）所示的接收信号乘以功率放大因子 β，即

$$\beta = \sqrt{P_{\mathrm{S}} / (P_{\mathrm{P}} d_1^{-\alpha} \mid h_1 \mid^2 + \sigma^2)} \tag{3-5}$$

此时，PD 上接收到的信号可表示为

$$y_{\mathrm{PD},2} = \beta h_3 y_{\mathrm{ST},1} + n_{\mathrm{PD},2}$$

$$= \sqrt{\frac{F_1 P_{\mathrm{P}} P_{\mathrm{S}} d_2^{-\alpha} d_3^{-\alpha}}{P_{\mathrm{P}} d_1^{-\alpha} \mid h_1 \mid^2 + \sigma^2}} h_2 h_3 x_{\mathrm{P}} + \sqrt{\frac{P_{\mathrm{S}} d_3^{-\alpha}}{P_{\mathrm{P}} d_1^{-\alpha} \mid h_1 \mid^2 + \sigma^2}} h_3 n_{\mathrm{ST},1} + n_{\mathrm{PD},2} \tag{3-6}$$

　　整个传输时间 T 上，PD 将时间 T_1 上来自 PS 的信号和时间 T_2 上来自 ST 的信号按最大比率合并，即整个传输时隙 PD 端接收的信噪比为

$$\mathrm{SNR}_{\mathrm{PD}} = \frac{P_{\mathrm{P}} d_1^{-\alpha} \mid h_1 \mid^2}{\sigma^2} + \frac{P_{\mathrm{P}} P_{\mathrm{S}} d_2^{-\alpha} d_3^{-\alpha} \mid h_2 \mid^2 \mid h_3 \mid^2}{\sigma^2 (P_{\mathrm{S}} d_3^{-\alpha} \mid h_3 \mid^2 + P_{\mathrm{P}} d_1^{-\alpha} \mid h_1 \mid^2 + \sigma^2)} \tag{3-7}$$

那么二级用户协作时，主系统可实现的传输速率为

$$R_{\mathrm{PD}} = (F_1/2) \log_2(1 + \mathrm{SNR}_{\mathrm{PD}}) \tag{3-8}$$

　　又由于在协作传输的整个传输时间 T 上，ST 利用带宽 F_2 向 SR 发送二级信息，即进行 ST→SR 链路上二级数据传输，此时二级系统可实现的传输速率为

$$R_{\mathrm{SD}} = F_2 \log_2(1 + P_{\mathrm{S}} d_4^{-\alpha} \mid h_4 \mid^2 / \sigma^2) \tag{3-9}$$

　　由于只有保证了主系统的通信质量，即主系统达到目标的传输速率，主用户与二级用户间协作通信才能建立，二级系统才能租借到带宽 F_2，也就是说，协作传输时的主系统传输速率要满足下述条件，即

$$R_{\mathrm{PD}} = (F_1/2) \log_2(1 + \mathrm{SNR}_{\mathrm{PD}}) \geqslant R_{\mathrm{P}} \tag{3-10}$$

　　求解式（3-10）中的不等式，可获得传输主用户信息所占用的带宽必须满足下述条件，即

$$F_1 \geqslant 2R_{\mathrm{P}} / (\log_2(1 + \mathrm{SNR}_{\mathrm{PD}})) \tag{3-11}$$

　　由于 $R_{\mathrm{PD}} < R_{\mathrm{P}}$，主用户信息只能利用直接链路进行传输，主系统功率不能得到节省，只有当 $R_{\mathrm{PD}} \geqslant R_{\mathrm{P}}$ 时，主系统才能通过协作降低功率损耗。根据上述原理介绍可知，协作传输中，主用户信息源 PS 只在时间 T_1 内进行信息传输，若假设 $T_1 = T_2 = T/2$，此时主系统消耗的功率为 $F_1 P_{\mathrm{P}}/2$，那么相比无用户协作的情况，主系统所省的功率消耗可表示为

$$P_{\mathrm{sav,c}} = F P_{\mathrm{P}} - F_1 P_{\mathrm{P}}/2 \tag{3-12}$$

因此，主系统在直接传输和协作传输两情况下所能节省的功率可联立表示为

$$P_{\mathrm{sav}} = \varepsilon (F P_{\mathrm{P}} - F_1 P_{\mathrm{P}}/2) \tag{3-13}$$

式中

$$\varepsilon = \begin{cases} 1, & R_{PD} \geqslant R_P \\ 0, & R_{PD} < R_P \end{cases}$$

由式(3-11)可知,主用户信息传输占用的带宽 F_1 越小,可节省的功率越多,但容易导致主系统的传输速率小于目标速率。而主用户信息传输占用带宽 F_1 较大时,可租赁给二级用户的带宽 F_2 较小,降低了二级用户参与协作传输的积极性,因此节省的功率也可能较少。综上,针对具体的系统性能要求,需要折中配置主信息传输占用的带宽 F_1 和出租给二级用户的带宽 F_2。此外,协作传输中,传输时隙被分为两部分,也可根据系统整体性能要求来优化分配这两个时间段。

3.5　本 章 小 结

认知 overlay 频谱共享系统定义的关键是主用户与二级用户间的协作传输,第 2 章中主要讨论了达成协作的前提条件,即二级用户通过何种方式去获取协作时所需要的主用户信息,重点分析了主用户数据信息的获取方法。而本章所研究的是假设二级用户已经获取了协作所需的所有主用户信息后,系统将采用什么样的协作方式来建立主用户与二级用户间的协作。书中通过总结分析现有研究中的认知 overlay 频谱共享系统所采用的协作方式,对三种典型的协作方式,即协作中继传输、协作干扰管理以及协作能耗控制进行了简单概述,其中对协作达成的机理、刺激协作实现的因素以及各协作方式的工作流程进行了论述。

频谱接入是认知无线电系统的关键技术,要使系统正常工作,频谱接入控制是重中之重。因此本章还研究了认知 overlay 频谱共享系统中的频谱接入技术。对动态频谱接入的工作原理、接入参数设置等进行了说明,并说明了现有的动态频谱接入的主要类型。由于频谱租赁技术是认知 overlay 频谱共享系统研究的重要分支,因此本章也对频谱租赁技术的工作原理进行了详细论述,并总结分析了认知 overlay 频谱租赁系统的研究现状。

参 考 文 献

[1] Goldsmith A, Jafar S A, Maric I, et al. Breaking spectrum gridlock with cognitive radios: An information theoretic perspective. Proceedings of the IEEE, 2009, 97(5): 894—914.

[2] Laneman J N, Tse D N C, Wornell G W. Cooperative diversity in wireless networks: Efficient protocols and outage behavior. IEEE Transactions on Information Theory, 2004, 50(12): 3062—3080.

[3] Han Y, Pandharipande A, Ting S H. Cooperative decode-and-forward relaying for secondary spectrum access. IEEE Transactions on Wireless Communication, 2009, 8(10): 4945—4950.

[4] Han Y, Pandharipande A, Ting S H. Cooperative spectrum sharing via controlled amplify-

and-forward relaying. IEEE 19th International Symposium on Personal, Indoor and Mobile Radio Communications (PIMRC), 2008:1—5.

[5] Chiarotto D, Simeone O. Spectrum leasing via cooperative opportunistic routing techniques. IEEE Transactions on Wireless Communication, 2011, 10(9):2960—2970.

[6] Duan L J, Gao L, Huang J W. Cooperative spectrum sharing: A contract-based approach. IEEE Transactions on Mobile Computing, 2014, 13(1):174—187.

[7] Manna R, Raymond H Y L, Li Y H, et al. Cooperative spectrum sharing in cognitive radio networks with multiple antennas. IEEE Transactions on Signal Processing, 2011, 59(11):5509—5522.

[8] Tannious R A, Nosratinia A. Coexistence through ARQ retransmissions in fading cognitive radio channels. Proceedings of 2010 IEEE International Symposium on Information Theory Proceedings, 2010:2078—2082.

[9] Tannious R A, Nosratinia A. Cognitive radio protocols based on exploiting hybrid ARQ retransmission. IEEE Transactions on Wireless Communications, 2010, 9(9):2833—2841.

[10] Li J C F, Zhang W, Nosratinia A, et al. Opportunistic spectrum sharing based on exploiting ARQ retransmission in cognitive radio networks. 2010 IEEE Global Telecommunications Conference, 2010:1—5.

[11] Dabora R, Maric I, Goldsmith A. Relay strategies for interference forwarding. Procedings IEEE Information Theory Workshop, 2008:46—50.

[12] Maric I, Dabora R, Goldsmith A. Interference forwarding in multiuser networks. IEEE Global Telecommunications Conference, 2008:1—5.

[13] Huang X Q, Han T, Ansari N. On green-energy-powered cognitive radio networks. IEEE Communication Surveys & Tutorials, 2015, 17(2):827—841.

[14] Naeem M, Illanko K, Karmokar A. Decode and forward relaying for energy-efficient multiuser cooperative cognitive radio network with outage constraints. IET Communications, 2014, 8(5):578—586.

[15] Li M, Li P, Huang X X, et al. Energy consumption optimization for multihop cognitive cellular networks. IEEE Transactions on Mobile Computing, 2015, 14(2):358—372.

[16] Jones S D, Merheb N, Wang I J. An experiment for sensing based opportunistic spectrum access in CSMA/CA networks. Proceedings of 1st IEEE International Symposium on New Frontiers in Dynamic Spectrum Access Networks, 2005:593—596.

[17] Akbar I A, Tranter W H. Dynamic spectrum allocation in cognitive radio using hidden markov models:Poisson distributed case. Proceeding of IEEE SoutheastCon, 2007:196—201.

[18] Zhao Q, Sadler B M. A suvey of dynamic spectrum access. IEEE Signal Processing Magazine, 2007, 24(3):79—89.

[19] Xu L, Toenjes R, Paila T, et al. DRiVE-ing to the internet:dynamic radio for IP services in vehicular environments. Proceeding of 25th Annual IEEE Conference on Computer Network (LCN 2000), 2000:281—289.

［20］ IEEE Std 1900. 1TM-2008,IEEE Standard Definitions and Concepts for Dynamic Spectrum Access:Terminology Relating to Emerging Wireless Networks,System Functionality, and Spectrum Management. New York:Institute of Electrical and Electronics Engineers,2008.

［21］ Chandrasekhar V,Andrews J G,Gatherer A. Femtocell networks:A survey. IEEE Communications Magazine,2008,46(9):59—67.

［22］ Qing Z,Sadler B M. A survey of dynamic spectrum access. IEEE Signal Processing Magazine,2007,24(3):79—89.

［23］ Staple G,Werbach K. The end of spectrum scarcity. IEEE Spectrum,2004, 41(3):48—52.

［24］ Hatfield D N,Weiser P J. Property rights in spectrum:Taking the next step. Proceedings of New Frontiers in First IEEE International Symposium on Dynamic Spectrum Access Networks,2005:43—55.

［25］ Gao L,Xu Y Y,Wang X B. MAP:Multi-auctioneer progressive auction for dynamic spectrum access. IEEE Transactions on Mobile Computing,2011,10(8):1144—1161.

［26］ Federal Communications Commission. Incentive austions:unleashing spectrum to meet america's demand for mobile broadband. http://www. fcc. gov/incentive auctions[2012-10-30].

［27］ Min A W,Zhang X,Shin K G. Exploiting spectrum heterogeneity in dynamic spectrum market. IEEE Transactions on Mobile Computing,2012,11:2020—2032.

［28］ Jayaweera S K,Vazquez-Vilar G,Mosquera C. Dynamic spectrum leasing:a new paradigm for spectrum sharing in cognitive radio networks. IEEE Transaction on Vehicle Technology,2010, 59:2328—2339.

［29］ Jayaweera S K,Li T M. Dynamic spectrum leasing in cognitive radio network via primary-secondary user power control games. IEEE Transactions on Wireless Communications,2009,8:3300—3310.

［30］ Simeone O,Stanojev I,Savazzi S,et al. Spectrum leasing to cooperating secondary Ad-Hoc network. IEEE Journal on Selected Areas in Communications,2008,26:203—213.

［31］ Yi Y,Zhang J,Zhang Q. Cooperative communication-aware spectrum leasing in cognitive radio networks. 2010 IEEE Symposium on New Frontiers in Dynamic Spectrum,2010:1—11.

［32］ Feng J,Zhang R,Hanzo L. Medium access control based on spectrum leasing. IEEE Transactions on Vehicular Technology,2013,63:297—307.

［33］ Tao M,Liu Y. Spectrum leasing and cooperative resource allocation in cognitive OFDMA networks spectrum leasing for OFDM-based cognitive radio networks. Journal of Communications and Networks,2013,15(1):102—110.

［34］ Toroujeni S M M,Tehran I,Ghorashi S A G. Spectrum leasing for OFDM-based cognitive radio networks. IEEE Transactions on Vehicular Technology,2013,62:2131—2139.

第4章　基于阶段式的认知 overlay 频谱共享模式传输策略

在现有的关于阶段式的认知 overlay 频谱共享模式系统的研究中,阶段式通信系统实现较为简便,应用较为灵活,因此它是认知 overlay 频谱共享模式系统中研究最为广泛的一类。阶段式系统是指主用户通信分为多个阶段,二级用户通过解码第一阶段主用户所传信息来获取后续阶段协助传输所需的信息。对此,已有的研究主要分析保证了主用户通信性能后,二级系统性能优化设计的算法,而很少深入研究二级系统的稳定和可靠通信。在多用户场景下,主要设计了一些未考虑公平性的阶段式传输策略,且要实现频谱共享,要求系统中的二级用户个数必须大于2。针对上述问题,本章将对阶段式的认知 overlay 频谱共享模式传输策略进行深入研究,其中提出一种基于最佳协作用户选择的阶段式 overlay 频谱共享模型传输策略。下面以传统的阶段式认知 overlay 频谱共享模型为基础展开研究工作。

4.1　引　　言

根据 Goldsmith 等在文献[1]中所给出的基于 overlay 频谱共享模式的认知无线电系统,即重叠模型的定义可知,重叠模型实现的前提条件是:在主用户数据传输前,二级用户能感知信道信息、主用户的码本信息和通信数据信息。这个条件在实际通信系统中较难达成,因此限制了认知 overlay 频谱共享模式系统的实际应用范围。然而文献[1]又列举了两种能使该条件成立的通信场景。一种是用户协作通信场景。其中主用户主动调整传输机制,使二级用户在其数据发送前获得上述信息。另一种是自动反馈重传的通信系统。其中在主用户的初始发射时隙上,二级用户能正确译码主用户信息,从而获得重传时隙中协助传输所需要的信息。本书第7章将详细介绍第二种场景下传输策略的设计。此外,本书还总结了认知 overlay频谱共享模式系统的另外两种实现场景,即多跳传输和基于 TPSR 传输机制的通信系统。第5章和第6章将分别对其进行深入研究。

4.2　基于传统阶段式的认知 overlay 频谱共享模式策略

传统的阶段式认知 overlay 频谱共享模式策略包括两阶段式和多阶段式的传输策略。而根据认知协作用户所采用的不同中继方式,阶段式传输策略又可分为放大转发的两阶段式传输策略和译码中继转发的传输策略。下面以两阶段式传输策略为例来简单说明放大转发和译码转发传输策略的基本原理。两阶段式的译码转发认知 overlay 频谱共享模式系统中,若讨论一个主用户对和一个二级用户对共存的系统模型,主用户的传输分为两个阶段:第一阶段,由主用户发射端向系统广播主用户的数据信息,同时二级用户发射端译码主用户信号;第二阶段,二级用户发射端实现主用户数据和二级用户数据的同时传输。两阶段式的放大转发认知 overlay 频谱共享模式系统中,第一阶段,二级用户在接收到来自主用户的信号后,只需对主用户信号进行加权放大处理;第二阶段,将处理后的主用户信号和二级用户信号组合并发送给主用户和二级用户接收端。典型的两阶段式和三阶段式的认知 overlay 频谱共享模式系统的传输原理可分别通过文献[2]和文献[3]的研究来说明。

4.2.1　传统的两阶段式传输策略

两阶段式的传输策略实现最为简便、应用较为灵活,因此得到学术界的广泛关注和研究。文献[4]提出了一种两阶段式认知 overlay 频谱共享模式的传输协议,这是一种基于译码转发[5]的两阶段式认知传输协议。文献[2]设计了基于译码转发的两阶段式传输策略,其中二级用户发射端配置了两根天线,并采用了全双工技术。文献[6]和文献[7]研究了基于放大转发的两阶段式认知 overlay 频谱共享模式传输策略。文献[7]中的二级用户发射端设置了多根天线,通过设计波束权矢量和功率分配因子使得主用户和二级用户的系统性能得到提升。由于采用的协作中继处理技术的不同,基于译码转发和放大转发的传输协议都存在各自的优缺点,而选择何种转发模式可根据通信场景的情况而定。下面将通过分析文献[2]中所研究的传输方案来详细说明基于两阶段式传输机制的认知 overlay 频谱共享模式传输策略的设计原理和主要过程。

在两阶段式认知 overlay 频谱共享模式的传输方案设计中,系统模型如图 4-1 所示,一个主用户对 PT-PR 与一个二级用户对 ST-SR 之间进行频谱共享。第一传输阶段,PT 发射主用户数据信息,PR 存储接收到的信息,ST 和 SR 接收并译码主用户信息;第二传输阶段,ST 将第一阶段获得的主用户信息和所需传送的二级用户信息进行叠加组合后发送,PR 将第一阶段由 PT 发送来的主用户信息和第二阶段由 ST 发送来的主用户信息按最大比合并,同时译码获取主用户数据,SR 对第二阶段接收到的信息先实施干扰消除处理再进行译码操作以获取二级用户信息。系统中主要参数定义如下:h_1、h_2、h_3、h_4、h_5 和 d_1、d_2、d_3、d_4、d_5 分别表示链路 PT $\rightarrow$ PR 、PT $\rightarrow$ ST 、PT $\rightarrow$ SR 、ST $\rightarrow$ PR 和 ST $\rightarrow$ SR 上的信道系数和链路距离。令 x_P、x_S 分别表示主用户和二级用户需要传输的信号,P_P、P_S 分别表示主用户和二级用户系统的发射功率,α 表示路径损耗因子,β 表示功率分配因子。假设所有的接收噪声 n 为加性高斯白噪声,且噪声功率为 σ^2 ,令 $y_{1,1}$ 、$y_{2,1}$ 和 $y_{3,1}$ 分别表示第一阶段上 PR 、ST 和 SR 接收到的信号,即

$$y_{i,1} = \sqrt{P_P d_i^{-\alpha}} h_i x_P + n_{i,1}$$

$$R_{i,1} = \frac{1}{2} \log_2 (1 + P_P d_i^{-\alpha} \mid h_i \mid^2 / \sigma^2) \tag{4-1}$$

式中,对数函数前的 1/2 因子是由分阶段传输造成的;其中 $i = 1,2,3$ 。第二阶段上,二级发射端传输的组合信号为 $\sqrt{\beta} x_P + \sqrt{1-\beta} x_S$,此时 PR 和 SR 接收到的信号可表示为

$$y_{j,2} = \sqrt{\beta P_S d_j^{-\alpha}} h_j x_P + \sqrt{(1-\beta) P_S d_j^{-\alpha}} h_j x_S + n_{j,2} \tag{4-2}$$

式中,$j = 4$ 或 5 。主用户接收端将第一阶段和第二阶段所接收到的主用户信号按最大比合并,那么 PR 的可达速率可表示为

$$R_{MAC} = \frac{1}{2} \log_2 (1 + P_P d_1^{-\alpha} \mid h_1 \mid^2 / \sigma^2 + \beta P_S d_4^{-\alpha} \mid h_4 \mid^2 / ((1-\beta) P_S d_4^{-\alpha} \mid h_4 \mid^2 + \sigma^2))$$

$$\tag{4-3}$$

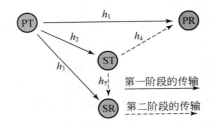

图 4-1　两阶段式的认知 overlay 频谱共享模式传输策略系统模型

　　根据上述分析可知,PR 接收到的信号分为两种情况:在整个通信时隙上,若第一阶段上 ST 能成功译码主用户信息,PR 将获得第一阶段来自 PT 的主用户信号和第二阶段来自 ST 的主用户信号;若第一阶段 ST 不能成功译码主用户信息,PR 仅有第一阶段来自 PT 的信号。因此,主用户的中断概率可表示为

$$P_{P\text{-out}} = \Pr\{R_{2,1} > R_P\} \Pr\{R_{MAC} < R_P\} + \Pr\{R_{2,1} < R_P\} \Pr\{R_{1,1} < R_P\}$$

$$= 1 + \Pr\{R_{2,1} > R_P\}(\Pr\{R_{1,1} > R_P\} - \Pr\{R_{MAC} > R_P\}) - \Pr\{R_{1,1} > R_P\}$$

$$\tag{4-4}$$

式中,R_P 表示主用户系统的最小传输速率。令 $\mu_P = 2^{2R_P} - 1$,$d_1 = 1$,可求解出

$$\Pr\{R_{1,1} > R_P\} = \exp(-\mu_P \sigma^2 / P_P), \quad \Pr\{R_{2,1} > R_P\} = \exp(-\mu_P \sigma^2 d_2^\alpha / P_P)$$

$$\Pr\{R_{MAC} > R_P\} \approx \Pr\left\{ \frac{1}{2} \log(1 + P_P d_1^{-\alpha} \mid h_1 \mid^2 / \sigma^2 + \beta/(1-\beta)) > R_P \right\}$$

$$= \begin{cases} \exp(\sigma^2 (\mu_P - \beta/(1-\beta)) / P_P), & 0 \leqslant \beta < \hat{\beta} \\ 1, & \hat{\beta} \leqslant \beta \leqslant 1 \end{cases} \tag{4-5}$$

式中，$\hat{\beta} = \mu_P/(1 + \mu_P)$。

将式(4-4)中的概率计算式代入式(4-3)中可求得主用户的中断概率，当 $0 \leqslant \beta < \hat{\beta}$ 时：

$$P_{\text{P-out}} \approx 1 - \exp(-\sigma^2((1 + d_2^\alpha)\mu_P - \beta/(1 - \beta))/P_P)$$
$$- \exp(-\mu_P\sigma^2/P_P) + \exp(-\mu_P\sigma^2(1 + d_2^\alpha)/P_P) \tag{4-6}$$

当 $\hat{\beta} \leqslant \beta \leqslant 1$ 时：

$$P_{\text{P-out}} \approx 1 - \exp(-\mu_P\sigma^2 d_2^\alpha/P_P) - \exp(-\mu_P\sigma^2/P_P) + \exp(-\mu_P\sigma^2(1 + d_2^\alpha)/P_P)$$

$$\tag{4-7}$$

若 ST 或者 SR 在第一阶段上无法成功译码获得主用户信号，二级系统就会中断，并假设 SR 在第二阶段不进行干扰消除是无法译码获得二级用户信号的。令 $R_{5,2} = 0.5 \times \log_2(1 + (1 - \beta)P_s d_5^{-\alpha}|h_5|^2/\sigma^2)$ 为执行干扰消除后的可达速率，R_S 表示二级系统的最小传输速率，且 $\mu_P = 2^{2R_S} - 1$，那么二级系统的中断概率表示为

$$P_{\text{P-out}} = 1 - \Pr\{R_{2,1} > R_P\}\Pr\{R_{3,1} > R_P\}\Pr\{R_{5,2} > R_S\}$$
$$= 1 - \exp(-\mu_P\sigma^2(d_3^\alpha + d_2^\alpha)/P_P - \mu_S\sigma^2 d_5^\alpha/(P_S(1 - \beta))) \tag{4-8}$$

4.2.2　三阶段式传输策略

基于认知 overlay 频谱共享模式，文献[3]利用离散空-时编码技术[8]，主用户将其所拥有的频谱资源在某个时间段上出租给二级用户以换取二级用户的中继协作。文献中提出了一种三阶段式的频谱租赁方案，主用户系统的每个传输时隙分为三个阶段：第一阶段，主用户发射端向系统广播信息；第二阶段，二级用户将第一阶段上所获得的主用户信息转发给主用户接收端；第三阶段，实现二级系统的数据传输。在该方案中，主用户系统完全控制频谱共享传输机制。

文献[9]提出一种基于契约的频谱共享方案，这是一种主用户不能完全已知二级用户无线特性的三阶段频谱共享方案，但契约包含二级用户的频谱接入时间和中继功率。文献[10]提出一种自适应的频谱共享协议，系统根据二级用户的可达速率，自适应地选取三阶段式认知传输协议或 TPSR 型认知传输协议。

下面将通过分析文献[3]中的研究来简单说明三阶段式认知 overlay 频谱共享模式传输方案的原理和主要设计过程。如图 4-2 所示，一个主用户对 PT-PR 和 K 个二级用户对(ST_i-SR_i, $i = 1, 2, \cdots, K$)共享频谱资源。主用户的每个传输时隙分为 N_S 个子时隙，其中 S_{tot} 表示 Ad Hoc 网络中的用户集。主用户将允许集合 $S \subseteq S_{\text{tot}}$ (其中，$|S| \leqslant |S_{\text{tot}}| = K$)中的用户使用其频谱，以换取这些用户协助主用户进行数据传输，但是否允许二级用户使用频谱资源完全取决于主用户。在这种三阶段式传输方案中，第一阶段包含个 αN_S 个子时隙，PT 向系统广播主用户的数据信息，集合 S 中的 ST_i 成功译码主用户信息；第二阶段含有 $\alpha\beta N_S$ 个子时隙，集合 S 中的所有 ST_i 相当于一个分布式天线阵，利用 DSTC(distributed space time

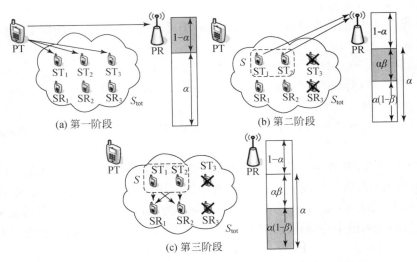

图 4-2　认知 overlay 频谱共享模型下的三阶段式传输策略[3]

code)技术[8,11]中继转发主用户的数据信息;第三阶段包含 $\alpha\beta N_S$ 个子时隙,实现链路 $ST_j \rightarrow SR_j, ST_j \in S$ 上二级用户的数据传输。此时利用分布式功率控制[12,13]来限制二级用户之间的干扰。关于三阶段式传输协议的性能分析可参考文献[3],这里不做详细介绍。

4.3　基于最佳协作用户选择的阶段式认知 overlay 频谱共享模式策略

4.2 节主要介绍了系统中只有单对二级用户的两阶段认知传输方案。下面介绍存在多对二级用户的两阶段认知传输方案。文献[14]~文献[16]都是基于多中继选择的认知传输方案。文献[14]所研究的系统模型包含一个主用户对、M 个二级用户发射节点和一个二级用户接收节点。主用户根据估计的信道增益在 M 个二级用户发射节点中选取一个作为主用户中继,再从 $M-1$ 个二级用户发射节点中,以可实现的最大传输速率为准则选取另一个作为二级用户发射节点来传输二级用户的数据。在文献[15]中,系统模型包含一个主用户对、M 个主用户中继、N 个二级发射和一个二级接收,它是在文献[14]的基础上将主用户的中继个数扩大到了 $M+Q$ 个,其中 M 表示主用户系统中固有的中继个数,Q 表示从 N 个二级用户发射节点中选出用作主用户候选中继的二级发射个数。在该传输方案中,若主用户没有选择到合适的中继,二级用户也能共享主用户频谱来传输二级用户的数据。文献[14]和文献[15]都是基于认知 overlay 频谱共享模型下的传输方案,这两种传输方案都是以优化二级用户整体系统的效益为目标。某些二级用户发射节点与主用户节点之间的信道条件好,它们可能经常被选作主用户中继,因而不能进行二级用户数据通信,而信道条件差的二级用户发射节点却能获得较大的频谱接入机会,因此它们不是公平的传输方案。文献[14]和文献[15]选择出的节点用作主用户中继,而文献[16]研究的是认知衬垫模型下的一种二级用户多中继系统,侧重分析满足了主用户干扰功率限制的条件下,中继选择能给二级系统带来性能的提升,即能给二级用户提供最大的信干噪比(signal to interference plus noise ratio, SINR)的二级中继作为主用户和二级用户共同的中继。

　　基于上述分析,本节提出了一种基于最佳协作用户选择的两阶段式传输协议。它是从每个二级用户的效益出发而建模,系统中所有二级用户之间以公平竞争的方式获取频谱接入机会,而协助与否是由主用户和二级用户双向决定的。首先,选择具有协作能力的二级用户,即第一阶段上能获得主用户信息的二级发射设备;其次,这些有协作能力的二级用户决策是否参与协作,即分析协作时二级数据的通信是否能满足二级系统的服务质量;最后,主用户再从参与协作的二级用户中选取一个能为其提供最大的 SINR 的用户作为其中继,被选的二级用户将发射功率分为两部分,一部分用于协助中继转发主用户信息,另一部分用于传输二级用户的数据。中继选择的方法与文献[16]相似。后面将详细说明基于最佳中继选择的两阶段式协作传输协议的设计原理及其性能分析。

4.3.1　系统模型和设计原理

　　基于最佳协作用户选择的两阶段式传输策略的系统模型如图 4-3 所示,该模型包含一个主用户对 PT-PD,K 个二级用户对(ST_i-SD_i,$i = 1,2,\cdots,K$)。本书中所提出的协议主要是针对系统中主用户直接通信链路信道条件较差,二级用户与主用户之间的信道条件较好的场景而设计的。系统中 K 个二级用户之间公平竞争以获取频谱接入机会。若成功获取主用户信息,且能满足二级用户服务质量,主用户选取一个二级用户作为其中继来转发信号,中继选择准则将在 4.3.2 小节中详细介绍。充当中继的二级用户在协助中继转发主用户数据的同时,也向其对应的二级用户接收端传输二级用户的数据。令 $h_{1,PD}(k)$、$h_{1,ST_i}(k)$、$h_{1,SD_i}(k)$、$h_{ST_i,PD}(k)$ 和 $h_{ST_i,SD_i}(k)$ 分别表示链路 PT→PD、PT→ST_i、PT→SD_i、ST_i→PD 和 ST_i→SD_i 上的信道系数,其中,$|h_{1,j}(k)|^2$、$|h_{ST_i,PD}(k)|^2$ 和 $|h_{ST_i,SD_i}(k)|^2$ 分别服从参数为 $1/\sigma_j^2$、$1/\sigma_{ST_i,PD}^2$ 和 $1/\sigma_{ST_i,SD_i}^2$ 的指数分布,$j = $ PD 或 ST_i 或 SD_i。假设各信道为瑞利衰落信道,且在同一时隙中是时不变的。根据信道的相关稳态和相关参数,假设 ST_i 知道 ST_i→PD 及 PT→PD 的平均信道链路增益。PD、ST_i 及 SD_i 端的接收噪声分别表示为 $n_1(k)$、$n_2(k)$ 及 $n_3(k)$,它们服从均值为零、方差为 N_0 的高斯分布。

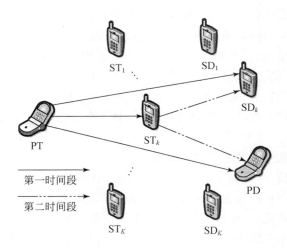

图 4-3　基于最佳协作用户选择的两阶段式传输策略系统模型

图 4-3 是一种两阶段式传输协议。第一传输阶段，PT 将主用户信号发送给 PD、ST_i 及 SD_i，如图 4-3 实线所示。假设在时隙 k 上，PT 以固定的功率 P_P 发送信号 $x_P(k)$（$E[\,|x_P(k)|^2\,]=1$，其中，$E[X]$ 表示随机变量 X 的均值）。令 $y_{1,PD}$、y_{1,ST_i} 和 y_{1,SD_i} 分别表示 PD、ST_i 和 SD_i 端在第一阶段上的接收信号，可表示为

$$y_{1,l} = \sqrt{P_P}h_{1,l}(k)x_P(k) + n_l(k) \tag{4-9}$$

式中，$l=$ PD 或 ST_i 或 SD_i。

令 $\gamma_{1,l}$ 表示与 $y_{1,l}$ 相对应的信噪比，那么有

$$\gamma_{1,l} = P_P\,|\,h_{1,l}(k)\,|^2/N_0 \tag{4-10}$$

如果 PD、ST_i 和 SD_i 能正确译码来自 PT 的信号，则各链路上的实际可达速率大于主用户系统的最小传输速率 R_P，那么能成功译码来自 PT 的信号的用户 ST_i 的下标集为 $M_m = \{i\,|\,0.5\log_2(1+\gamma_{1,ST_i}) \geqslant R_P, i\in\{1,\cdots,K\}\}$，而与之对应不能正确译码主用户信号的 ST_i 下标集为 $\overline{M}_m = \{i\,|\,0.5\log_2(1+\gamma_{1,ST_i}) < R_P, i\in\{1,\cdots,K\}\}$。令 $\varnothing$ 表示空集，$M\in\{\varnothing\}\cup M_m$，$m=1,2,\cdots,2^K-1$，$|M_m|=M^*$，其中，$|X|$ 表示集合 X 中元素的个数。判断与 M_m 集合中元素对应的 SD_i 是否能成功译码来自 PT 的信号，能正确译码的 SD_j 下标集为 $N_n = \{j\,|\,0.5\log_2(1+\gamma_{1,SD_j}) \geqslant R_P, j\in M_m\}$，不能正确译码的 SD_j 下标集为 $\overline{N}_n = \{j\,|\,0.5\log_2(1+\gamma_{1,SD_j}) < R_P, j\in M_m\}$。令 $N\in\{\varnothing\}\cup N_n$，$n=1,2,\cdots,2^{M^*}-1$，$|N_n|=N^*$，$|N_n|+|\overline{N}_n|=|M_m|$。

在第二阶段上，若第一阶段获得的 $M=\varnothing$，此时主用户和二级用户保持待机工作；若 $M=M_m$，如图 4-3 中点划线所示，ST_i 向 PD 和 SD_i 发送组合信息 $\sqrt{\beta}x_P(k) + \sqrt{1-\beta}x_S(k)$，其中，$\beta$ 为功率分配因子，$x_S(k)$ 为二级用户信息，这是一

个单位功率信号。设 ST_i（$i \in M_m$）以固定的功率 P_S 发送组合信号。若 $N = N_n$，则 SD_i（$i \in N_n$）可实现干扰消除，此时其接收信号以及相应的信噪比分别表示为

$$y_{\mathrm{ST}_i,\mathrm{SD}_i} = \sqrt{(1-\beta)P_\mathrm{S}} h_{\mathrm{ST}_i,\mathrm{SD}_i}(k) x_\mathrm{S}(k) + n_{\mathrm{SD}_i}(k) \tag{4-11}$$

$$\gamma_{\mathrm{ST}_i,\mathrm{SD}_i} = (1-\beta)P_\mathrm{S} \mid h_{\mathrm{ST}_i,\mathrm{SD}_i}(k) \mid^2 / N_0 \tag{4-12}$$

若 $N = \varnothing$，SD_i（$i \in \overline{N}_n$）不能进行干扰消除，此时其接收信号以及相应的信号与干扰和噪声比分别表示为

$$\hat{\gamma}_{\mathrm{ST}_i,\mathrm{SD}_i} = \sqrt{(1-\beta)P_\mathrm{S}} h_{\mathrm{ST}_i,\mathrm{SD}_i}(k) x_\mathrm{S}(k) + \sqrt{\beta P_\mathrm{S}} h_{\mathrm{ST}_i,\mathrm{SD}_i}(k) x_\mathrm{P}(k) + n_{\mathrm{SD}_i}(k) \tag{4-13}$$

$$\hat{\gamma}_{\mathrm{ST}_i,\mathrm{SD}_i} = (1-\beta)P_\mathrm{S} \mid h_{\mathrm{ST}_i,\mathrm{SD}_i}(k) \mid^2 / (\beta P_\mathrm{S} \mid h_{\mathrm{ST}_i,\mathrm{SD}_i}(k) \mid^2 + N_0) \tag{4-14}$$

先判定二级数据传输是否满足二级用户的服务质量（quality of service，QoS）。若满足二级用户的服务质量，二级用户就决定参与协作；若不满足，二级用户则不参与协作。要满足二级用户的服务质量，则需要接收到的二级用户信号实际可达速率大于二级系统的最小传输速率 R_s，于是能成功译码的二级用户信号 SD_i 的下标集为

$$C_c = \left\{ i \mid \left\{ i \in N_n, \frac{1}{2} \log_2(1 + \gamma_{\mathrm{ST}_i,\mathrm{SD}_i}) \geqslant R_\mathrm{s} \right\} \bigcup \left\{ i \in \overline{N}_n, \frac{1}{2} \log_2(1 + \hat{\gamma}_{\mathrm{ST}_i,\mathrm{SD}_i}) \geqslant R_\mathrm{s} \right\} \right\} \tag{4-15}$$

令 $C \in \{\varnothing\} \bigcup C_c$，$c = 1, 2, \cdots, 2^{M^*} - 1$，$\mid C_n \mid = C^*$。若 $C = C_c$，则 PD 端接收信号及对应的信号与干扰和噪声比分别为

$$y_{\mathrm{ST}_i,\mathrm{PD}} = \sqrt{(1-\beta)P_\mathrm{S}} h_{\mathrm{ST}_i,\mathrm{PD}}(k) x_\mathrm{S}(k) + \sqrt{\beta P_\mathrm{S}} h_{\mathrm{ST}_i,\mathrm{PD}}(k) x_\mathrm{P}(k) + n_{\mathrm{PD}}(k) \tag{4-16}$$

$$\gamma_{\mathrm{ST}_i,\mathrm{PD}} = \beta P_\mathrm{S} \mid h_{\mathrm{ST}_i,\mathrm{PD}}(k) \mid^2 / ((1-\beta)P_\mathrm{S} \mid h_{\mathrm{ST}_i,\mathrm{PD}}(k) \mid^2 + N_0) \tag{4-17}$$

4.3.2　最佳协作用户的选取准则

根据 4.3.1 小节中的描述可知，当 $C = \varnothing$ 时，即主用户和二级用户间无法达成协作通信，二级用户选择不参与协作，此时二级系统中断，因此只存在第一阶段上的主用户传输，那么整个传输时隙上 PD 端的接收信号和信噪比如式（4-9）和式（4-10）所示。当 $C = C_c$ 时，即协作通信能满足某些二级用户的服务质量，这些用户 ST_i（$i \in C_c$）将选择参与协作，此时主用户将从这些用户中选取一个作为协作中继，那么整个传输时隙上 PD 端的接收信噪比是第一阶段的信噪比[式（4-10）]和第二阶段的信干噪比[式（4-17）]进行最大比合并，即

$$\widetilde{\gamma}_{\mathrm{ST}_i,\mathrm{PD}} = P_\mathrm{P} \mid h_{1,\mathrm{PD}}(k) \mid^2 / N_0 + \beta P_\mathrm{S} \mid h_{\mathrm{ST}_i,\mathrm{PD}}(k) \mid^2 / ((1-\beta)P_\mathrm{S} \mid h_{\mathrm{ST}_i,\mathrm{PD}}(k) \mid^2 + N_0) \tag{4-18}$$

选择使式(4-18)中信干噪比最大的二级用户作为主用户系统的协助中继,于是选取准则可表示为

$$\mathrm{ST}_{\mathrm{opt}} = \underset{i \in C_c}{\mathrm{argmax}} \widetilde{\gamma}_{\mathrm{ST}_i,\mathrm{PD}}(C_c, \mathrm{ST}_i) \tag{4-19}$$

4.3.3 理论性能分析

根据上述分析,本小节根据瑞利衰落信道特征来分析所提出的传输策略的中断性能。先讨论无二级用户参与协作的情况,即 $C = \varnothing$。下述两种情况会造成无二级用户参与协作:情况一,在第一阶段中,所有的 ST_i 都无法正确译码获取来自 PT 的主用户信号,即 $M = \varnothing$;情况二,在第一阶段中,$M = M_m$ 条件下,$C = \varnothing$。那么无二级用户参与协作发生的概率为

$$\Pr\{C = \varnothing\} = \Pr\{M = \varnothing\} + \sum_{m=1}^{2^K-1} \Pr\{M = M_m\}\Big(\Pr\{N = \varnothing \,|\, M = M_m\}$$

$$\times \prod_{i \in M_m} \Pr\{0.5 \log_2(1 + \hat{\gamma}_{\mathrm{ST}_i,\mathrm{SD}_i}) < R_\mathrm{S}\} + \sum_{n=1}^{2^M-1} \Pr\{N = N_n \,|\, M = M_m\}$$

$$\times \prod_{i \in N_n} \Pr\{0.5 \log_2(1 + \gamma_{\mathrm{ST}_i,\mathrm{SD}_i}) < R_\mathrm{S}\} \prod_{j \in \overline{N}_n} \Pr\{0.5 \log_2(1 + \hat{\gamma}_{\mathrm{ST}_j,\mathrm{SD}_j}) < R_\mathrm{S}\}\Big)$$

$$\tag{4-20}$$

根据 4.3.1 小节系统模型所描述的信道特性,可求解得出下述概率计算式:

$$\Pr\{M = \varnothing\} = \prod_{i=1}^{K}(1 - \exp(-(2^{2R_\mathrm{P}} - 1)N_0/(\sigma_{\mathrm{ST}_i}^2 P_\mathrm{P}))) \tag{4-21}$$

$$\Pr\{M = M_m\} = \prod_{i \in M_m} \exp\left(-\frac{(2^{2R_\mathrm{P}} - 1)N_0}{\sigma_{\mathrm{ST}_i}^2 P_\mathrm{P}}\right) \prod_{j \in \overline{M}_m}\left(1 - \exp\left(-\frac{(2^{2R_\mathrm{P}} - 1)N_0}{\sigma_{\mathrm{ST}_j}^2 P_\mathrm{P}}\right)\right)$$

$$\tag{4-22}$$

$$\Pr\{N = \varnothing \,|\, M = M_m\} = \prod_{i \in M_m}(1 - \exp(-(2^{2R_\mathrm{P}} - 1)N_0/(\sigma_{\mathrm{SD}_i}^2 P_\mathrm{P}))) \tag{4-23}$$

$$\times \prod_{i \in M_m} \Pr\{0.5 \log_2(1 + \hat{\gamma}_{\mathrm{ST}_i,\mathrm{SD}_i}) < R_\mathrm{S}\}$$

$$= \begin{cases} \prod_{i \in M_m}(1 - \exp(-(2^{2R_\mathrm{S}} - 1)N_0/(\sigma_{\mathrm{ST}_i,\mathrm{SD}_i}^2(1 - \beta 2^{2R_\mathrm{S}})P_\mathrm{S}))), & \beta < 2^{-2R_\mathrm{S}} \\ 1, & \text{其他} \end{cases}$$

$$\tag{4-24}$$

$$\Pr\{N = N_n \,|\, M = M_m\} = \prod_{i \in N_n} \exp\left(-\frac{(2^{2R_\mathrm{P}} - 1)N_0}{\sigma_{\mathrm{SD}_i}^2 P_\mathrm{P}}\right) \prod_{j \in \overline{N}_n}\left(1 - \exp\left(-\frac{(2^{2R_\mathrm{P}} - 1)N_0}{\sigma_{\mathrm{SD}_j}^2 P_\mathrm{P}}\right)\right)$$

$$\tag{4-25}$$

$$\prod_{i \in N_n} \mathrm{Pr}\{0.5 \log_2 (1 + \gamma_{\mathrm{ST}_i, \mathrm{SD}_i}) < R_\mathrm{S}\} = \prod_{i \in N_n} \left(1 - \exp\left(-\frac{(2^{2R_\mathrm{S}} - 1) N_0}{\sigma_{\mathrm{ST}_i, \mathrm{SD}_i}^2 (1 - \beta) P_\mathrm{S}} \right) \right)$$

$$(4\text{-}26)$$

$$\prod_{j \in \overline{N}_n} \mathrm{Pr}\{0.5 \log_2 (1 + \hat{\gamma}_{\mathrm{ST}_j, \mathrm{SD}_j}) < R_\mathrm{S}\} = \prod_{j \in \overline{N}_n} \left(1 - \exp\left(-\frac{(2^{2R_\mathrm{S}} - 1) N_0}{\sigma_{\mathrm{ST}_j, \mathrm{SD}_j}^2 (1 - \beta 2^{2R_\mathrm{S}}) P_\mathrm{S}} \right) \right)$$

$$(4\text{-}27)$$

将式(4-21)～式(4-27)代入式(4-20)，则可求出无二级用户参与协作的概率，这个概率即为二级系统的中断概率。此时整个时隙上 PD 只接收到第一阶段中来自 PT 的信号，接收信号如式(4-9)所示。令 P_out 表示主用户系统数据传输中断的事件，那么无用户参与协作条件下的主用户系统中断概率为

$$\mathrm{Pr}\{P_\mathrm{out} \,|\, C = \varnothing\} = \mathrm{Pr}\left\{ \frac{1}{2} \log_2 (1 + \gamma_{1, \mathrm{PD}}) < R_\mathrm{P} \right\} = 1 - \exp\left(-\frac{(2^{2R_\mathrm{P}} - 1) N_0}{\sigma_{\mathrm{PD}}^2 P_\mathrm{P}} \right)$$

$$(4\text{-}28)$$

当 $C = C_c$，即有二级用户参与协作时，此情况发生的概率为

$$\mathrm{Pr}\{C = C_c\}$$

$$= \sum_{m=1}^{2^K - 1} \mathrm{Pr}\{M = M_m\} (\mathrm{Pr}\{C = C_c \,|\, M = M_m, N = \varnothing\} \mathrm{Pr}\{N = \varnothing \,|\, M = M_m\}$$

$$+ \sum_{n=1}^{2^M - 1} \mathrm{Pr}\{N = N_n \,|\, M = M_m\} \mathrm{Pr}\{C = C_c \,|\, M = M_m, N = N_n\}) \qquad (4\text{-}29)$$

根据各信道的分布特征，可求解如下概率：

$$\mathrm{Pr}\{C = C_c \,|\, M = M_m, N = \varnothing\}$$

$$= \prod_{i \in C_c} \exp(-(2^{2R_\mathrm{S}} - 1) N_0 / (\sigma_{\mathrm{ST}_i, \mathrm{SD}_i}^2 (1 - \beta 2^{2R_\mathrm{S}}) P_\mathrm{S}))$$

$$\times \prod_{j \in \overline{C}_c} (1 - \exp(-(2^{2R_\mathrm{S}} - 1) N_0 / (\sigma_{\mathrm{ST}_j, \mathrm{SD}_j}^2 (1 - \beta 2^{2R_\mathrm{S}}) P_\mathrm{S}))) \qquad (4\text{-}30)$$

$$\mathrm{Pr}\{C = C_c \,|\, M = M_m, N = N_n\}$$

$$= \prod_{p \in C_{\overline{N}_n}} \exp\left(-\frac{(2^{2R_\mathrm{S}} - 1) N_0}{\sigma_{\mathrm{ST}_p, \mathrm{SD}_p}^2 (1 - \beta \cdot 2^{2R_\mathrm{S}}) P_\mathrm{S}} \right) \prod_{j \in \overline{C}_{\overline{N}_n}} \left(1 - \exp\left(-\frac{(2^{2R_\mathrm{S}} - 1) N_0}{\sigma_{\mathrm{ST}_j, \mathrm{SD}_j}^2 (1 - \beta) P_\mathrm{S}} \right) \right)$$

$$\times \prod_{i \in C_{N_n}} \exp\left(-\frac{(2^{2R_\mathrm{S}} - 1) N_0}{\sigma_{\mathrm{ST}_i, \mathrm{SD}_i}^2 (1 - \beta) P_\mathrm{S}} \right) \prod_{q \in \overline{C}_{N_n}} \left(1 - \exp\left(-\frac{(2^{2R_\mathrm{S}} - 1) N_0}{\sigma_{\mathrm{ST}_q, \mathrm{SD}_q}^2 (1 - \beta \cdot 2^{2R_\mathrm{S}}) P_\mathrm{S}} \right) \right)$$

$$(4\text{-}31)$$

式中，$C_{N_n} \subset N_n$，$C_{N_n} \bigcup \overline{C}_{N_n} = N_n$，$C_{N_n} \bigcap \overline{C}_{N_n} = \varnothing$；$C_{\overline{N}_n} \subset \overline{N}_n$，$C_{\overline{N}_n} \bigcup \overline{C}_{\overline{N}_n} = \overline{N}_n$，$C_{\overline{N}_n} \bigcap \overline{C}_{\overline{N}_n} = \varnothing$；$C_c = C_{N_n} \bigcup C_{\overline{N}_n}$。

将式(4-22)、式(4-23)、式(4-25)、式(4-30)和式(4-31)代入式(4-29)，可求得有二级用户参与协作的概率表达式，此时主用户的条件中断概率为

$$\Pr\{P_{\text{out}}\,|\,C=C_c\} = \Pr\{0.5\log_2(1+\max_{i\in C_c}\widetilde{\gamma}_{\text{ST}_i,\text{PD}}(\text{ST}_i)) < R_\text{P}\}$$

$$= \prod_{i\in C_c}\Pr\{\widetilde{\gamma}_{\text{ST}_i,\text{PD}}(\text{ST}_i) < 2^{2R_\text{P}}-1\} \tag{4-32}$$

由于式(4-18)中 $\widetilde{\gamma}_{\text{ST}_i,\text{PD}}$ 的分布函数很难求出,故可用上界 $\widetilde{\gamma}_{\text{ST}_i,\text{PD}}^{\text{ub}}$ 代替 $\widetilde{\gamma}_{\text{ST}_i,\text{PD}}$,即 $\widetilde{\gamma}_{\text{ST}_i,\text{PD}} < \widetilde{\gamma}_{\text{ST}_i,\text{PD}}^{\text{ub}}$,其中

$$\widetilde{\gamma}_{\text{ST}_i,\text{PD}} = P_\text{P}\,|\,h_{1,\text{PD}}(k)\,|^2/N_0 + \beta P_\text{S}\,|\,h_{\text{ST}_{\text{opt}},\text{PD}}(k)\,|^2/N_0 \tag{4-33}$$

那么与之对应的条件中断概率的上界为

$$\Pr\{P_{\text{out}}\,|\,C=C_c\}^{\text{ub}} = \prod_{i\in C_c}\Pr\{\widetilde{\gamma}_{\text{ST}_i,\text{PD}}^{\text{ub}}(\text{ST}_i) < 2^{2R_\text{P}}-1\}$$

$$= \prod_{i\in C_c}((\exp(-N_0(2^{2R_\text{P}}-1)/(\beta\sigma_{\text{ST}_i,\text{PD}}^2 P_\text{S})) - \exp(-N_0(2^{2R_\text{P}}-1)/(P_\text{P}\sigma_{\text{PD}}^2)))$$

$$\times \beta\sigma_{\text{ST}_i,\text{PD}}^2 P_\text{S}/(P_\text{P}\sigma_{\text{PD}}^2 - \beta\sigma_{\text{ST}_i,\text{PD}}^2 P_\text{S}) + 1 - \exp(-N_0(2^{2R_\text{P}}-1)/(P_\text{P}\sigma_{\text{PD}}^2)))$$

$$\tag{4-34}$$

由全概率公式,基于最优协作用户选择的两阶段式传输协议中主用户系统的中断概率可表示为

$$\Pr\{P_{\text{out}}\} = \Pr\{C=\varnothing\}\Pr\{P_{\text{out}}\,|\,C=\varnothing\}$$

$$+ \sum_{c=1}^{2^M-1}\Pr\{C=C_c\}\Pr\{P_{\text{out}}\,|\,C=C_c\} \tag{4-35}$$

将式(4-20)、式(4-28)、式(4-29)和式(4-34)代入式(4-35),可求得主用户系统的中断概率。

4.3.4　仿真验证

根据上述理论推导,本小节主要分析基于最佳协作用户选择的两阶段式传输策略的仿真性能,其中对比说明了有二级用户协作和无二级用户协作情况下的主用户中断概率,并讨论不同的传输参数设置时的系统中断性能。在仿真中,同时进行了对理论推导的数值代入仿真和蒙特卡罗(Monte Carlo)仿真。仿真中通用的传输参数设置如下:系统二级用户个数 $K=10$,主用户系统的最小传输速率 $R_\text{P}=2\text{bit/s}$,二级系统的最小传输速率 $R_\text{S}=0.5\text{bit/s}$,二级系统平均发射信噪比 $\gamma_\text{S}=P_\text{S}/N_0=10\text{dB}$,信道指数分布参数 $\sigma_{\text{PD}}^2=\sigma_{\text{SD}_i}^2=1$,$\sigma_{\text{ST}_i}^2=\sigma_{\text{ST}_i,\text{PD}}^2=\sigma_{\text{ST}_i,\text{SD}_i}^2=2$,功率分配系数 $\beta=0.4$。根据仿真侧重点的不同,一些特征性的传输参数将在各仿真图中说明。

图 4-4 给出了主用户中断概率随主用户平均发射信噪比($\gamma_\text{P}=P_\text{P}/N_0$)变化的趋势,其中对比说明了基于最佳协作用户选择、无二级用户协作以及随机选择二级用户协作三种传输策略中的主用户系统中断性能。由图可知,蒙特卡罗仿真结果与理论计算近似重合,且三种策略中的主用户中断概率都随主用户平均发射信噪比的增加而减小。基于最佳协作用户选择的策略中的主用户中断概率下降趋势

最迅速,随机用户选择策略中的主用户中断概率较之下降稍缓慢些,无二级用户协作策略的主用户中断概率下降最慢。因此相较于其他两种策略,本书所提出的传输策略具有较好的主用户中断性能,该仿真结果与理论分析基本一致。

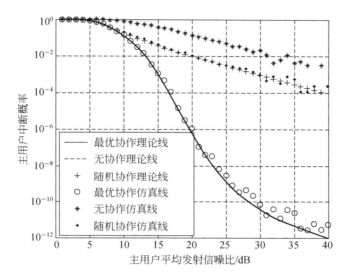

图 4-4　无二级用户协作、随机用户选择和最佳用户选择下的主用户中断性能

当主用户系统的最小传输速率 R_P 取值不同时,图 4-5 给出了主用户中断概率随主用户平均发射信噪比变化的趋势,此处的特征参数设置为 $R_P = 3、4、5$ 。由图可知,理论计算曲线和仿真曲线近似重合,主用户的中断性能随着 R_P 取值的增大而下降。R_P 每增加 1bit/s,主用户中断概率曲线将向右平移约 7dB。与 R_P 的取值 3、4、5 相对应的主用户平均发射信噪比的临界点分别为 13、20、27,此处临界点指的是主用户中断概率从 1 开始变小时所对应的主用户平均发射信噪比。

当系统中的二级用户个数不同,即 K 取不同值时,图 4-6 给出了主用户中断概率随主用户发射信噪比的变化趋势,此处特征参数设置为 $K = 1、10、20、30$ 。由图可知,理论计算值曲线和仿真曲线近似重合。在主用户平均发射信噪比为 13dB 时取得临界值,这是由主用户系统的最小传输速率 $R_P = 3$bit/s 确定的。主用户系统的中断性能随着 K 值的增大而获得提升,这种性能提升在 K 取值较小时体现特别明显。当 K 取值较大时,主用户的中断性能无限逼近于理想情况,这说明随着系统中二级用户个数的增加,主用户中断性能就会越好,这是因为系统中协助用户选择范围扩大,会给主用户系统引入分集增益,这与理论分析基本一致。另外,当 $K = 1$ 时,本书所提出的传输策略退化成为文献[4]所研究的传输策略。一般来说,K 的取值一定会大于等于 1,因此多用户协作增益使得本书提出的协作传输策略比文献[4]中的传输策略具有更优越的性能。

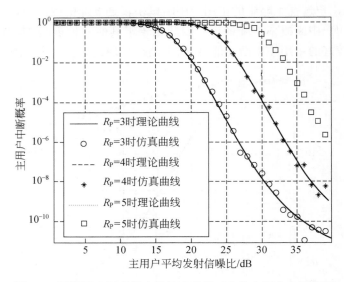

图 4-5　不同的主用户最小传输速率所对应的主用户中断性能

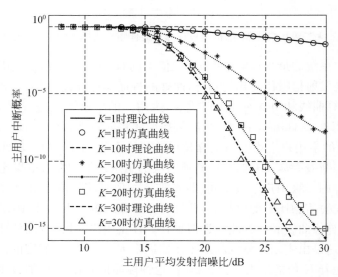

图 4-6　系统中不同的二级用户个数所对应的主用户中断性能

当信道 σ_{PD}^2 系数取值不同时,图 4-7 给出了主用户中断概率随系统平均信噪比的变化趋势,其中说明了最佳用户选择和无用户协作策略中的主用户中断性能,此处的特征参数设置为 $\sigma_{\text{PD}}^2 = 0.1、1$ 。由图可知,主用户的中断概率随着 σ_{PD}^2 的增加而变小,且随着信道系数从 $\sigma_{\text{PD}}^2 = 0.1$ 变化到 $\sigma_{\text{PD}}^2 = 1$,主用户的中断概率曲线向左平移约 12dB。在无二级用户协作策略中,只存在第一阶段直接链路上的主用户数据通信,那么相较于所提出的传输策略,该策略中的主用户中断概率曲线下降趋势要缓慢很多,因而验证了最佳协作用户选择策略具有更好的主用户系统中断性能,图中显示的仿真结果与理论分析结果一致。

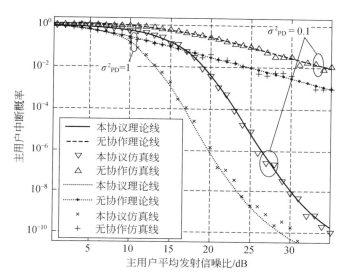

图 4-7　不同的信道分布参数所对应的主用户中断性能

综上所述,基于最佳协作用户选择的认知传输策略中的二级用户和主用户之间采用的是一种公平的协作方式。不管系统中有多少个二级用户,只有参与协作的二级用户,才拥有共享主用户的频谱资源的机会。设计的协作方式保证了二级用户的可靠通信,而系统中不参与协作的二级用户是无法实现频谱接入的,这体现了只有对主用户传输有贡献的二级用户才能获得频谱接入的机会,因此各二级用户的中断性能只与其是否参加协作有关。

4.4　本 章 小 结

本章研究了基于阶段式机制的认知 overlay 频谱共享模型传输策略,重点说明了两阶段式认知频谱共享传输策略的设计原理,同时简单介绍了多阶段式认知传输策略的设计原理。针对多用户场景下的两阶段式 overlay 频谱共享模型的研究,本书提出了一种最佳协作用户选择的两阶段式频谱共享传输策略,其中认知网络中包含了一个主用户对和 K 个二级用户对, K 对二级用户之间相互竞争主用户所拥有的频谱资源。若存在二级用户能成功获得主用户信号,也能满足二级系统服务质量,那么主用户可从中选取一个二级发射作为其中继来转发信号。中继选取准则是使主用户获得最大的信干噪比。充当中继的二级发射在辅助译码转发主用户信号的同时，也实现二级数据的传输。书中主要分析了所提出传输策略中主用户的中断性能。理论推导和仿真验证了该传输策略的有效性。结果表明，该传输策略在提高主用户系统性能的同时，也为二级用户提供使用授权频谱的机会。此外，还说明主用户中断性能随着系统中二级用户个数的增加而有所提升。

参 考 文 献

[1] Goldsmith A, Jafar S A, Maric I, et al. Breaking spectrum gridlock with cognitive radios: An information theoretic perspective. Proceedings of the IEEE, 2009, 97(5): 894—914.

[2] Bohara V A, Ting S H, Han Y, et al. Interference-free overlay cognitive radio network based on cooperative space time coding. 2010 Proceedings of the Fifth International Conference on Cognitive Radio Oriented Wireless Networks and Communications, 2010: 1—5.

[3] Simeone O, Stanojev I, Savazzi S, et al. Spectrum leasing to cooperating secondary Ad Hoc networks. IEEE Journal on Selected Areas in Communications, 2008, 26(1): 203—213.

[4] Han Y, Pandharipande A, Ting S H. Cooperative decode-and-forward relaying for secondary spectrum access. IEEE Transactions on Wireless Communications, 2009, 8(10): 4945—4950.

[5] Laneman J N, Tse D N C, Wornell G W. Cooperative diversity in wireless networks efficient protocols and outage behavior. IEEE Transactions on Information Theory, 2004, 50(12): 3062—3080.

[6] Han Y, Pandharipande A, Ting S H. Cooperative spectrum sharing via controlled amplify-and-forward relaying. Proceedings of IEEE 19th International Symposium on Personal, Indoor and Mobile Radio Communications, 2008: 1—5.

[7] Manna R, Raymond H Y L, Li Y H, et al. Cooperative spectrum sharing in cognitive radio networks with multiple antennas. IEEE Transactions on Signal Processing, 2011, 59(11): 5509—5522.

[8] Laneman J N, Wornell G W. Distributed space-time coded protocols for exploiting cooperative diversity in wireless networks. IEEE Transactions on Information Theory, 2003, 49(10): 2415—2425.

[9] Duan L J, Gao L, Huang J W. Cooperative spectrum sharing: A contract-based approach. IEEE Transactions on Mobile Computing, 2014, 13(1): 174—187.

[10] Zhai C, Zhang W. Adaptive spectrum leasing with secondary user scheduling in cognitive radio networks. IEEE Transactions on Wireless Communications, 2013, 12(7): 3388—3398.

[11] Scaglione A, Goeckel D L, Laneman J N. Cooperative communications in mobile Ad Hoc networks. IEEE Signal Processing Magazine, 2006, 23(5): 18—29.

[12] Scutari G, Palomar D P, Barbarossa S. Optimal linear precoding strategies for wideband non-cooperative systems based on game theory-part I: Nash equilibria. IEEE Transactions on Signal Processing, 2008, 56(3): 1230—1249.

[13] Etkin R, Parekh A, Tse D. Spectrum sharing for unlicensed bands. IEEE Journal on Selected

Areas in Communications,2007,25(3):517—528.

[14] Han Y,Ting S H,Pandharipande A. Cooperative spectrum sharing protocol with secondary user selection. IEEE Transactions on Wireless Communications,2010,9(9):2914—2923.

[15] Han Y,Ting S H,Pandharipande A. Cooperative spectrum sharing protocol with selective relaying system. IEEE Transactions on Communications,2012,60(1):62—67.

[16] Zou Y L,Zhu J,Zheng B Y,et al. An adaptive cooperation diversity scheme with best-relay selection in cognitive radio networks. IEEE Transactions on Signal Processing,2010,58 (10):5438—5445.

第 5 章　面向多跳传输的认知 overlay 频谱共享模型传输策略

5.1　引　言

根据文献[1]中的分析和现有研究可知,主用户为多跳传输的通信系统是认知 overlay 频谱共享模式的又一可实现场景,其中二级用户通过解码前一跳上传输的主用户信息来获取当前跳协助传输所需要的信息。本章主要研究面向多跳传输系统的认知 overlay 频谱共享模式的传输策略。认知网络中多跳传输是以无线通信网中的多跳传输为研究基础的。近年来,无线通信网络中关于多跳传输的研究主要有:文献[2]研究通过下一跳中继节点的多种选择性来获得信道增益,从而提高用户端到端的吞吐量性能。文献[3]和文献[4]设计了无线网络中的机会路由传输策略,根据反馈的译码状况,选取能成功译码出前一跳上所传输信息的节点作为当前跳的发射节点,这种译码状况一般由信道状况来决定。文献[5]从信息论角度分析了在块衰落信道上的无线多跳传输网络机会路由策略,研究表明,无线多跳传输网络中的机会路由策略要优于高斯噪声信道下的传输策略[6]、非遍历衰落信道下的传输策略[7]以及遍历衰落信道下的传输策略[8]。已有的认知无线电多跳传输策略的主要有,文献[9]提出一种基于频谱出租和机会路由的传输策略。其中主用户数据通信是多跳传输,二级用户是点对点的传输,通过机会路由方案选取参与协助的二级用户来实现频谱接入,路由方案设计中考虑了主用户端到端的吞吐量性能与主用户系统的能量损耗之间的折中。文献[10]主要研究利用协作中继和干扰控制技术来提高频谱利用率。其中二级用户在满足干扰限制的条件下共享主用户频谱资源,对比分析使用中继节点与不使用中继节点、二级用户并行传输与不并行传输的二级系统端到端性能,通过讨论端到端的信道利用率、系统通信可靠性、能量损耗以及传输延迟来评估系统性能。文献[11]～文献[13]设计了多种二级数据通信为多跳传输时的传输策略。文献[14]提出了一种多个中继参与协作的传输策略,系统中设置了一个二级用户中心控制单元来选择每一跳传输中最优的中继节点。上述已有研究表明,认知无线通信系统中多跳传输策略的研究具有重要的现实意义和广泛的应用前景。

　　分析上述参考文献中的认知 overlay 频谱共享模式多跳传输策略可知,二级用户充当候选中继设备能使主用户路由选择范围扩大,从而给主用户系统带来了多分集增益。二级用户作为协作中继能降低主用户系统的能量损耗,且二级用户参与协作的同时也实现了频谱接入。总之,多跳传输策略既能提升主用户的性能,也使二级用户获得了频谱接入机会。然而,现有传输策略中,作为协作中继的二级用户一部分发射功率用于转发主用户信号,另一部分发射功率用于传输二级数据,且每跳传输中最多有一个二级用户实现通信。这样的传输策略不仅限制了主用户性能的提升,也限制了二级用户数据的传输。为了进一步提升系统性能,本章提出了一种基于多个二级用户并行传输的认知多跳传输方案。本章将以文献[9]中的研究为基础而展开研究认知 overlay 频谱共享模式的多跳传输策略。

5.2　传统协作机会路由的认知多跳传输策略

基于机会路由的认知多跳传输策略的基本思路是通过协作来实现频谱共享,二级用户充当主用户的候选中继节点,通过机会路由传输主用户数据包。一般来说,若二级用户能成功译码前一跳传输的主用户数据,且当前跳传输中二级用户中继转发主用户数据有利于主用户系统性能的提升,二级用户将被选作为当前跳上主用户数据传输的中继,二级用户充当中继的同时也能实现二级用户的数据传输。在基于协作机会路由的认知传输策略的研究中,一方面,二级用户的加入使得主用户可用的中继数量变多,导致系统获得了多用户分集增益,从而使得主用户吞吐量性能有所提高;另一方面,二级用户的中继传输会降低主用户系统的能量损耗。因此,在认知多跳传输系统中,设计合理的基于协作机会路由的认知传输策略有利于提高主用户的系统性能。本节主要通过分析文献[9]中所研究的传输策略来说明基于协作机会路由的认知多跳传输策略的基本原理。

5.2.1　系统模型和工作原理

基于协作机会路由的认知多跳传输策略的系统模型如图 5-1 所示。主用户系统的通信目标是实现源节点 PS 到目的节点 PD 之间的数据传输,将 PS 和 PD 之间的距离归一化为 1。集合 $\{PR_1, PR_2, \cdots, PR_{K-1}\}$ 和集合 $\{ST_1, ST_2, \cdots, ST_{K-1}\}$ 是布置在这两节点之间的主用户中继设备和二级用户的发射节点集合,两集合中的元素分别均匀排列在两条平行线上,则同一平行线上相邻两节点间的距离 $\Delta_h = 1/K$,令两平行线间的距离为 Δ_v。这种规则化设置的系统模型为了简化后续的数学推导而建立。假设二级系统需要实现的是点到点间的通信,系统中所有节点的通信方式都是半双工通信方式。主用户的多跳传输系统是 Type-I HARQ 系统,PS 发射出某个数据包后,只有当这个数据包成功传送到 PD 后,才发送新的数据包,且在这个数据包的传输过程中,同一时间上系统只有一个节点在发射信号。

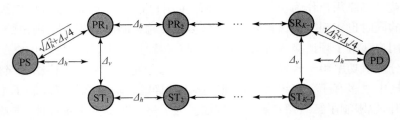

图 5-1　基于机会路由的主用户多跳传输网络系统模型

根据上述系统模型，主用户数据在发射节点 $N_i \in \{\text{PS}, \text{PR}_1, \cdots, \text{PR}_{K-1},$ $\text{ST}_1, \cdots, \text{ST}_{K-1}\}$ 和接收节点 $N_j \in \{\text{PR}_1, \cdots, \text{PR}_{K-1}, \text{PD}, \text{ST}_1, \cdots, \text{ST}_{K-1}\}$ 之间进行传输，那么节点 N_j 上接收到的信号可表示为

$$y_{N_i, N_j}(t) = d_{N_i, N_j}^{-\alpha} h_{N_i, N_j}(t) x_{N_i}(t) + n_{N_j}(t) \tag{5-1}$$

式中，$x_{N_i}(t)$ 为节点 N_i 上所发射的信号，当节点 N_i 为主用户节点时，$E[|x_{N_i}(t)|^2] = P_{\text{P}}$，$P_{\text{P}}$ 为主用户节点的发射功率，当节点 N_i 为二级用户节点时，$E[|x_{N_i}(t)|^2] = P_{\text{S}}$，$P_{\text{S}}$ 为二级用户节点的发射功率，$E[X]$ 表示随机变量 X 的均值；$h_{N_i, N_j}(t)$ 是服从零均值和单位方差的复高斯分布的随机变量；$n_{N_j}(t)$ 是均值为零，功率为 $E[|n_{N_j}(t)|^2] = N_0$ 的复高斯噪声；α 为路径损耗指数；d_{N_i, N_j} 为节点 N_i 和节点 N_j 间的距离。令 $\text{PS} = \text{PR}_0$ 和 $\text{PD} = \text{PR}_K$，系统模型中两节点间的距离 d_{N_i, N_j} 有如下三种表达形式：①节点 N_i 和节点 N_j 排列在一条直线上，$d_{N_i, N_j} = |j - i| \Delta_h$；②若节点 N_i 为 PS 且节点 $N_j \in \{\text{PR}_1, \cdots, \text{PR}_{K-1}, \text{ST}_1, \cdots, \text{ST}_{K-1}\}$，或者节点 N_j 为 PD 且节点 $N_i \in \{\text{PR}_1, \cdots, \text{PR}_{K-1}, \text{ST}_1, \cdots, \text{ST}_{K-1}\}$，那么有 $d_{N_i, N_j} = |j - i| \sqrt{\Delta_h^2 + \Delta_v^2/4}$；③若 $N_i \in \{\text{PR}_1, \cdots, \text{PR}_{K-1}\}$ 且 $N_j \in \{\text{ST}_1, \cdots, \text{ST}_{K-1}\}$，或者 $N_i \in \{\text{ST}_1, \cdots, \text{ST}_{K-1}\}$ 且 $N_j \in \{\text{PR}_1, \cdots, \text{PR}_{K-1}\}$，那么 $d_{N_i, N_j} = |j - i| \sqrt{\Delta_h^2 + \Delta_v^2}$。

5.2.2　通信模式和机会路由方案

文献[15]提出了一种基于机会路由的认知多跳传输策略，主用户完全控制了二级用户的频谱共享机会，即频谱租赁策略。只有满足了二级用户服务质量，二级用户才会协助传输主用户数据包，而且介绍了两种关于主用户数据和二级用户数据两者复用的模式，即正交复用（orthogonal multiplexing，OM）模式和叠加编码（superposition coding，SC）模式。正交复用模式是二级用户节点将可用的资源分成两部分，或者对传输时隙进行分配，或者对传输频带资源进行分配。令资源分配指数为 $0 \leqslant \varphi \leqslant 1$，那么二级用户节点将利用 φ 部分资源来传输主用户数据，而剩下的 $1 - \varphi$ 部分资源用于传输二级用户数据。叠加编码模式是一种物理层技术，二级用户先对两类数据包进行编码调制，再分配发射功率给每类数据。令功率分配指数为 $0 \leqslant \mu \leqslant 1$，二级用户将使用 μ 部分发射功率进行主用户数据传输,剩余 $1-\mu$ 部分功率用于二级用户数据的传输。加上复基带符号[16]就获得了承载主用户数据和二级用户数据的发射信号,最后二级用户就将叠加组合信号发送给主用户接收端和二级用户接收端。第 2 章中介绍的频谱共享协议采用的就是叠加编码模式。一般来说,当主用户主导协作时,在保证了二级用户服务质量的条件下,根据最优化主用户性能来设置 OM 中的 φ 或者 SC 中的 μ;当二级用户主导协作时,在保证主用户性能不受影响的条件下,根据最优化二级用户性能来设置 φ 或者 μ。

在 5.2.1 小节中,系统模型中的信号数量与经典机会路由协议是一致的。文献[17]研究了系统开销,指出在有限个信号的传输中机会路由存在显著的优势。下面将简单介绍文献[9]中提出的四种路由策略。利用频谱租赁原理,这些策略根据当前跳信道条件自适应选取二级用户节点作为下一跳的传输中继,其中被选到的二级用户节点是有助于提升主用户性能的,包括提高主用户的端到端吞吐量性能和减小主用户系统能量的损耗。

无协作路由方案(only primary)。在每个数据块的传输中,选择能成功译码前一跳上所传输的数据且靠近 PD 的主用户节点作为下一跳的发射端,其中当前跳发射节点会执行数据重传直到至少存在一个下游节点能正确译码当前跳信号。该策略中所有传输的节点都是主用户节点。

全协作路由方案(only secondary)。在主用户数据块的传输过程中,除了 PS 节点外,其他所有中继节点使用的是二级用户节点,选择能成功译码前一跳所传输的数据且靠近 PD 的二级用户节点作为下一跳的发射端,其中二级用户节点采用了 OM 或者 SC 技术,因此分配了部分资源用于传输主用户数据。由于选择的所有路由节点都是二级用户节点,那么就会有较多的频谱资源用于传输二级用户数据,从而造成主用户系统端到端的吞吐量较低,却最大程度上降低了主用户系统的发射功率。接下来的两种路由方案的设计权衡了主用户端到端吞吐量性能和主用户系统能量损耗。

后向窗路由方案(primary to secondary)。在主用户数据块的传输过程中,优先选择主用户节点,选择能成功译码当前跳上所传输的数据且离 PD 最近的主用户节点或者二级用户节点,其中主用户节点和二级用户节点分别被称为最优主用户节点和最优二级用户节点。只有最优二级用户节点处于较好的位置,即最优二级用户节点落后于最优主用户节点的距离小于 m 时,才被选作下一跳传输的发射端,否则就选择最优主用户节点作为下一跳传输的发射端。该策略的主要思想可以通过图 5-2 所示的例子来说明,其中 $m=2$。最优二级用户节点 ST_3 落后于最优主用户节点 PR_4 的距离为 $1<m$,因此二级用户节点 ST_3 被选作下一跳传输的发射端。对比分析全协作路由方案和后向窗路由方案,后向窗路由方案中被选来传输主用户数据包的二级用户节点数较少,那么分配给二级用户的频谱资源也会

减少,因此该路由方案能提高主用户系统的吞吐量,同时导致了主用户系统能量损耗增加。另外,为了降低主用户系统的能量损耗,当主用户数据包进入二级网络后,后续所选择的中继设备都是二级用户节点,直到 PD 成功接收数据。

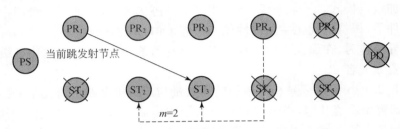

图 5-2　具有部分二级节点协作的后向窗路由方案图例

前向窗路由方案(primary and secondary)。若当前跳传输的发射节点为主用户节点,则采用后向窗路由方案中的路由选择方案;若当前跳传输的发射节点为二级用户节点,则采用前向窗路由选择方案,即若最优主用户节点超前最优二级用户节点的距离大于或者等于 m,最优主用户节点将被选作下一跳传输的发射端,否则最优二级用户节点将被选作下一跳传输的发射端。在图 5-3 中,由于最优主用户节点 PR_3 只比最优二级用户节点 ST_2 超前距离 $1 < m$,因此选择 ST_2 为下一跳传输的发射端。与后向窗路由方案相比,该方案下被选作中继的二级用户节点数目更少,因此进一步提升了主用户系统的吞吐量性能,同时也进一步导致了主用户系统能量损耗的增加。

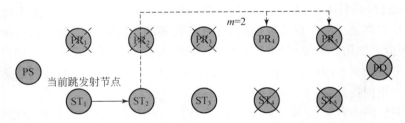

图 5-3　具有部分二级节点协作的前向窗路由方案图例

5.2.3　传统策略的性能分析

在主用户数据包的传输中,若发射主用户数据包的是主用户节点 $N_i \in \{PS, PR_1, \cdots, PR_{K-1}\}$,而某些接收节点 $N_j \in \{PR_i, \cdots, PR_{K-1}, PD, ST_i, \cdots, ST_{K-1}\}$ 不能成功译码当前跳所传输信号的概率为

$$P_{\text{out,P}} = \Pr\{\log_2(1 + P_P d_{N_i,N_j}^{-a} \mid h_{N_i,N_j} \mid^2 / N_0) \leqslant R_P\} = 1 - \exp(-(2^{R_P} - 1)N_0 d_{N_i,N_j}^{k} / P_P)$$

$$(5\text{-}2)$$

式中，R_P 为主用户系统的最小传输速率。

若发送主用户数据包的是二级节点 $N_i \in \{ST_1, \cdots, ST_{K-1}\}$，且二级节点采用 OM 技术，分配 φ 部分频谱资源用于发送主用户数据包，分配 $1 - \varphi$ 部分频谱资源用于传输二级用户数据包，那么接收节点 $N_j \in \{PR_i, \cdots, PR_{K-1}, PD, ST_i, \cdots, ST_{K-1}\}$ 不能成功译码该跳上所传输的主用户数据包的概率为

$$
\begin{aligned}
P_{\text{out,SP}}^{(\text{OM})} &= \Pr\{\varphi \log_2(1 + P_S d_{N_i,N_j}^{-\alpha} \mid h_{N_i,N_j} \mid^2 / N_0) \leqslant R_P\} \\
&= 1 - \exp(-(2^{R_P/\varphi} - 1)N_0 d_{N_i,N_j}^{\alpha} / P_S)
\end{aligned}
\tag{5-3}
$$

此时二级用户传输中断的概率可表示为

$$
P_{\text{out,SS}}^{(\text{OM})} = 1 - \exp(-(2^{R_S/(1-\varphi)} - 1)N_0 d_{s_i}^{\alpha} / P_S)
\tag{5-4}
$$

式中，R_S 表示二级系统的最小传输速率；d_{s_i} 为二级链路 $ST_i \rightarrow SD_i$ 上的距离。

为了保证二级系统的中断性能，资源分配因子 φ 可求解如下：

$$
P_{\text{out,SS}}^{(\text{OM})} = \varepsilon_S \Rightarrow \varphi = 1 - R_S / \log_2(1 - \ln((1 - \varepsilon_S)N_0 d_{s_i}^{-\alpha} / P_S))
\tag{5-5}
$$

若当前跳发射主用户数据包的是二级用户节点 $N_i \in \{ST_1, \cdots, ST_{K-1}\}$，且二级节点采用了 SC 技术，则分配 μP_S 发射功率用于传输主用户数据包，分配 $(1 - \mu)P_S$ 发射功率用于传输二级用户数据包。在接收端使用了两个译码器同时译码，一个将非期望信号当作噪声处理来译码期望信号，另一个先估计出非期望信号并将其从接收信号中消除，然后译码期望信号。只要这两个译码器中有一个译码成功就可以成功获取期望信号[18]，而且文献[16]分析了这种译码器的可达容量。此时，接收节点 $N_j \in \{PR_i, \cdots, PR_{K-1}, PD, ST_i, \cdots, ST_{K-1}\}$ 无法正确译码当前跳上所传输的主用户数据包的概率为

$$
\begin{aligned}
P_{\text{out,SP}}^{(\text{SC})} &= \Pr\{\log_2(1 + \mu P_S d_{N_i,N_j}^{-\alpha} \mid h_{N_i,N_j} \mid^2 / (N_0 + (1-\mu)P_S d_{N_i,N_j}^{-\alpha} \mid h_{N_i,N_j} \mid^2)) \leqslant R_P \\
&\quad \bigcap (\log_2(1 + (1-\mu)P_S d_{N_i,N_j}^{-\alpha} \mid h_{N_i,N_j} \mid^2 / (\mu P_S d_{N_i,N_j}^{-\alpha} \mid h_{N_i,N_j} \mid^2 + N_0)) \leqslant R_S \\
&\quad \bigcup \log_2(1 + \mu P_S d_{N_i,N_j}^{-\alpha} \mid h_{N_i,N_j} \mid^2 / N_0) \leqslant R_P\} \\
&= \Pr\{\mid h_{N_i,N_j} \mid^2 \leqslant \min(\hbar_P^{(1)}, \hbar_P^{(2)})\} = 1 - \exp(-\min(\hbar_P^{(1)}, \hbar_P^{(2)}))
\end{aligned}
\tag{5-6}
$$

式中，第一个等式后的第一项表示第一个译码器无法正确译码期望信号的概率，第二项表示第二个译码器无法正确译码期望信号的概率，其中

$$
\hbar_P^{(1)} = \begin{cases}
\infty, & 0 \leqslant \mu \leqslant 1 - 2^{-R_P} \\
(2^{R_P} - 1)N_0 d_{N_i,N_j}^{\alpha} / (P_P - P_P(1-\mu)2^{R_P}), & 1 - 2^{-R_P} < \mu \leqslant 1
\end{cases}
\tag{5-7}
$$

$$
\hbar_P^{(2)} = \begin{cases}
(N_0 d_{N_i,N_j}^{\alpha} / P_P)\max\{(2^{R_S} - 1)/(1 - \mu 2^{R_S}), (2^{R_P} - 1)/\mu\}, & 0 < \mu < 2^{-R_S} \\
\infty, & \mu = 0 \text{ 或 } 2^{-R_S} \leqslant \mu \leqslant 1
\end{cases}
\tag{5-8}
$$

类似上述推导，此时的二级用户传输中断的概率可表示为

$$
P_{\text{out,SS}}^{(\text{SC})} = 1 - \exp(-\min(\hbar_S^{(1)}, \hbar_S^{(2)}))
\tag{5-9}
$$

式中

$$
\hbar_S^{(1)} = \begin{cases} (2^{R_S}-1)N_0 d_{S_i}^{\alpha}/((1-\mu 2^{R_S})P_P), & 0 < \mu < 2^{-R_S} \\ \infty, & 2^{-R_S} \leqslant \mu \leqslant 1 \end{cases} \tag{5-10}
$$

$$
\hbar_S^{(2)} = \begin{cases} \infty, & 0 \leqslant \mu \leqslant 1-2^{-R_P} \text{ 或 } \mu = 1 \\ \dfrac{N_0 d_{S_i}^{\alpha}}{P_P} \max\left\{ \dfrac{2^{R_P}-1}{1-(1-\mu)2^{R_P}}, \dfrac{2^{R_S}-1}{1-\mu} \right\}, & 1-2^{-R_P} < \mu \leqslant 1 \end{cases}
$$

$$\tag{5-11}$$

与采用 OM 技术的二级用户节点类似,采用 SC 技术的二级用户节点的功率分配因子可通过等式 $P_{\text{out},SS}^{(SC)} = \varepsilon_S$ 求出。

由于在系统模型中假设 PS 发射出某个数据包后,只有当这个数据包成功传送到 PD 后,才发送新的数据包,且在这个数据包传输过程中,同一时间上系统只有一个节点在发射信号。令每一跳上传输所需要的时间为 τ,那么主用户系统端到端的吞吐量可表示为

$$
T_P = R_P/(m_i\tau) \tag{5-12}
$$

式中,m_i 表示数据包 i 从 PS 传送到 PD 需要经历的跳数。

设数据包 i 在传输过程中使用了 n_i 个二级用户作为中继节点,那么二级系统点到点的吞吐量为

$$
T_S = n_i R_S/(m_i\tau) \tag{5-13}
$$

5.3　基于多个二级用户并行通信的认知多跳传输策略

本节在 5.2 节所分析的机会路由认知多跳传输策略的基础上提出了一种基于多个二级用户并行通信的认知多跳传输策略,所提出的方案在保证主用户系统性能的条件下,提高了二级用户的系统性能。本节设计了两种适用于多用户并行通信的机会路由策略,被选到的二级用户仅中继转发主用户数据,又定义了并行通信的条件,而且设计了一种选择二级用户作为并行传输节点的搜索算法,被选择的二级用户将进行二级数据的通信。二级用户的协助会使主用户系统能量损耗降低,然而二级用户共享频谱有可能导致主用户吞吐量的下降。所提出的基于二级用户并行传输的认知多跳传输方案的系统模型如图 5-4 所示,此模型与 5.2 节中的系统模型相似。二级用户和主用户属于同一个无线网络的通信系统,在资源使用方面,主用户比二级用户具有较高的优先权,其中主用户可以是移动终端也可以是家庭基站等,因此能量损耗和吞吐量都是衡量用户性能的重要指标。

5.3.1　系统模型和设计原理

系统模型如图 5-4 所示,主用户多跳传输系统与二级用户点对点传输系统共

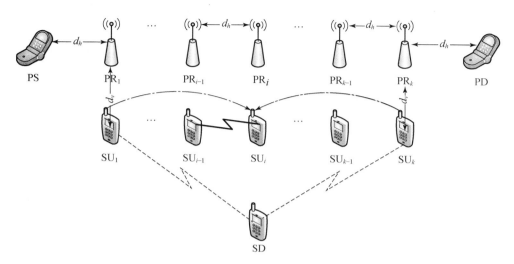

图 5-4　基于多个二级用户并行通信的认知传输策略系统模型

存。为了方便系统性能的理论推导,将所有的主用户节点 $\{PS,PR_1,\cdots,PR_K,PD\}$ 和二级用户发射节点 $\{SU_1,SU_2,\cdots,SU_K\}$ 均匀布置在两条平行的直线上。将 PS 到 PD 之间的距离归一化为 1,那么两平行线之间的距离为 d_v,各直线上相邻节点之间的距离为 $d_h = 1/(K+1)$。主用户系统可能经历多跳传输而实现 PS 到 PD 之间的通信,二级系统主要实现 SU_i 到 SD 之间点到点的数据传输。在图 5-4 中,点划线为干扰信号,折线为期望信号,实折线为主用户数据包传输,虚折线为二级用户数据包传输。假设 SD 能采用多天线技术,而且能同时译码获取来自不同用户的信号。与 5.2 节类似,系统中所有的节点都是采用半双工通信方式。在主用户数据传输过程中,PS 发射出某个数据包后,只有当这个数据包成功传送到 PD 后,才能发送新的数据包,且在这个数据包的传输过程中,同一时间上系统只有一个节点在发射主用户数据包。

在主用户数据包 $x_P(t)$ 的传输中,若当前跳上发射节点是主用户节点 $N_i \in \{PS,PR_1,\cdots,PR_K\}$,那么接收节点 $N_j \in \{PR_{i+1},\cdots,PR_K,PD,SU_i,\cdots,SU_K\}$ 上接收到的信号可表示为

$$y_{N_i,N_j}^{P1}(t) = \sqrt{P_P}\, d_{N_i,N_j}^{-\alpha} h_{N_i,N_j}(t) x_P(t) + n_{N_j}(t) \tag{5-14}$$

令 $PS = PR_0$ 和 $PD = PR_{K+1}$,其中 $E[|x_P(t)|^2] = 1$,P_P 为主用户节点发射功率;$h_{N_i,N_j}(t)$ 是服从零均值和单位方差的复高斯分布随机变量;$n_{N_j}(t)$ 是均值为零、功率为 $E[|n_{N_j}(t)|^2] = N_0$ 的复高斯噪声;α 为路径损耗指数;d_{N_i,N_j} 为节点 N_i 和节点 N_j 间的距离,$d_{N_i,N_j} = |j-i|d_h$ 和 $d_{N_i,N_j} = \sqrt{(j-i)^2 d_h^2 + d_v^2}$ 分别对应于 N_j 为主用户节点和二级用户节点。

若当前跳发射节点是二级用户节点 $N_i \in \{\mathrm{SU}_1, \mathrm{SU}_2, \cdots, \mathrm{SU}_K\}$，此时存在二级用户共享频谱。某些达到并行传输条件的二级用户将实现二级用户数据通信，并行传输条件将在 5.3.2 小节中详细描述。满足并行传输条件的二级用户集合表示为 $I_i = \{\mathrm{SU}_1, \mathrm{SU}_2 \cdots, \mathrm{SU}_m, \mathrm{SU}_n, \cdots, \mathrm{SU}_{K-1}, \mathrm{SU}_K\}$，其中，$m < i$，$j < n$，那么当前跳接收节点 $N_j \in \{\mathrm{PR}_{i+1}, \cdots, \mathrm{PR}_K, \mathrm{PD}, \mathrm{SU}_{i+1}, \cdots, \mathrm{SU}_K\}$ 收到的信号为

$$y_{N_i, N_j}^{\mathrm{P2}}(t) = \sqrt{P_{\mathrm{S}}} d_{N_i, N_j}^{-a} h_{N_i N_j}(t) x_{\mathrm{P}}(t) + \sum_{N_k \in I_i} \sqrt{P_{\mathrm{S}}} d_{N_k, N_j}^{-a} h_{N_k, N_j}(t) x_{\mathrm{S}_k}(t) + n_{N_j}(t)$$

$$(5-15)$$

式中，$N_k \in I_i$；$x_{\mathrm{S}_k}(t)$ 是由用户 N_k 发出的二级数据包，$E[\,|x_{\mathrm{S}_k}(t)|^2] = 1$；$P_{\mathrm{S}}$ 为二级节点发射功率。当 N_j 为 PD 时，有 $d_{N_i, N_j} = d_h$ 和 $d_{N_k, N_j} = |j - k| d_h$；当 N_j 为二级用户节点时，有 $d_{N_i, N_j} = \sqrt{d_h^2 + d_v^2}$ 和 $d_{N_k, N_j} = \sqrt{(j-k)^2 d_h^2 + d_v^2}$。

当集合 $I_i = \varnothing$ 时，不能实现二级用户数据的传输，即二级系统中断；当 $I_i \neq \varnothing$ 时，二级系统能实现二级用户数据的传输，那么 SD 上接收到的信号可表示为

$$y^{\mathrm{S}}(t) = \omega \cdot (\sqrt{P_{\mathrm{S}}}\, g_{I_i}(t) + n_{\mathrm{SD}}(t)) \qquad (5-16)$$

式中，$g_{I_i}(t) = [g_{N_k}(t), N_k \in I_i]$，$g_{N_k}(t) = d_{N_k, \mathrm{SD}}^{-a} h_{N_k, \mathrm{SD}}(t) x_{\mathrm{S}_k}(t)$；$\omega$ 为 SD 上接收的波束矢量；$n_{\mathrm{SD}}(t)$ 为 SD 上接收的噪声矢量，利用多天线技术可获得；"·"表两矢量之间的点乘运算。

5.3.2　路由选择方案

本小节提出两种适用于多用户并行通信的机会路由方案。为了与文献[15]中设计的路由方案进行对比分析，将所提出的两种方案分别命名为并行全协作机会路由方案和并行向后窗机会路由方案。

并行全协作机会路由方案。该路由方案与 5.2.2 小节中的全协作路由方案类似，选择能成功译码前一跳上所传输的主用户数据且靠近 PD 的二级节点作为下一跳传输的发射端，被选到的二级用户节点仅用于中继转发主用户信息，这样，该二级节点不再需要采用 OM 或者 SC 技术。与此同时，二级系统中其他满足并行通信条件的二级用户节点将实现二级数据的传输。在主用户数据包的传输过程中，除了 PS 节点外，其他所有的中继节点都是二级用户节点，从而最大程度上节省了主用户系统的发射功率。另外，二级用户为了获取更多的频谱接入机会，二级系统中一般采用最近邻居路由准则（nearest-neighbor routing，NNR）。文献[10]对比分析了 NNR 和最远邻居路由准则（farthest neighbor routing，FNR）。当发射功率相同时，NNR 准则具有更好的信道质量；当用户服务质量相同时，NNR 准则具有较小的系统能量损耗和小的用户间干扰。但在二级系统中，采用 NNR 准则可能导致主用户数据包需要经历较多的传输跳数才能到达 PD。由文献[10]中的式（25）可知，主用户端到端的吞吐量与传输跳数成反比，因此会使主用户系统吞吐量

性能下降。与此路由方案相比,下述的并行向后窗机会路由方案是通过折中主用户端到端吞吐量和主用户系统能量损耗而设计的。

并行向后窗机会路由方案。该路由方案与 5.2.2 小节中的向后窗路由方案类似。该方案也是优先选择主用户节点,选择能成功译码当前跳上所传输的主用户数据且离 PD 最近的主用户节点或者二级用户节点,其中,主用户节点和二级用户节点分别被称为最优主用户节点和最优二级用户节点。只有最优二级用户节点处于较好的位置,即最优二级用户节点落后于最优主用户节点的距离小于 m 时,才会被选作下一跳传输的发射端,不然就选择最优主用户节点作为下一跳传输的发射端。向后窗机会路由方案如图 5-2 所示。在并行向后窗机会路由方案中,路由选择到的二级用户节点仅用于中继传输主用户数据,再根据并行通信的条件来选择其他二级用户用于实现二级数据传输,此时二级用户节点不需要采用 OM 或者 SC 等技术。另外,为了降低主用户的系统能量损耗,当主用户数据包进入二级网络后,后续所选择的中继将都是二级用户节点,直到主用户数据包被 PD 成功接收。二级网络中的机会路由方案也是 NNR。对比分析并行后向窗机会路由方案和并行全协作机会路由方案可知,前者会使用较少的二级用户节点来中继传输主用户数据包,那么主用户数据包会经历较少的传输跳数而成功到达 PD,因此并行后向窗机会路由方案具有较好的主用户系统吞吐量性能,但主用户系统能量损耗较大。

5.3.3　实现并行通信的二级用户的选取法则

根据文献[19]和文献[20]中研究的通信系统模型可知,对于某个确定的数据包,实际传输速率要大于系统预设的最小传输速率 R_T。接收端要想成功译码获取数据包,则要求接收信噪比要大于阈值 Θ,它是通过求解方程 $R_T = B \log_2(1+\Theta)$ 而获得的。文献[20]推导出了数据包经过瑞利衰落信道后成功被目的端接收到的概率为

$$\mu = \Pr\{\mathrm{SINR} \geqslant \Theta\} = \underbrace{\exp(-\Theta N_0 d_{\mathrm{S,D}}^{-\alpha}/P_\mathrm{S})}_{\mu_{\mathrm{SNR}}} \times \underbrace{1/(1+\Theta(P_\mathrm{I}/P_\mathrm{S})(d_{\mathrm{S,D}}/d_{\mathrm{I,D}})^\alpha)}_{\mu_{\mathrm{SIR}}}$$

$$(5\text{-}17)$$

式中,$d_{\mathrm{S,D}}$ 和 $d_{\mathrm{I,D}}$ 分别表示信号源和干扰源到信号目标接收端之间的距离;P_S 表示信号源的发射功率;P_I 表示干扰源的干扰功率;N_0 表示接收噪声功率,信噪比和信干比分别表示为 SNR 和 SIR(signal to interference ratio),SINR 表示信干噪比。式(5-17)中的概率分为两个部分,前一部分 μ_{SNR} 表示系统中仅有噪声时成功传输数据包的概率,后一部分 μ_{SIR} 表示系统中只有干扰时成功传输数据包的概率,$0 \leqslant \mu_{\mathrm{SNR}}, \mu_{\mathrm{SIR}} \leqslant 1$。

在认知无线电系统中,令主用户系统的最小传输速率为 R_P,相应的 SINR 为 Θ_P。当前跳传输的发射端为主用户节点,由于没有二级用户的接入,接收节点接

收到的信号主要包含信号和噪声,那么接收端成功接收主用户数据包的概率为

$$\mu_P^1 = \Pr\{SNR_{N_j} \geqslant \Theta_P\} = \exp(-\Theta_P N_0 d_{N_i,N_j}^\alpha / P_P) \qquad (5\text{-}18)$$

若当前跳传输的发射端是二级用户节点,为了补偿参与协作的二级用户,可能会引入二级用户数据的并行传输,因此接收信号可能包含期望信号、干扰信号以及噪声,而且进行二级数据传输的用户可能不止一个,这与文献[19]中多个干扰源的情况类似,那么接收端成功接收到主用户数据的概率为

$$\mu_P^2 = \Pr\{SINR_{N_j} \geqslant \Theta_P\} = \exp\Big(-\frac{\Theta_P N_0 d_{N_i,N_j}^\alpha}{P_S}\Big)\Big/\Big(1+\Theta_P\sum_{SU_k \in I_i}\Big(\frac{d_{N_i,N_j}}{|j-k|d_h}\Big)^\alpha\Big)$$

$$(5\text{-}19)$$

由 5.3.2 小节中所设计的路由策略可知,若 $i < K$,即当前跳传输的接收节点为 SU_{i+1},则 $d_{N_i,N_j}/d_h = 1$;若 $i = K$,接收节点为 PD,则 $d_{N_i,N_j}/d_h = \sqrt{(d_h^2 + d_v^2)/d_h^2}$。

要保证主用户系统的通信质量,式(5-18)和式(5-19)中求出的概率必须大于一个预定的目标值 ε_P,因此二级用户并行通信的条件可以表示为

$$\mu_P^2 = \exp(-\Theta_P N_0 d_{N_i,N_j}^\alpha / P_S)/\{1+\Theta_P\sum_{SU_k \in I_i}(d_{N_i,N_j}/(|j-k|d_h))^\alpha\} \geqslant \varepsilon_P$$

$$(5\text{-}20)$$

将式(5-20)中的不等式变形可得

$$\sum_{SU_k \in I_i}(d_{N_i,N_j}/(|j-k|d_h))^\alpha \leqslant \exp(-\Theta_P N_0 d_{N_i,N_j}^\alpha / P_S)/(\varepsilon_P\Theta_P) - 1/\Theta_P = f_0$$

$$(5\text{-}21)$$

对于确定的通信系统,不等式的右边是一个确定值。为了简化后续研究,令其等于 f_0。二级用户要能实现二级用户数据的传输就必须满足式(5-21)。

由式(5-21)可知,对于一个给定的通信系统,集合 I_i 中元素的个数取决于用户 SU_i 在系统中的位置。将并行通信因子定义为并行通信的二级用户 SU_i 到当前跳传输的接收端 N_j 之间的距离 $l = |j-k|$,其中 SU_k 是集合 I_i 中离 N_j 最近的并行传输用户。利用式(5-21)来直接求能实现并行通信的二级用户是比较困难的,故表 5-1 提出了一种选择并行通信二级用户的搜索算法。由此可见,该策略中不仅存在主用户和二级用户间的协作,也存在不同二级用户之间的协作。

表 5-1　并行通信的二级用户的搜索算法

(1)初始化,令集合 $S = \{SU_1, SU_2, \cdots, SU_K, SU_{K+1}\}$ 包含所有二级用户和 PD,其中,$SU_{K+1} = PD$,主用户数据传输中,当前跳传输的发射节点和接收节点分别为 SU_j 和 SU_{j+1},I_j 表示当前跳传输中能实现并行通信的二级用户集,$|I_{j,k}|$ 表示集合 $I_{j,k}$ 中元素的个数,令 $I_j^0 = \varnothing$。

(2)判断不等式 $\lvert K-j\rvert > \lvert j-1\rvert$ 是否成立。 ① 若不等式 $\lvert K-j\rvert > \lvert j-1\rvert$ 成立,令 $f(k) = (d_{\mathrm{SU}_{i-1},\mathrm{SU}_i}/(\lvert K-(k-1)-j\rvert d_h))^a$,从 $k=1$ 到 $k = K-2j+1$ 循环执行下述步骤: 若不等式 $\sum_{n=1}^{k} f(n) > f_0$ 成立,则有 $I_{j,k}=I_{j,k-1}$,跳出循环; 否则,$I_{j,k}=I_{j,k-1}\bigcup\{\mathrm{SU}_{K-k+1}\}$。 ② 若不等式 $\lvert I_{j,k}\rvert < K-2j+1$ 成立,则有集合 $I_j = I_{j,k}$,用户搜索完成; 否则,令 $k_0 = K-2j+1$,$f_1 = \sum_{n=1}^{k_0} f(n)$,从 $k=k_0+1$ 到 $k = K-j$ 循环执行下述步骤: 若不等式 $f_1 + \sum_{n=k_0+1}^{k-1} 2f(n)+f(k) > f_0$ 成立,则有 $I_{j,k}=I_{j,k-1}$,跳出循环; 若不等式 $f_1 + \sum_{n=k_0+1}^{k-1} 2f(n)+f(k) < f_0$ 成立,且不等式 $f_1 + \sum_{n=k_0+1}^{k} 2f(n) > f_0$ 成立,则有 $I_{j,k} = I_{j,k-1}\bigcup\{\mathrm{SU}_{K-k+1}\}$ 或者 $I_{j,k}=I_{j,k-1}\bigcup\{\mathrm{SU}_{k-k_0}\}$; 否则, $$I_{j,k}=I_{j,k-1}\bigcup\{\mathrm{SU}_{K-k+1}\}\bigcup\{\mathrm{SU}_{k-k_0}\}$$	否则, ① 若不等式 $\lvert K-j\rvert < \lvert j-1\rvert$ 成立,令 $f(k) = (d_{\mathrm{SU}_{i-1},\mathrm{SU}_i}/(\lvert j-k\rvert d_h))^a$,从 $k=1$ 到 $k = 2j-K-1$ 循环执行下述步骤: 若不等式 $\sum_{n=1}^{k} f(n) > f_0$ 成立,则有 $I_{j,k}= I_{j,k-1}$,跳出循环; 否则,$I_{j,k}=I_{j,k-1}\bigcup\{\mathrm{SU}_k\}$。 ② 若不等式 $\lvert I_{j,k}\rvert < 2j-K-1$ 成立,则有集合 $I_j = I_{j,k}$,用户搜索完成; 否则,令 $k_0 = 2j-K-1$,$f_1 = \sum_{n=1}^{k_0} f(n)$,从 $k= k_0+1$ 到 $k = j-2$ 循环执行下述步骤: 若不等式 $f_1 + \sum_{n=k_0+1}^{k-1} 2f(n)+f(k) > f_0$ 成立,则有 $I_{j,k}=I_{j,k-1}$,跳出循环; 若不等式 $f_1 + \sum_{n=k_0+1}^{k-1} 2f(n)+f(k) < f_0$ 成立,且不等式 $f_1 + \sum_{n=k_0+1}^{k} 2f(n) > f_0$ 成立, 则有 $I_{j,k}=I_{j,k-1}\bigcup\{\mathrm{SU}_{k-k_0}\}$ 或者 $I_{j,k}=I_{j,k-1}\bigcup\{\mathrm{SU}_{K-(k-k_0)+1}\}$; 否则, $$I_{j,k}=I_{j,k-1}\bigcup\{\mathrm{SU}_k\}\bigcup\{\mathrm{SU}_{K-(k-k_0)+1}\}$$

(3)最终求出包含所有能实现并行通信的二级用户的集合 I_j。

5.3.4　理论性能分析

令某确定主用户数据包的传输过程中第一个被选作中继的二级节点为 SU_o,$o \in \{1,2,\cdots,K\}$。根据 5.3.1 小节中建立的系统模型可知,将一个确定的主用户数据包成功传送给 PD,必定会经历两类网络,即主用户网络和二级用户网络。又由 5.3.2 小节的描述,可将本书提出的机会路由方案和文献[9]中研究的路由方案进行对比分析,数据包在主用户网络中传输时,两种方案是基本一致的,但数据包在二级网络中传输时,两种方案就有很大的不同。前者是通过实现二级用户的并行通信来同时传输主用户数据和二级用户数据,后者是利用了 OM 或 SC 技术来同时传输主用户数据和二级用户数据。设在某个确定的主用户数据包传输过程中,被

选作中继的二级用户节点组成的集合为 J^*，$|J| = J^*$，其中 $1 \leqslant J^* \leqslant K - o + 1$，那么文献[9]中采用了 SC 技术的二级系统点到点的平均吞吐量可表示为

$$T_{S_0} = \sum_{SU_k \in J} \log_2(1 + d_{SU_k,SD}^{-\alpha}(1 - \beta)P_S/N_0)/J^* \tag{5-22}$$

式中，β 为功率分配因子，信道占用的带宽归一化为 1。

只有协助中继转发主用户数据包的二级用户才能实现二级数据的通信。此时，文献[9]中主用户系统端到端的平均吞吐量可表示为

$$T_{P_0} = (E[N] \cdot R_P + (K - o + 1) \cdot \log_2(1 + d_h^{-\alpha}\beta P_S/N_0))/(E[N] + K - o + 1)^2 \tag{5-23}$$

式中，$E[N]$ 表示主用户数据包成功传送到 PD 所需要经历的平均主用户节点数。

在本章所提出的二级用户并行传输方案中，二级系统点到点的平均吞吐量和主用户系统端到端的平均吞吐量可分别表示为

$$T_S = \sum_{i=o}^{K} \sum_{SU_k \in I_i} \log_2(1 + d_{SU_k,SD}^{-\alpha}P_S/N_0)/(K - o + 1) \tag{5-24}$$

$$T_P = (E[N] \cdot R_P + (K - o + 1) \cdot \log(1 + d_h^{-\alpha}P_S/N_0))/(E[N] + K - o + 1)^2 \tag{5-25}$$

由式(5-22)和式(5-24)所求的吞吐量表示平均每有一个二级用户作为中继时二级系统所能获得的点到点的吞吐量。这个吞吐量是衡量对应每个协作二级用户的二级数据通信性能的参数。文献[9]的研究中，每有一个二级用户协作有且仅有一个二级用户实现二级用户数据传输，而本书所提出的方案，设计了多个二级用户并行通信的策略。当系统中二级用户数较少时，由于满足 5.3.3 小节中并行通信条件的二级用户数很少，本章所提出方案中的二级系统性能比文献[9]中的二级系统性能差，即 $T_S < T_{S_0}$；当系统中二级用户数较多时，满足并行通信条件的二级用户数也较多，因此对应每个协作的二级用户可能存在多个二级用户实现了二级数据传输，本章提出方案中的二级用户性能就会有很大的提升，即 $T_S \gg T_{S_0}$。此外，文献[9]中的二级用户使用了 OM 或 SC 技术，二级用户中继传输时一部分资源用作主用户数据传输，另一部分用作二级用户数据传输，而在多个二级用户并行通信的方案中，作为中继的二级用户仅进行主用户数据传输，因此本章所提出的方案也能提升主用户的系统性能。

5.3.5　仿真验证

根据上述理论推导，本小节将对基于多个二级用户并行通信的认知多跳传输策略的系统性能进行仿真分析，其中将对比说明本章所提出的传输策略和文献[9]中的传输策略，并讨论传输参数设置不同时，本章所提出传输策略的系统性能变化趋势。下述对文献[9]中传输策略的仿真，主要分析主用户数据包进入二级网络后

采用的是 NNR 路由选择方案,此情况下,参与协作的二级用户个数最多,因而二级用户具有最大的频谱接入机会。仿真中,通用的传输参数设置如下:主用户系统的最小传输速率 $R_P = 3.5\text{bit/s/Hz}$, $\Theta_P = 2^{R_P} - 1$,信道衰落损耗指数 $\alpha = 3$,每跳上数据包成功传输的概率要大于等于 $\varepsilon_P = 0.9$,文献[9]的传输策略中设置功率分配因子为 $\beta = 0.6$。根据仿真侧重点的不同,一些特征性的传输参数将在下述仿真分析中具体给出。

图 5-5 给出了二级系统点到点吞吐量随二级系统平均发射信噪比(P_s/N_0)的变化趋势。对比分析了文献[9]中的全协作路由方案和后向窗路由方案,以及本章提出的并行全协作路由方案和并行后向窗路由方案。在图 5-5 中,文献[9]所研究的传输策略和本书所提出的传输策略中的二级系统点到点吞吐量是分别根据式(5-22)和式(5-24)绘制而成的。此处的特征参数是二级用户个数,其设置为二级用户个数 $K = 10$。又由 5.3.1 小节有 $d_h = d_v = 1/(K+1)$。令 $d_s = 3/(K+1)$ 表示二级链路 SU → SD 的距离。由图 5-5 可知,当二级系统平均发射信噪比低于 -6dB 时,基于多个二级用户并行通信的传输策略中二级系统点到点吞吐量都为零,这取决于不等式(5-21)中的右边算式小于 0.0025,从而没有二级用户满足并行通信条件。又由于文献[9]所研究的传输策略中二级用户点到点吞吐量随着 P_s/N_0 的增加呈对数分布,所以此时文献[9]中的传输策略更具优势;当 $P_s/N_0 > -6\text{ dB}$ 后,二级系统点到点的吞吐量随着 P_s/N_0 的增大而快速增加,特别是 $P_s/N_0 > 1\text{dB}$ 后,不管采用的是全协作路由方案还是后向窗路由方案,相较于文献[9]中的

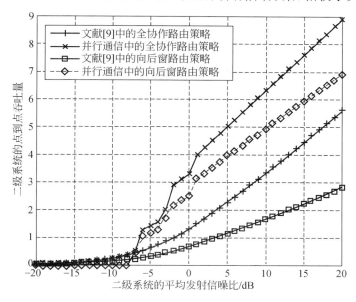

图 5-5　不同的路由策略中二级系统点到点吞吐量

传输策略,所提出的传输策略具有更高的二级用户点对点吞吐量,所以此时基于多个二级用户并行通信的传输策略具有更好的系统性能。另外,不论是本章所提出的传输策略还是文献[9]中的传输策略,相较于后向窗路由方案,全协作路由方案具有更好的二级系统点对点吞吐量性能。图 5-5 中的仿真结果与理论分析结果基本一致。

图 5-6 给出了不同的路由方案中主用户端到端吞吐量与二级系统平均发射信噪比(P_s/N_0)的关系。对比分析了本章所提出的传输策略和文献[9]所研究的传输策略。在图 5-6 中,这两种策略中的主用户系统端到端吞吐量是分别根据式(5-23)和式(5-25)而绘制的。图 5-6 中的参数设置与图 5-5 中完全相同。由图 5-6 可知,这两种传输策略中的主用户端到端吞吐量都随二级系统平均发射信噪比的增加而呈线性增大趋势。相比两种传输策略中的全协作路由方案,其后向窗路由方案具有更大的主用户系统端到端吞吐量。此外,相较于文献[9]中传输策略的同一类路由方案,本章所提出的传输策略具有更好的主用户系统端到端吞吐量性能,这是因为文献[9]中的二级用户使用了 SC 技术,而在基于多个二级用户并行通信的传输策略中,选作中继的二级用户等同于普通中继设备。图 5-6 中的仿真结果与理论分析结果基本一致。

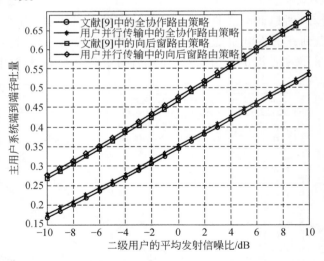

图 5-6　不同路由策略中的主用户系统端到端吞吐量

当系统中二级用户个数不同时,图 5-7 给出了二级系统点对点吞吐量随二级系统平均发射信噪比(P_s/N_0)的变化趋势。对比分析了本章所提出的传输策略和文献[9]中的传输策略。此处特征参数是二级用户个数,其设置为 $K = 4、5、7、8、10$,其他所有传输参数与图 5-5 中完全相同。多用户并行通信因子可通过表 5-1 中的搜索算法来获取,此时所求得的并行通信因子 $l = 5$,也就是说只有当系统中的二级用户个数大于等于 5 时,才能实现多个二级用户并行通信。由图 5-7 可知,所提出的传输策略和文献[9]研究的传输策略中的二级系统点到点吞吐量随着 K 的增大而增大,而前者的增大趋势更为迅速。当 $K \leqslant 4$ 时,所提出的传输策略中的二级系统点到点吞吐量恒等于零;当 $5 \leqslant K \leqslant 7$ 时,由于系统中满足并行通信条件的二级用户个数较少,相较于文献[9]所研究的传输策略,本章提出的传输策略具有较小的二级系统点到点吞吐量;当 $K \geqslant 8$ 时,相较于文献[9]所研究的传输策略,本章提出的传输策略具有更大的二级系统点到点吞吐量。因此,当系统中二级用户个数较多时,本章所提出的多跳传输策略具有更好的二级系统点到点吞吐量性能。

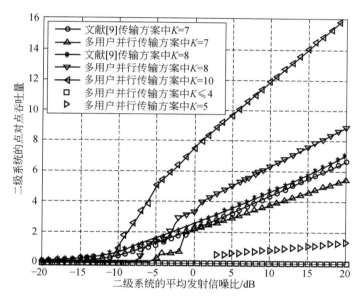

图 5-7　二级用户数不同时二级系统点到点吞吐量

5.4　本　章　小　结

机会路由选择方案的设计是多跳传输系统中的一个关键问题,相关研究表明,机会路由选择可提升系统性能,认知多跳传输系统是认知 overlay 频谱共享模型的一种重要实现场景。本章主要研究了机会路由选择的认知 overlay 频谱共享模型多跳传输策略。当主用户为多跳传输系统时,二级用户可以通过接收前一跳上传输的数据来获取当前跳上协作传输所需要的信息。二级用户进行中继协作时,既能采用 OM 或者 SC 技术来实现主用户数据包和二级用户数据包的同时传输,也能采用多用户并行通信的方式来实现传输。

本章提出了一种基于多个二级用户并行通信的认知多跳传输策略,其中主用户多跳传输系统与多个点对点传输的二级系统共存。主用户系统的通信目标是主用户源发射的数据包通过多跳传输成功到达主用户目的端。在保证主用户系统性能的条件下,最大化二级用户系统性能。为提高该传输策略下主用户系统的性能,本章设计了两种机会路由选择方案,即并行全协作路由方案和并行向后窗路由方案,路由思想为选择信道状态条件较好的二级用户作为主用户的协作中继。当二级用户中继转发主用户数据时,二级系统中其他满足并行通信条件的二级用户可进行二级数据的传输。为此,本章设计了一种用于选取并行通信的二级用户的搜索算法,其思想是从给主用户数据传输造成最小干扰的二级用户开始,直到搜索出所有满足并行通信条件的二级用户,而并行通信的宗旨是二级数据的传输不能影响主用户的通信质量。本章对所提出的传输策略进行了理论分析和仿真验证,推导出了该传输策略中的主用户系统端到端的吞吐量和二级用户系统点到点的吞吐量,其中二级系统点到点的吞吐量是相对于每个协作的二级用户而求出的。结果表明,当系统中的二级用户个数比较多时,基于多个二级用户并行通信的传输策略能使二级系统点到点的吞吐量获得较大的提升,同时主用户系统端到端的吞吐量也有少量提升。综上所述,本章对认知多跳传输策略的研究推动了认知 overlay 频谱共享模型在多跳场景中的应用。

参 考 文 献

[1] Goldsmith A,Jafar S A,Maric I,et al. Breaking spectrum gridlock with cognitive radios：An information theoretic perspective. Proceedings of the IEEE,2009,97(5)：894—914.

[2] Matthias G,Tse D N C. Mobility increases the capacity of Ad-Hoc wireless networks. IEEE/ACM Transactions on Networking,2002,10(4)：477—486.

[3] Zorzi M,Rao R R. Geographic random forwarding(GeRaF)for ad hoc and sensor networks：Multihop performance. IEEE Transactions on Mobile Computing,2003,2(4)：337—348.

[4] Biswas S,Morris R. Opportunistic routing in multi-hop wireless networks. ACM SIGCOMM Computer Communications Review,2004,34(1)：69—74.

[5] Chiarotto D,Simeone O,Zorzi M. Throughput and energy efficiency of opportunistic routing with type-I HARQ in linear multihop networks. 2010 IEEE Global Telecommunications Conference,2010：1—6.

[6] Sikora M,Laneman J N,Haenggi M,et al. Bandwidth-and power-efficient routing in linear wireless networks. IEEE Transactions on Information Theory,2006,52(6)：2624—2633.

[7] Oyman O,Sandhu S. A Shannon theoretic perspective on fading multihop networks. 2006 40th Annual Information Sciences and Systems,2006：525—530.

[8] Bader A,Ekici E. Performance optimization of interference limited multihop networks. IEEE/ACM Transactions on Networking,2008,16(5)：1147—1160.

[9] Chiarotto D,Simeone O. Spectrum leasing via cooperative opportunistic routing tech-

niques. IEEE Transactions on Wireless Communications,2011,10(9):2960—2970.

[10] Xie M,Zhang W,Wong K K. A geometric approach to improve spectrum efficiency for cognitive relay networks. IEEE Transactions on Wireless Communications, 2010, 9 (1): 268—281.

[11] Cesana M,Cuomo F,Ekici E. Routing in cognitive radio networks: challenges and solutions. Ad Hoc Network,2010,9(3):228—248.

[12] Abbagnale A,Cuomo F. Gymkhana:A connectivity-based routing scheme for cognitive radio ad hoc networks. INFOCOM IEEE Conference on Computer Communications Workshops, 2010:1—5.

[13] Ding L,Melodia T,Batalama S N,et al. Crosslayer routing and dynamic spectrum allocation in cognitive radio Ad Hoc networks. IEEE Transactions on Vehicular Technology,2010,59 (4):1969—1979.

[14] Duy T T,Kong H Y. Cooperative multi-relay scheme for secondary spectrum access. KSII Transactions on Internet and Information Systems,2010,4(3):273—288.

[15] Simeone O,Stanojev I,Savazzi S,et al. Spectrum leasing to cooperating secondary Ad Hoc networks. IEEE Journal on Selected Areas Communications,2008,26(1):203—213.

[16] Cover T M,Thomas J A. Elements of Information Theory. 2nd ed. New York:John Wiley & Sons,2006.

[17] Naghshvar M,Javidi T. Opportunistic routing with congestion diversity and tunable overhead. 2010 4th International Symposium on Communications,Control and Signal Processing, 2010:1—6.

[18] Caire G,Tuninetti D. The throughput of hybrid-ARQ protocols for the Gaussian collision channel. IEEE Transactions on Information Theory,2001,47(5):1971—1988.

[19] Mathar R,Mattfeldt J. On the distribution of cumulated interference power in Rayleigh fading channels. Wireless Network,1995,1(1):31—36.

[20] Haenggi M. On routing in random Rayleigh fading networks. IEEE Transactions on Wireless Communications,2005,4(4):1553—1562.

第 6 章　基于 TPSR 机制的认知 overlay 频谱共享模式传输策略

6.1　引　　言

认知无线电 overlay 频谱共享模式的本质是二级用户与主用户之间的协作通信。本章研究的基于 TPSR 机制的认知 overlay 频谱共享模式中,既需要主用户与二级用户之间的协作,也需要不同二级用户之间的协作。对比传统的认知overlay频谱共享模式传输策略,基于 TPSR 机制的认知 overlay 频谱共享模式具有以下优势:①不会降低主用户系统的频谱效率;②能支持主用户数据和二级用户数据的并行传输;③由于二级用户的接入并不影响主用户的通信方式,因此主用户可以连续发送信号而不需要改变其通信方式。然而,由 TPSR 传输机制的原理可知,该传输机制下存在用户间干扰,这种干扰会影响系统性能,因此基于 TPSR 机制的认知overlay频谱共享模式系统中存在二级用户间干扰。又由于认知系统中需要实现二级数据传输,这时会加深这种用户间的干扰。为了有效降低这种用户间干扰,本章提出了一种基于 TPSR 机制和多用户选择的认知 overlay 频谱共享模式传输策略。下面将根据认知 overlay 频谱共享模式中的 TPSR 传输策略的设计原理来开展研究工作。

无线通信中,协作传输策略的设计与分析是近年来研究的热点,特别是在两跳信道中,中继节点辅助信源与终端之间信息的传输。在传统的中继通信系统模型中,当通信源和终端间的直接链路通信无法建立时,必须依赖中继节点来实现数据传输。其中,中继节点一般采用译码转发或放大转发(DF/AF)。在文献[1]中,信源和终端都配置了 M 根天线,系统中存在 K 个半双工中继,中继上配置的天线数大于等于 1,作者推导出了当中继个数 K 趋于无穷时高信噪比下的容量公式:

$$C = \frac{M}{2}\log(\text{SNR}) + O(1) \tag{6-1}$$

由其中的 1/2 因子可以看出这种半双工中继传输会降低频谱效率,而且在高信噪比通信中表现尤为明显。

为了提高这种频谱效率,文献[2]研究了全双工中继,即中继能同时同频地发射和接收信号,但大的发射和接收信号功率差异会使接收链中的模拟放大器进入饱和状态,从而导致自干扰对消问题,因此,全双工中继技术在实际通信系统中较难应用。文献[3]提出了一种在中继时隙上的空间复用方法,能实现由 $K/(K+1)$ 代替 1/2 因子的单链通信容量,其中 K 表示用户数。与文献[3]类似,文献[4]提出蜂窝网络中用于中继传输的信道复用法,该中继信道选择策略能使同信道干扰低于某个门限,从而能大幅度提高系统容量。文献[5]又提出另一种空间复用传输协议,即 TPSR 传输协议,该协议使用两个半双工中继更替将源信号转发给终端。文献[5]~文献[7]研究了放大转发模式和译码转发模式。下面通过讨论译码转发模式来说明 TPSR 传输协议的基本原理。

　　假设通信系统由一个信源 S、一个终端 D 和两个半双工中继(R_1、R_2)组成,信源 S 与中继 R_1、R_2 共享同一信道。基于文献[6]和文献[7]的研究,因为存在信道衰落和阴影效应,信源至终端直接链路上的信号十分弱,故可忽略直接链路上传送的信号。TPSR 传输协议的系统模型如图 6-1 所示,其中 d_{ij} 表示通信链路 $i \rightarrow j$ 上的距离。

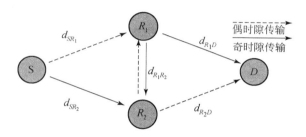

图 6-1　无线网中 TPSR 传输策略的系统模型(忽略了直接链路)

　　将信源 S 到终端 D 的一个数据传输帧分为 $L+1$ 时隙,在前 L 个时隙里,S 发射独立的调制信号 $s(l)$, $l=1,2,\cdots,L$,在时隙 2~$L+1$ 上,R_1 或者 R_2 将这些信号转发给 D。假设 L 为偶数,同时假设所有信道状态在每帧内保持不变,而在不同帧之间独立变化。各节点在同一帧内不同时隙上的工作过程如下。

　　时隙 1:S 发射信号 $s(1)$;R_1 接收并译码获取信号 $s(1)$;R_2 和 D 保持待机工作。

　　时隙 2:S 发射信号 $s(2)$;R_1 将重新编号过的信号 $s(1)$ 转发给 D;R_2 接收并消除来自 R_1 的信号 $s(1)$ 以译码获取信号 $s(2)$;D 接收来自 R_1 的信号 $s(1)$ 。

　　时隙 3:S 发射信号 $s(3)$;R_2 将重新编号过的信号 $s(2)$ 转发给 D;R_1 接收并消除来自 R_2 的信号 $s(2)$ 以译码获取信号 $s(3)$;D 接收来自 R_2 的信号 $s(2)$ 。

　　重复时隙 2 和时隙 3 上的过程直到时隙 L 。

　　时隙 $L+1$:R_2 将重新编号过的信号 $s(L)$ 转发给 D;D 接收来自 R_2 的信号 $s(L)$;S 和 R_2 保持待机工作。

　　由图 6-1 可知,基于 TPSR 传输机制的方案中存在中继间干扰(inter-relay interference,IRI)。若在系统的直接链路上有较强的信号,终端能利用编码技术来获得延迟分集。但是 IRI 会降低 TPSR 传输协议的性能,因此如何消除 IRI 成为现有研究的热点。文献[8]在 S 端使用了脏纸编码技术预消除每个中继上可预见的 IRI。复杂的网络编码技术能实现中继之间的干扰消除,又能提高传输速率。若直接链路上的信号较强,可使用接收技术获取延迟分集。由此可见,相比传统的中继协议,基于 TPSR 的传输协议能显著提升系统性能,对基于 TPSR 的传输协议的研究具有重大意义。

6.2　传统的基于 TPSR 机制的传输策略

在认知无线电通信系统中,传统的 overlay 频谱共享模型或者是基于阶段式的传输机制,或者是基于反馈重传系统,或者是基于主用户多跳传输系统,这些研究中,主用户系统都不能实现连续通信,从而导致频谱效率较低。基于阶段式机制的主用户系统通信模式与不存在二级用户的主用户系统通信模式有较大差别,因此可能导致二级系统较低的频谱接入机会,而基于 TPSR 机制的认知 overlay 频谱共享模型中的主用户系统通信模式与传统通信模式相同。文献[6]和文献[9]中研究了能实现协作分集和高频谱效率的通信协议,而文献[10]和文献[11]中利用空时编码技术实现了全分集和全速率。然而基于 TPSR 机制的通信系统存在中继间的干扰,会给通信带来一定的性能损失,这些损失需要采用一些干扰消除技术来得到补偿。文献[12]提出的全干扰消除算法完全消除了中继间的干扰。对比传统的认知 overlay 频谱共享模型传输策略,基于 TPSR 机制的认知 overlay 频谱共享模型具有以下优势:①不会降低主用户系统的频谱效率;②能支持主用户数据和二级用户数据的并行传输;③二级用户的接入并不影响主用户的通信方式,因此主用户可以连续发送信号而不需要改变其通信方式。因此,对基于 TPSR 机制的认知 overlay 频谱共享模型的研究具有重要意义。

6.2.1　主要工作原理

由文献[13]中的研究可知,基于 TPSR 机制的认知 overlay 频谱共享模型传输策略的原理可概述如下。基于 TPSR 机制的认知 overlay 频谱共享模型传输策略的系统模型如图 6-2 所示,一个主用户对(PT-PR)和两个二级用户对(ST_0-SR_0、ST_1-SR_1)共享频谱资源。假设系统中所有节点的位置固定,且任意二级用户对之间的距离远小于主用户节点与二级用户节点之间的距离。主用户信源连续发送数据,两个二级发射节点交替中继转发主用户数据,同时二级用户发射节点利用叠加编码实现二级用户数据的传输。对于某一确定时隙 k ,可令 $x_P(k)$ 、$x_0(k)$ 和 $x_1(k)$ 分别表示用户 PT 、ST_0 和 ST_1 端发射的单位功率信号,此时系统通信过程可描述如下。

时隙 1：PT 发送信号 $x_P(1)$；ST_0、SR_0 和 SR_1 接收并检测获取信号 $x_P(1)$；ST_1 保持待机工作；PR 接收信号 $x_P(1)$。

时隙 2：PT 发送信号 $x_P(2)$；ST_0 发送叠加组合信号 $x_c(2) = f(x_P(1), x_0(2))$；$SR_0$ 和 SR_1 先将接收到的信号中的 $x_P(1)$ 信号消除，然后又检测和消除信号 $x_0(2)$，最后检测出信号 $x_P(2)$；ST_1 先检测并消除信号 $x_P(1)$，然后检测并消除信号 $x_0(2)$，最后检测出信号 $x_P(2)$；PR 接收信号 $x_P(2)$ 和 $x_c(2)$。

时隙 3：PT 发送信号 $x_P(3)$；ST_1 发送叠加组合信号 $x_c(3) = f(x_P(2), x_1(3))$；$SR_0$ 和 SR_1 先将接收到的信号中的 $x_P(2)$ 信号消除，然后又检测和消除信号 $x_1(3)$，最后检测出信号 $x_P(3)$；ST_0 先检测并消除信号 $x_P(2)$，然后检测并消除信号 $x_1(3)$，最后检测出信号 $x_P(3)$；PR 接收信号 $x_P(3)$ 和 $x_c(3)$。

重复时隙 2 和时隙 3 上的操作直到时隙 L。

时隙 $L+1$：ST_1 发送叠加组合信号 $x_c(L+1) = f(x_P(L), x_1(L+1))$；$SR_1$ 先将接收到的信号中的 $x_P(L)$ 信号消除，并检测信号 $x_1(L+1)$；ST_0 和 SR_0 保持待机工作；PR 接收叠加组合信号 $x_c(L+1)$，并联合译码主用户信号，其中将二级用户的数据当做噪声处理。

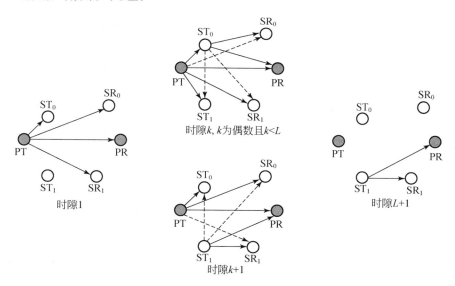

图 6-2　基于 TPSR 机制的认知 overlay 频谱共享模型传输策略的系统模型[13]

由上述通信流程可知，主用户通信系统中总共要使用 $L+1$ 个时隙来传输 L 个主用户信息，那么主用户的频谱效率为 $L/(L+1)$，对于较大的 L，该值接近于 1。其中使用了联合最大似然法译码主用户信息，二级系统在每个时隙上实现了干扰的成功接收和消除来恢复期望信号。

当 ST_i 和 PT 同时传输信号时,其中 k ($k = 2, \cdots, L$)为偶数, $i = 0$; k 为奇数, $i = 1$ 。 ST_i 所发送的叠加信号由前一时隙的主用户信号和当前二级用户信号线性组合而成,即

$$x_c(k) = f(x_P(k-1), x_0(k)) = \sqrt{\beta} x_P(k-1) + \sqrt{1-\beta} x_0(k) \tag{6-2}$$

式中, $\beta \in [0,1]$ 为功率分配因子。当 $\beta = 0$ 时, ST_i 是完全自私的而仅仅发送二级用户信号;当 $\beta = 1$ 时, ST_i 是完全无私的而全功率中继转发主用户信号。可以通过保证主用户的通信服务质量来设定 β 的大小, β 越大,二级用户对主用户的干扰就越小,主用户的通信性能就越好,因此为保证主用户的服务质量,一般设置 $\beta \geqslant 0.5$ 。

假设系统中所有信道都是瑞利快衰落信道,即信道状态在同一数据帧内是不变的,而在不同数据帧之间是独立变化的。令 $h_{u,v}$ 和 $d_{u,v}$ 分别表示发射端 u 到接收端 v 的信道和距离, k 为路径损耗指数。假设通信节点 u 与 v 之间的信道具有对称性,即 $h_{u,v} = h_{v,u}$ 。又假设主用户和二级用户之间能实现很好的同步,接收端已知全部信道状态信息。系统中的每个节点的通信模式是半双工模式,且设置了一根全向天线,那么在时隙 k 上 SR_i 和 SR_j ($i = 0$ 或者 1 , $j = 1-i$)端接收到的信号 $y_{SR_v}(k)$ ($v = i$ 或者 j)可表示为

$$y_{SR_v}(k) = \sqrt{P_P d_{PT,SR_v}^{-\alpha}} h_{PT,SR_v} x_P(k) + \sqrt{P_s d_{ST_i,SR_v}^{-\alpha}} h_{ST_i,SR_v} x_c(k) + n_{SR_v}(k)$$

$$\tag{6-3}$$

式中, P_P 、 P_S 分别表示主用户和二级用户信号发射功率; $n_{SR_v}(k) \sim CN(0, N_0)$ 是均值为零、方差为 N_0 的加性高斯白噪声(additive white Gaussian noise, AWGN)。式(6-3)中的第一部分是接收来自 PT 的信号,第二部分是接收来自 ST_i 的信号。 SR_v 的成功译码实现过程如下:首先,从接收信号中消除前一时隙传输的主用户信号 $x_P(k-1)$;其次,译码并消除当前时隙上的二级用户信号 $x_i(k)$;最后,译码当前时隙上的主用户信号 $x_P(k)$ 。又由于二级发射端 ST_j 的接收信号可表示为

$$y_{ST_j}(k) = \sqrt{P_P d_{PT,ST_j}^{-\alpha}} h_{PT,ST_j} x_P(k) + \sqrt{P_s d_{ST_i,ST_j}^{-\alpha}} h_{ST_i,ST_j} x_c(k) + n_{ST_j}(k)$$

$$\tag{6-4}$$

式中, $n_{ST_j}(k) \sim CN(0, N_0)$ 。式(6-4)中的第一部分是接收来自 PT 的信号,第二部分是接收来自 ST_i 的叠加组合信号。由于二级用户节点间的距离较小,信号在链路 $ST_0 \rightarrow ST_1$ 上的衰弱程度远小于链路 $PT \rightarrow ST_j$ 上的衰落程度,因此首先从接收信号中译码并消除叠加组合信号 $x_c(k)$,然后译码当前时隙上的主用户信号 $x_P(k)$ 。在检测信号 $x_c(k)$ 中,若 $\beta \geqslant 0.5$,先检测和消除前一时隙上的主用户信号 $x_P(k-1)$,然后提取二级用户信号 $x_i(k)$ 。

PR 端在 $L+1$ 个时隙内接收到的所有信号可表示为

$$y = Hx_{\mathrm{P}} + w \tag{6-5}$$

式中，$x_{\mathrm{P}} = [x_{\mathrm{P}}(1), x_{\mathrm{P}}(2), \cdots, x_{\mathrm{P}}(L)]^{\mathrm{T}}$ 是 L 个时隙上的主用户信号矢量，上标 T 表示转置操作；H 是大小为 $(L+1) \times L$ 的等效 MIMO 信道：

$$H = \begin{bmatrix} C_{\mathrm{P}} & 0 & \cdots & 0 & 0 & 0 \\ C_0 & C_{\mathrm{P}} & \cdots & 0 & 0 & 0 \\ 0 & C_1 & \cdots & 0 & 0 & 0 \\ \vdots & \cdots & & \cdots & \cdots & \vdots \\ 0 & 0 & \cdots & C_1 & C_{\mathrm{P}} & 0 \\ 0 & 0 & \cdots & 0 & C_0 & C_{\mathrm{P}} \\ 0 & 0 & \cdots & 0 & 0 & C_1 \end{bmatrix} \tag{6-6}$$

式中，$C_{\mathrm{P}} = \sqrt{P_{\mathrm{P}} d_{\mathrm{PT,PR}}^{-\alpha}} h_{\mathrm{PT,PR}}$；$C_0 = \sqrt{\beta P_{\mathrm{S}} d_{\mathrm{ST}_0,\mathrm{PR}}^{-\alpha}} h_{\mathrm{ST}_0,\mathrm{PR}}$；$C_1 = \sqrt{\beta P_{\mathrm{S}} d_{\mathrm{ST}_1,\mathrm{PR}}^{-\alpha}} h_{\mathrm{ST}_1,\mathrm{PR}}$；矢量 w 是加性的干扰和噪声：

$$w = \sqrt{(1-\beta)P_{\mathrm{S}}} \begin{bmatrix} 0 \\ I_0(2) \\ I_1(3) \\ \vdots \\ I_0(L) \\ I_1(L+1) \end{bmatrix} + \begin{bmatrix} n_{\mathrm{PR}}(1) \\ n_{\mathrm{PR}}(2) \\ n_{\mathrm{PR}}(3) \\ \vdots \\ n_{\mathrm{PR}}(L) \\ n_{\mathrm{PR}}(L+1) \end{bmatrix} \tag{6-7}$$

式中，$I_0(k) = \sqrt{d_{\mathrm{ST}_0,\mathrm{PR}}^{-\alpha}} h_{\mathrm{ST}_0,\mathrm{PR}} x_0(k)$；$I_1(k) = \sqrt{d_{\mathrm{ST}_1,\mathrm{PR}}^{-\alpha}} h_{\mathrm{ST}_1,\mathrm{PR}} x_1(k)$。

6.2.2　TPSR 机制的实现条件

令 E_{c} 表示二级发射 ST_0 和 ST_1 都能正确检测获取主用户信号的事件。只有事件 E_{c} 发生，二级用户和主用户才能实现协作，这也是基于 TPSR 机制的频谱共享传输方案实现的前提，否则只存在主用户直接链路上信号的传输，则主用户系统的和二级用户系统的中断概率可分别表示为

$$P_{\mathrm{out}}^{\mathrm{P}} = \mathrm{Pr}\{E_{\mathrm{c}}\} P_{\mathrm{out}}^{\mathrm{Pc}} + (1 - \mathrm{Pr}\{E_{\mathrm{c}}\}) P_{\mathrm{out}}^{\mathrm{Pd}} \tag{6-8}$$

$$P_{\mathrm{out}}^{\mathrm{S}} = \mathrm{Pr}\{E_{\mathrm{c}}\} P_{\mathrm{out}}^{\mathrm{Sc}} + (1 - \mathrm{Pr}\{E_{\mathrm{c}}\}) P_{\mathrm{out}}^{\mathrm{Sd}} \tag{6-9}$$

式中，$P_{\mathrm{out}}^{\mathrm{Pc}}$ 和 $P_{\mathrm{out}}^{\mathrm{Sc}}$ 分别表示主系统和二级系统的中断概率；$P_{\mathrm{out}}^{\mathrm{Pd}}$ 和 $P_{\mathrm{out}}^{\mathrm{Sd}}$ 分别表示事件 E_{c} 不发生时主系统和二级系统的中断概率，此时 $P_{\mathrm{out}}^{\mathrm{Sc}} = 1$。

由 6.2.1 节所描述的通信过程可知，ST_j 端在检测出当前时隙上的主用户信号之前要先译码并消除由 ST_i 传送过来的前一时隙上的主用户信号。要成功获取前一时隙上的主用户信号，ST_j 端的可达速率 $R_{\mathrm{ST}_j}^1$ 必须大于主用户传输速率 R_{P}，而由式(6-4)有

$$R_{ST_j}^1 = \log_2\left(1 + \frac{\beta P_s d_{ST_i,ST_j}^{-\alpha} \mid h_{ST_i,ST_j} \mid^2}{P_P d_{PT,ST_j}^{-\alpha} \mid h_{PT,ST_j} \mid^2 + (1-\beta)P_s d_{ST_i,ST_j}^{-\alpha} \mid h_{ST_i,ST_j} \mid^2 + N_0}\right)$$

$$(6\text{-}10)$$

式中,分子表示所接收到前一时隙上主用户信号的功率;分母表示接收到的干扰和噪声功率。当 ST_j 成功获取前一时隙的主用户信号后,要成功得到当前时隙的二级用户信号,$R_{ST_j}^2$ 必须大于二级用户的传输速率 R_s,其中

$$R_{ST_j}^2 = \log_2\left(1 + \frac{(1-\beta)P_s d_{ST_i,ST_j}^{-\alpha} \mid h_{ST_i,ST_j} \mid^2}{P_P d_{PT,ST_j}^{-\alpha} \mid h_{PT,ST_j} \mid^2 + N_0}\right) \tag{6-11}$$

若当前时隙上传输的二级用户信号也被成功获取,只有 $R_{ST_j}^3$ 大于 R_P 时,当前时隙的主用户信号才能被成功获得,其中

$$R_{ST_j}^3 = \log_2(1 + P_P d_{PT,ST_j}^{-\alpha} \mid h_{PT,ST_j} \mid^2 / N_0) \tag{6-12}$$

由上述分析可知,基于 TPSR 机制的认知 overlay 频谱共享模式中二级用户与主用户之间机会协作的实现概率可表示为

$$\Pr\{E_c\} = \Pr\{R_{ST_0}^1 \geqslant R_P, R_{ST_0}^2 \geqslant R_S, R_{ST_0}^3 \geqslant R_P, R_{ST_1}^1 \geqslant R_P, R_{ST_1}^2 \geqslant R_S, R_{ST_1}^3 \geqslant R_P\}$$

$$(6\text{-}13)$$

式中,前三项和后三项分别对应二级发射端 ST_0 和 ST_1 上的实现速率需满足的限制条件。令 $\mu_P = 2^{R_P} - 1$,$\mu_S = 2^{R_S} - 1$,根据式(6-10)~式(6-12)有

$$R_{ST_j}^1 \geqslant R_P \Rightarrow P_P d_{PT,ST_j}^{-\alpha} \mid h_{PT,ST_j} \mid^2 \leqslant (\beta/\mu_P + \beta - 1)P_s d_{ST_i,ST_j}^{-\alpha} \mid h_{ST_i,ST_j} \mid^2 - N_0$$

$$(6\text{-}14)$$

$$R_{ST_j}^2 \geqslant R_S \Rightarrow P_P d_{PT,ST_j}^{-\alpha} \mid h_{PT,ST_j} \mid^2 \leqslant ((1-\beta)/\mu_S)P_s d_{ST_i,ST_j}^{-\alpha} \mid h_{ST_i,ST_j} \mid^2 - N_0$$

$$(6\text{-}15)$$

$$R_{ST_j}^3 \geqslant R_P \Rightarrow \mu_P N_0 \leqslant P_P d_{PT,ST_j}^{-\alpha} \mid h_{PT,ST_j} \mid^2 \tag{6-16}$$

若 $\beta/\mu_P + \beta - 1 \leqslant (1-\beta)/\mu_S$,则

$$\mu_P N_0 \leqslant (\beta/\mu_P + \beta - 1)P_s d_{ST_i,ST_j}^{-\alpha} \mid h_{ST_i,ST_j} \mid^2 - N_0$$
$$\Rightarrow (\mu_P + 1)N_0/(\beta/\mu_P + \beta - 1) \leqslant P_s d_{ST_i,ST_j}^{-\alpha} \mid h_{ST_i,ST_j} \mid^2 \tag{6-17}$$

若 $(1-\beta)/\mu_S \leqslant \beta/\mu_P + \beta - 1$,则

$$\mu_P N_0 \leqslant ((1-\beta)/\mu_S)P_s d_{ST_i,ST_j}^{-\alpha} \mid h_{ST_i,ST_j} \mid^2 - N_0 \Rightarrow \frac{(\mu_P + 1)N_0}{(1-\beta)/\mu_S} \leqslant P_s d_{ST_i,ST_j}^{-\alpha} \mid h_{ST_i,ST_j} \mid^2$$

$$(6\text{-}18)$$

令 $\rho_0 = \min\{\beta/\mu_P + \beta - 1, (1-\beta)/\mu_S\}$,可推出:

$$\Pr\{E_c\} = \Pr\{\mu_P N_0 \leqslant P_P d_{PT,ST_0}^{-\alpha} \mid h_{PT,ST_0} \mid^2 \leqslant \rho_0 P_s d_{ST_1,ST_0}^{-\alpha} \mid h_{ST_1,ST_0} \mid^2 - N_0,$$
$$\mu_P N_0 \leqslant P_P d_{PT,ST_1}^{-\alpha} \mid h_{PT,ST_1} \mid^2 \leqslant \rho_0 P_s d_{ST_0,ST_1}^{-\alpha} \mid h_{ST_0,ST_1} \mid^2 - N_0,$$
$$(\mu_P + 1)N_0/\rho_0 \leqslant P_s d_{ST_i,ST_j}^{-\alpha} \mid h_{ST_i,ST_j} \mid^2\} \tag{6-19}$$

根据指数分布的随机变量,可求解得到式(6-19)的闭式解为

$$\Pr\{E_c\} = \exp\left(-\frac{\mu_P P_P}{P_S}\left(\frac{1}{d_{PT,ST_0}^{-\alpha}} + \frac{1}{d_{PT,ST_1}^{-\alpha}}\right) - \frac{f(\beta)}{d_{ST_0,ST_1}^{-\alpha}}\right)\left(1 - \frac{1}{1 + g(\beta)d_{ST_0,ST_1}^{-\alpha}/d_{PT,ST_0}^{-\alpha}}\right.$$

$$\left. - \frac{1}{1 + g(\beta)d_{ST_0,ST_1}^{-\alpha}/d_{PT,ST_1}^{-\alpha}} + \frac{1}{1 + g(\beta)d_{ST_0,ST_1}^{-\alpha}(1/d_{PT,ST_0}^{-\alpha} + 1/d_{PT,ST_1}^{-\alpha})}\right)$$

$$(6-20)$$

式中,$g(\beta) = (\mu_P + 1)/(P_P f(\beta)/N_0)$,

$$f(\beta) = \begin{cases} \mu_P(\mu_P + 1)N_0/(P_S(\beta - \mu_P + \beta\mu_P)), & \beta \in D_1 \\ \mu_S(\mu_P + 1)N_0/(P_S(1 - \beta)), & \beta \in D_2 \end{cases} \quad (6-21)$$

式中的两个区间分别为

$$D_1 = [\max\{0.5, \mu_P/(1 + \mu_P)\}, \max\{0.5, \mu_P(1 + \mu_S)/(\mu_P\mu_S + \mu_P + \mu_S)\}]$$

$$D_2 = (\max\{0.5, \mu_P(1 + \mu_S)/(\mu_P\mu_S + \mu_P + \mu_S)\}, 1)$$

$$(6-22)$$

当主用户信息源到所有二级发射端的距离相等时,即 $d_{PT,ST} = d_{PT,ST_i}$,式(6-20)可简化为

$$\Pr\{E_c\} = \frac{2d_{ST_0,ST_1}^{-2\alpha}\exp(-2\mu_P N_0/(P_P d_{PT,ST}^{-\alpha}) - f(\beta)/d_{ST_0,ST_1}^{-\alpha})}{(d_{PT,ST}^{-\alpha}/g(\beta) + d_{ST_0,ST_1}^{-\alpha})(d_{PT,ST}^{-\alpha}/g(\beta) + 2d_{ST_0,ST_1}^{-\alpha})} \quad (6-23)$$

将式(6-21)中的分子分母同时除以 P_P,由式(6-23)可知:① $\Pr\{E_c\}$ 随着 P_S/P_P 的增大而增大,这说明功率比的增大能提高主用户和二级用户协作的机会;②由于 μ_P 和 μ_S 的增加导致二级发射译码主用户和二级用户信息的难度也增大,从而 $\Pr\{E_c\}$ 也随之变小;③当两二级发射之间的距离越短时,$d_{ST_0,ST_1}^{-\alpha}$ 越小,由式(6-10)和式(6-11)所求得的可达速率越大,成功译码主用户和二级用户信号的概率也越大,从而 $\Pr\{E_c\}$ 变大;④当 $P_P/N_0 \to \infty$ 时,$R_{ST_j}^1$ 和 $R_{ST_j}^2$ 的取值与 P_P/N_0 无关,而 $R_{ST_j}^3 \to \infty$,那么 $\Pr\{E_c\}$ 变成只与 P_S/P_P 和 β 相关的常数。

6.2.3　主用户系统性能

若没有二级用户协作中继传输主用户信号时,主用户直接链路上传输的可达速率为 $R_{Pd} = \log_2(1 + P_P d_{PT,PR}^{-\alpha}|h_{PT,PR}|^2/N_0)$,此时主用户的中断概率为

$$P_{out}^{Pd} = \Pr\{R_{Pd} < R_P\} = 1 - \exp[-\mu_P N_0/(P_P d_{PT,PR}^{-\alpha})] \quad (6-24)$$

由式(6-5)有,基于 TPSR 机制的频谱共享传输方案,主用户的可达速率表示为

$$R_{Pc} = \frac{1}{L+1}\log_2(\det(I_L + H^H(C^{-1/2})^H C^{-1/2}H)) = \frac{1}{L+1}\log_2(\det(I_{L+1} + \widetilde{H}\widetilde{H}^H)) \quad (6-25)$$

式中,$\lambda_0 = (1-\beta)P_S d_{ST_0,PR}^{-\alpha}|h_{ST_0,PR}|^2 + N_0$;$\lambda_1 = (1-\beta)P_S d_{ST_1,PR}^{-\alpha}|h_{ST_1,PR}|^2 + N_0$;

H 表示共轭转置；$C = E[ww^H] = \text{diag}\{N_0, \lambda_0, \lambda_1, \cdots, \lambda_0, \lambda_1\}$；$\widetilde{H} = C^{-1/2}H$ 是归一化矩阵：

$$
\widetilde{H} = \begin{bmatrix}
C_P/\sqrt{N_0} & 0 & \cdots & 0 & 0 & 0 \\
C_0/\sqrt{\lambda_0} & C_P/\sqrt{\lambda_0} & \cdots & 0 & 0 & 0 \\
0 & C_1/\sqrt{\lambda_1} & \cdots & 0 & 0 & 0 \\
\vdots & \vdots & & \vdots & \vdots & \vdots \\
0 & 0 & \cdots & C_1/\sqrt{\lambda_1} & C_P/\sqrt{\lambda_1} & 0 \\
0 & 0 & \cdots & 0 & C_0/\sqrt{\lambda_0} & C_P/\sqrt{\lambda_0} \\
0 & 0 & \cdots & 0 & 0 & C_1/\sqrt{\lambda_1}
\end{bmatrix} \tag{6-26}
$$

在式(6-25)中，$I_{L+1} + \widetilde{H}\widetilde{H}^H$ 是三对角矩阵，此矩阵的行列式一般很难求出。下面将推导一个近似的主用户可达速率值 $\widetilde{R}_{Pc}$。将式(6-26)中的归一化等效 MIMO 信道矩阵 $\widetilde{H}$ 人为地划分为不同的矩阵块，每一块对应的是 2 根发射天线和 3 根接收天线，且不同的块之间没有干扰，这种划分类似于将 MIMO 系统划分为多个并行单输入多输出(single input multiple output, SIMO)系统[14,15]，其中每列信号是无干扰传输，那么 $\widetilde{H}$ 存在两种不同的矩阵块，即

$$
\widetilde{H}_0 = \begin{bmatrix}
C_P/\sqrt{N_0} & 0 \\
C_0/\sqrt{\lambda_0} & C_P/\sqrt{\lambda_0} \\
0 & C_1/\sqrt{\lambda_1}
\end{bmatrix}, \quad
\widetilde{H}_1 = \begin{bmatrix}
C_P/\sqrt{\lambda_1} & 0 \\
C_0/\sqrt{\lambda_0} & C_P/\sqrt{\lambda_0} \\
0 & C_1/\sqrt{\lambda_1}
\end{bmatrix} \tag{6-27}
$$

于是可求解三对角矩阵行列式的上界：

$$
\det(I_{L+1} + \widetilde{H}\widetilde{H}^H) \leqslant (\det(I + \widetilde{H}_0\widetilde{H}_0^H))(\det(I + \widetilde{H}_1\widetilde{H}_1^H))^{\frac{L-2}{2}} \tag{6-28}
$$

由于只有第一个矩阵块元素 $\widetilde{H}_0$ 与其他矩阵块元素 $\widetilde{H}_1$ 不同，可如下近似替换：

$$
\det(I_{L+1} + \widetilde{H}\widetilde{H}^H) \approx (\det(I + \widetilde{H}_1\widetilde{H}_1^H))^{L/2} \tag{6-29}
$$

式中

$$
I + \widetilde{H}_1\widetilde{H}_1^H = \begin{bmatrix}
1 + |C_P|^2/\lambda_1 & C_0^*C_P/\sqrt{\lambda_0\lambda_1} & 0 \\
C_0^*C_P/\sqrt{\lambda_0\lambda_1} & 1 + |C_0|^2/\lambda_0 + |C_P|^2/\lambda_0 & C_1^*C_P/\sqrt{\lambda_0\lambda_1} \\
0 & C_1^*C_P/\sqrt{\lambda_0\lambda_1} & 1 + |C_1|^2/\lambda_1
\end{bmatrix}
$$

$$
\tag{6-30}
$$

将式(6-29)代入式(6-25)可推出近似的可达速率为

$$R_{\text{Pc}} = \frac{L/2}{L+1} \log_2 \Bigg(\Bigg(\frac{P_P d_{\text{PT,PR}}^{-\alpha} \, | h_{\text{PT,PR}} |^2}{(1-\beta) P_S d_{\text{ST}_1,\text{PR}}^{-\alpha} \, | h_{\text{ST}_1,\text{PR}} |^2 + N_0} + \frac{P_S d_{\text{ST}_0,\text{PR}}^{-\alpha} \, | h_{\text{ST}_0,\text{PR}} |^2 + N_0}{(1-\beta) P_S d_{\text{ST}_0,\text{PR}}^{-\alpha} \, | h_{\text{ST}_0,\text{PR}} |^2 + N_0} \Bigg)$$

$$\times \frac{P_S d_{\text{ST}_1,\text{PR}}^{-\alpha} \, | h_{\text{ST}_1,\text{PR}} |^2 + N_0}{(1-\beta) P_S d_{\text{ST}_1,\text{PR}}^{-\alpha} \, | h_{\text{ST}_1,\text{PR}} |^2 + N_0} + \frac{P_P d_{\text{PT,PR}}^{-\alpha} \, | h_{\text{PT,PR}} |^2}{(1-\beta) P_S d_{\text{ST}_0,\text{PR}}^{-\alpha} \, | h_{\text{ST}_0,\text{PR}} |^2 + N_0}$$

$$\times \Bigg(1 + \frac{P_P d_{\text{PT,PR}}^{-\alpha} \, | h_{\text{PT,PR}} |^2}{(1-\beta) P_S d_{\text{ST}_1,\text{PR}}^{-\alpha} \, | h_{\text{ST}_1,\text{PR}} |^2 + N_0} \Bigg) \Bigg)$$

$$(6\text{-}31)$$

那么主用户的近似中断概率可推导如下：

$$P_{\text{out}}^{\text{Pc}} \approx \widetilde{P}_{\text{out}}^{\text{Pc}} = \Pr\{ \widetilde{R}_{\text{Pc}} < R_P \}$$

$$= \Pr\{ d_{\text{PT,PR}}^{-2\alpha} \, | h_{\text{PT,PR}} |^4 + N_0 (\omega_1 \theta_0 / \theta_1 + \theta_1) / (P_P d_{\text{PT,PR}}^{-\alpha} \, | h_{\text{PT,PR}} |^2)$$

$$< (\widetilde{\mu} \omega_1 \theta_1 - \omega_0 \theta_0) N_0^2 / P_P^2 \}$$

$$(6\text{-}32)$$

式中，$\widetilde{\mu} = 4^{(L+1)R_P/L}$，其他参数分别为

$$\omega_0 = 1 + P_S d_{\text{ST}_0,\text{PR}}^{-\alpha} \, | h_{\text{ST}_0,\text{PR}} |^2 / N_0, \quad \omega_1 = 1 + (1-\beta) P_S d_{\text{ST}_0,\text{PR}}^{-\alpha} \, | h_{\text{ST}_0,\text{PR}} |^2 / N_0$$

$$\theta_0 = 1 + P_S d_{\text{ST}_1,\text{PR}}^{-\alpha} \, | h_{\text{ST}_1,\text{PR}} |^2 / N_0, \quad \theta_1 = 1 + (1-\beta) P_S d_{\text{ST}_1,\text{PR}}^{-\alpha} \, | h_{\text{ST}_1,\text{PR}} |^2 / N_0$$

$$(6\text{-}33)$$

对于服从指数分布的随机变量 $| h_{\text{PT,PR}} |^2$，式(6-32)中的中断概率可进一步推导：

$$\widetilde{P}_{\text{out}}^{\text{Pc}} = E\big[1 - \exp(N_0 (\omega_1 \theta_0 / \theta_1 + \theta_1) / (2 d_{\text{PT,PR}}^{-\alpha} P_P)$$

$$- \sqrt{(\widetilde{\mu} \omega_1 \theta_1 - \omega_0 \theta_0) N_0^2 / P_P^2 + N_0^2 (\omega_1 \theta_0 / \theta_1 + \theta_1)^2 / (2 P_P)^2} / d_{\text{PT,PR}}^{-\alpha} \big) \big]$$

$$(6\text{-}34)$$

式(6-34)是对随机变量 $| h_{\text{ST}_0,\text{PR}} |^2$ 和 $| h_{\text{ST}_1,\text{PR}} |^2$ 求期望值，至此便可求出基于 TPSR 机制的频谱共享传输策略中主用户系统的近似中断概率。

6.2.4　二级系统性能

针对某一确定时隙 $k, 2 \leqslant k \leqslant L-1$，PT 端的主用户信号和 ST_i（$i = 0$ 或者 1，$j = 1-i$）端的叠加组合信号同时发送。在消除前一时隙的主用户信号后，SR_i 需要检测其期望信号，该过程中将当前时隙上的主用户信号当做噪声处理，此时可达速率表示为

$$R_{\text{SR}_i}^1 = \log_2 (1 + ((1-\beta) P_S d_{\text{ST}_i,\text{SR}_i}^{-\alpha} \, | h_{\text{ST}_i,\text{SR}_i} |^2) / (P_P d_{\text{PT,SR}_i}^{-\alpha} \, | h_{\text{PT,SR}_i} |^2 + N_0))$$

$$(6\text{-}35)$$

那么在时隙 $k+1$ 上，PT 端和 ST_i 端同时发送信息。在消除前一时隙的主用户信号后，为了获得当前时隙的主用户信号，SR_i 端需要先检测出由 ST_j 发送来的二级用户信号并将其消除，所获得的主用户信号可用于下一时隙上的干扰消除。此过

程中 SR_i 端有两个可达速率 $R_{SR_i}^2$ 、$R_{SR_i}^3$：

$$R_{SR_i}^2 = \log_2(1 + ((1-\beta)P_S d_{ST_j,SR_i}^{-\alpha} \mid h_{ST_j,SR_i} \mid^2)/(P_P d_{PT,SR_i}^{-\alpha} \mid h_{PT,SR_i} \mid^2 + N_0))$$

$$(6\text{-}36)$$

$$R_{SR_i}^3 = \log_2(1 + P_P d_{PT,SR_i}^{-\alpha} \mid h_{PT,SR_i} \mid^2/N_0) \qquad (6\text{-}37)$$

因此，二级用户对 (ST_i, SR_i) 的中断概率为

$$P_{out}^{S_i} = 1 - \Pr\{R_{SR_i}^1 \geqslant R_S, R_{SR_i}^2 \geqslant R_S, R_{SR_i}^3 \geqslant R_P\} \qquad (6\text{-}38)$$

将式(6-35)～式(6-37)代入式(6-38)，求解过程类似于 $\Pr\{E_c\}$，可得

$$P_{out}^{S_i} = 1 - P_S(1-\beta)/(P_S(1-\beta) + \mu_S P_P d_{PT,SR_i}^{-\alpha}(1/d_{ST_i,SR_i}^{-\alpha} + 1/d_{ST_j,SR_i}^{-\alpha}))$$

$$\times \exp\left(-\frac{\mu_S(1+\mu_P)N_0}{(1-\beta)P_S}\left(\frac{1}{d_{ST_i,SR_i}^{-\alpha}} + \frac{1}{d_{ST_j,SR_i}^{-\alpha}}\right) - \frac{\mu_P N_0}{P_P d_{PT,SR_i}^{-\alpha}}\right) \qquad (6\text{-}39)$$

在主用户系统的一个数据传输帧中（每帧包含 $L+1$ 个时隙且假设 L 为偶数），$L/2$ 个时隙用于实现链路 $ST_0 \rightarrow PR$ 上的信息传输，另外，$L/2$ 个时隙用于实现链路 $ST_1 \rightarrow PR$ 上的信息传输，那么基于 TPSR 机制的频谱共享传输方案下的二级系统平均中断概率为

$$P_{out}^S = (P_{out}^{S_0} + P_{out}^{S_1})/2 \qquad (6\text{-}40)$$

6.2.5　系统参数优化设计

由上述基于 TPSR 机制的频谱共享传输策略的原理可知，二级发射不仅要发送二级用户信息也要协助转发主用户信息。若二级发射端使用较大的功率来转发主用户信号，这时会实现较好的主用户系统性能，但会使二级用户数据的传输速率降低；若二级发射端使用较大的功率来传输二级用户数据，此时虽然提高了二级数据的传输速率，但二级用户数据的传输带给主用户系统的干扰可能无法被中继分集增益所抵消，而使得主用户系统性能下降。因此，设计出合理的功率分配因子对主系统和二级系统具有重要的意义。

根据上述式(6-8)、式(6-9)、式(6-24)和式(6-40)中所求出的概率，来设计求解功率分配因子的优化问题，其中优化目标为使二级用户系统的中断概率最小，即 P_{out}^S 达到最小，约束条件为主用户系统的中断概率小于等于无二级用户存在时的主用户中断概率，即 $P_{out}^{Pc} \leqslant P_{out}^{Pd}$，优化问题可表达为

$$\max_{\beta \in [0.5,1]} \Pr(E_c)((1-P_{out}^{S_0}) + (1-P_{out}^{S_1}))/2 \qquad (6\text{-}41)$$

$$\text{s. t. } P_{out}^{Pc} \leqslant P_{out}^{Pd}$$

为便于数学处理，可假设任意二级节点间的距离是相等的，且任意主用户节点到二级用户节点间的距离也相等，那么二级数据成功传输的概率可表示为

$$P_{\mathrm{suc}}^{\mathrm{S}} = 1 - P_{\mathrm{out}}^{\mathrm{S_0}} = 1 - P_{\mathrm{out}}^{\mathrm{S}} = \exp\left(-\frac{\mu_{\mathrm{P}} N_0}{P_{\mathrm{P}} \Phi} - \frac{2\mu_{\mathrm{S}} N_0 (1 + \mu_{\mathrm{P}})}{P_{\mathrm{S}}(1 - \beta)\Psi}\right) \frac{P_{\mathrm{S}}(1 - \beta)\Psi}{P_{\mathrm{S}}(1 - \beta)\Psi + 2\mu_{\mathrm{S}} P_{\mathrm{P}} \Phi}$$

$$(6\text{-}42)$$

式中, $\Phi = d_{\mathrm{PT, ST}}^{-\alpha} = d_{\mathrm{PT, SR}}^{-\alpha}$; $\Psi = d_{\mathrm{ST_0, ST_1}}^{-\alpha} = d_{\mathrm{ST, SR}}^{-\alpha}$, 式(6-41)可重写为

$$\max_{\beta \in [0.5, 1]} \varphi(\beta) = \Pr\{E_{\mathrm{c}}\} P_{\mathrm{suc}}^{\mathrm{S}}$$

$$\mathrm{s.\ t.\ } P_{\mathrm{out}}^{\mathrm{Pc}} \leqslant P_{\mathrm{out}}^{\mathrm{Pd}}$$

$$(6\text{-}43)$$

若二级发射端使用较大的功率来转发主用户信号,主用户系统将获得较多的协作分集增益,从而 $P_{\mathrm{out}}^{\mathrm{Pc}}$ 将随着 β 在区间 $[0.5, 1]$ 上的变大而单调递减。通过等式 $\widetilde{P}_{\mathrm{out}}^{\mathrm{Pc}} = P_{\mathrm{out}}^{\mathrm{Pd}}$ 所求出的功率分配因子为 $\widetilde{\beta}$, 文献[13]证明了近似的主用户中断概率是实际主用户中断的上界,因此只要 $\beta \geqslant \widetilde{\beta}$ 就满足式(6-43)中的约束条件。由式(6-42)可知, $P_{\mathrm{suc}}^{\mathrm{S}}$ 随着 β 在区间 $[0.5, 1]$ 上的变大而单调递减。又由式(6-23)可知, $\Pr\{E_{\mathrm{c}}\}$ 随着 β 在区间 D_1 上的变大而单调递增, $\Pr\{E_{\mathrm{c}}\}$ 随着 β 在区间 D_2 上的变大而单调递减。要求解式(6-43)中的优化问题,必须综合考虑 $P_{\mathrm{suc}}^{\mathrm{S}}$ 和 $\Pr\{E_{\mathrm{c}}\}$ 在区间 $[0.5, 1]$ 上的单调性,因此优化问题求解过程如下。

将式(6-23)求得的 $\Pr\{E_{\mathrm{c}}\}$ 和式(6-43)所求得的 $P_{\mathrm{suc}}^{\mathrm{S}}$ 代入目标函数 $\varphi(\beta)$, 优化问题的目标函数可转换为

$$\varphi(\beta) = \underbrace{\exp\left(-\frac{f(\beta)}{\Psi} - \frac{2\mu_{\mathrm{S}} N_0 (1 + \mu_{\mathrm{P}})}{P_{\mathrm{S}}(1 - \beta)\Psi}\right)}_{\Gamma(\beta)}$$

$$\times \underbrace{\frac{2g^2(\beta)\Psi^2}{(\Phi + g(\beta)\Psi)(\Phi + 2g(\beta)\Psi)} \cdot \frac{P_{\mathrm{S}}(1 - \beta)\Psi}{P_{\mathrm{S}}(1 - \beta)\Psi + 2\mu_{\mathrm{S}} P_{\mathrm{P}} \Phi}}_{\Sigma(\beta)}$$

$$(6\text{-}44)$$

求目标函数 $\varphi(\beta)$ 关于 β 的导数得

$$\frac{\mathrm{d}\varphi(\beta)}{\mathrm{d}\beta} = \frac{\mathrm{d}\Gamma(\beta)}{\mathrm{d}\beta} \Sigma(\beta) + \frac{\mathrm{d}\Sigma(\beta)}{\mathrm{d}\beta} \Gamma(\beta)$$

$$(6\text{-}45)$$

上式中的两部分经数学推导后分别如下:

$$\frac{\mathrm{d}\Gamma(\beta)}{\mathrm{d}\beta} \Sigma(\beta) = \varphi(\beta) \left(\underbrace{\frac{\mu_{\mathrm{P}} (1 + \mu_{\mathrm{P}})^2 N_0}{P_{\mathrm{S}} [\beta(1 + \mu_{\mathrm{P}}) - \mu_{\mathrm{P}}]^2 \Psi}}_{\tau_1(\beta)} - \underbrace{\frac{2\mu_{\mathrm{S}} N_0 (1 + \mu_{\mathrm{P}})}{P_{\mathrm{S}} (1 - \beta)^2 \Psi}}_{\tau_2(\beta)} \right)$$

$$(6\text{-}46)$$

$$\frac{\mathrm{d}\Gamma(\beta)}{\mathrm{d}\beta} \Sigma(\beta) = \varphi(\beta) \times \left(\underbrace{\frac{P_{\mathrm{S}}(1 + \mu_{\mathrm{P}})(2\Phi + 3g(\beta)\Psi)\Psi}{P_{\mathrm{P}} \mu_{\mathrm{P}} g(\beta)(\Phi + g(\beta)\Psi)(\Phi + 2g(\beta)\Psi)}}_{\tau_3(\beta)} \right.$$

$$\left. - \underbrace{\frac{2P_{\mathrm{P}} \mu_{\mathrm{S}} \Phi}{(1 - \beta)(P_{\mathrm{S}} \Psi(1 - \beta) + 2P_{\mathrm{P}} \mu_{\mathrm{S}} \Phi)}}_{\tau_4(\beta)} \right)$$

$$(6\text{-}47)$$

将式(6-46)和式(6-47)代入式(6-45)。易知 $\varphi(\beta)$ 大于零,且当 β 属于小区间 $\max\{0.5,\mu_P/(1+\mu_P)\} \leqslant \beta \leqslant \max\{0.5,\mu_P(1+\mu_S)/(\mu_P\mu_S+\mu_P+\mu_S)\}$ 时,$\tau_1(\beta)$ 和 $\tau_3(\beta)$ 是 β 的单调递减函数,而 $\tau_2(\beta)$ 和 $\tau_4(\beta)$ 是 β 的单调递增函数,那么在小区间上,$\tau(\beta)=\tau_1(\beta)-\tau_2(\beta)+\tau_3(\beta)-\tau_4(\beta)$ 是 β 的单调递减函数。因此根据导函数 $\mathrm{d}\varphi(\beta)/\mathrm{d}\beta$ 的特征,最优化问题求解步骤如下。

第一步:将 $\beta_1=\mu_P(1+\mu_S)/(\mu_P\mu_S+\mu_P+\mu_S)$ 代入 $\tau(\beta)$ 中。若 $\tau(\beta_1)\geqslant 0$,$\varphi(\beta)$ 是小区间上的增函数,最优点为 $\hat{\beta}=\mu_P(1+\mu_S)/(\mu_P\mu_S+\mu_P+\mu_S)$;否则进行第二步。

第二步:将 $\beta_0=\max\{0.5,\mu_P/(1+\mu_P)\}$ 代入 $\tau(\beta)$ 中。若 $\tau(\beta_0)\leqslant 0$,则 $\varphi(\beta)$ 是此区间上的减函数,最优点为 $\hat{\beta}=\max\{0.5,\mu_P/(1+\mu_P)\}$;否则进行第三步。

第三步:若 $\tau(\beta_0)>0$ 和 $\tau(\beta_1)<0$,$\varphi(\beta)$ 先随 β 的增加而增加,当到达某个极点后又随 β 的增加而减小,该极点即为最优点 $\hat{\beta}=\arg_\beta[\tau(\beta)=0]$。

为了满足优化问题的约束条件,当 $\hat{\beta}\geqslant\tilde{\beta}$ 时,最优功率分配因子为 $\beta^*=\hat{\beta}$;当 $\hat{\beta}<\tilde{\beta}$ 时,最优功率分配因子为 $\beta^*=\tilde{\beta}$,因此最优功率分配因子设置为 $\beta^*=\max\{\hat{\beta},\tilde{\beta}\}$。

6.2.6　性能仿真对比

该小节将根据仿真分析来说明基于 TPSR 机制的认知 overlay 频谱共享模型、无二级用户时的主用户通信模型以及传统的认知 overlay 频谱共享模型中系统性能的差别。其中设置路径损耗指数 $\alpha=3$,噪声功率 $N_0=1$,二级系统的最小传输速率 $R_S=R_P-0.5$,二级系统的平均发射功率 $P_S=20\mathrm{dB}$。两节点之间的距离为归一化距离,假设任意两二级用户节点之间的距离都等于 0.1,任意主用户节点与任意二级用户节点间的距离都等于 1。图 6-3 说明了 R_P 取值不同时,基于 TPSR 机制的认知 overlay 频谱共享模型中主用户系统和二级用户系统的中断性能,以及无二级用户时的主用户通信系统的中断性能(即图中"主-直连")。由图 6-3 可知,基于 TPSR 机制的认知 overlay 频谱共享模型中主用户中断性能要优于无二级用户时的主用户通信系统中断性能。同时也可看出二级系统的中断性能先是随主用户系统发射功率的增大而增大,随后又随主用户系统发射功率的增大而减小。不管是主用户中断概率还是二级用户中断概率都随主用户系统最小传输速率的减小而减小。图 6-3 显示的仿真结果与理论分析出的结果是一致的。

文献[16]提出了一种基于译码转发的频谱共享协议,这是一种典型的两阶段式认知 overlay 频谱共享模型下的传输协议。系统中包含一个二级用户对 ST-SR 和一个主用户对 PT-PR,它们之间共享频谱资源。主用户的传输分为两个阶段:第一阶段,由主用户发射端 PT 向 PR、ST 以及 SR 发送主用户数据,ST 和 SR 尝试译码主用户数据信息,只有 ST 成功译码了主用户信息才继续第二阶段;第二阶段,由 ST 端发送由主用户数据和二级用户数据组合而成的信息,PR 将第一阶段和第二阶段接收到的主用户数据按最大比合并而译码获取主用户数据,SR 端或者利用第一阶段成功获得的主用户信号实现干扰消除,或者将第二阶段接收到的主用户信号当做噪声处理,从而译码出二级用户数据。

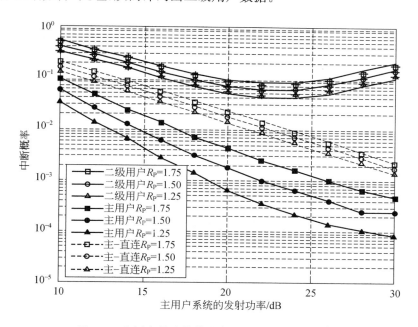

图 6-3　主用户最小传输速率不同时的中断概率[13]

文献[17]提出了一种认知 overlay 频谱共享模型下的三阶段式传输策略。系统中存在两个二级用户对,即ST_0-SR_0和ST_1-SR_1,一个主用户对 PT-PR。在第一个通信阶段中,主用户发射端 PT 向系统广播主用户数据,若两个二级发射端ST_0和ST_1都能正确译码主用户信息,则继续第二阶段;在第二阶段中,ST_0和ST_1端使用分布式空时编码技术来转发在第一阶段上所获得的主用户信号,主用户接收端 PR 采用最大比合并技术来恢复主用户信息;在第三阶段中,ST_0和ST_1采用正交的方式,分别向SR_0和SR_1传送各自的二级用户数据,此阶段上主用户保持沉默。

文献[16]和文献[17]所研究的协议是认知 overlay 频谱共享模型下两种典型的传输协议。下面根据仿真分析来比较基于 TPSR 机制的认知 overlay 频谱共享模型传输策略与文献[16]和文献[17]所研究的传输策略中的系统性能。图 6-4 说明这三种策略中二级用户的吞吐量随着二级系统发射功率的变化趋势。在图 6-4 中,两阶段协议表示文献[16]所研究的传输策略,三阶段协议表示文献[17]所研究的策略。仿真中保证了主用户系统性能不低于无二级用户存在时的主用户系统性能,其中主用户的发射功率 $P_P = 20dB$,主用户系统最小传输速率 $R_P = 1.5bit/s/Hz$,其他参数与图 6-3 一致。由图 6-4 可知,在这三种传输策略中,基于 TPSR 机制的传输策略具有最优的二级系统的吞吐量性能,而文献[16]所研究的传输策略具有最差的二级系统吞吐量性能。图 6-4 中的仿真结果与理论分析的结果基本一致。

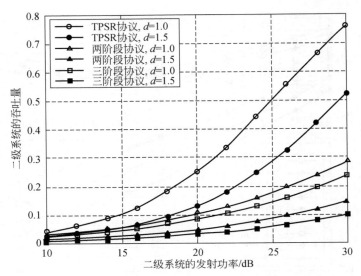

图 6-4 信道链路长度不同时的二级系统的吞吐量[13]

6.3 基于 TPSR 机制和多用户选择的认知 overlay 频谱共享模式传输策略

在 6.2 节中介绍的基于 TPSR 机制的认知 overlay 频谱共享模型中只有两个二级用户对,本节主要讨论系统中存在大于两个二级用户对的场景中,基于 TPSR 机制的认知传输策略的设计原理。文献[18]研究了多个二级用户竞争主用户频谱资源的场景,系统中包含一个主用户对和多个二级用户对。文献中所提出的自适应传输策略的主要思想是通过计算比较基于 TPSR 机制的传输策略中二级用户可达速率和典型的三阶段式传输策略中的二级用户可达速率,而选择两者中较优的传输策略来实现通信,其中研究的两种传输策略的通信方式可通过图 6-5 来说明。二级用户的选取准则是保证主用户系统服务质量的条件下,最优化二级系统性能。

由图 6-5 可知,文献[18]中研究的三阶段式传输策略与文献[17]中所提出的传输策略非常近似,此处不再重复说明其设计原理。文献[18]中研究的基于 TPSR 机制的传输策略是将传输分为两个阶段:第一阶段,在同一时隙中,主用户信源发射当前时隙所需传输的主用户信号,二级用户协助中继转发前一时隙的主用户数据,而在不同时隙下,二级用户交替进行协助中继转发主用户数据;第二阶段,实现第一阶段所选用的二级用户数据的传输。此传输策略中主用户数据和二级用户数据的传输使用了正交复用技术,这与 6.3 节中利用叠加编码技术的传输策略有所不同。因此,文献[18]中的自适应传输策略仍然是阶段传输策略,还是需要改变主用户系统的通信方式,从而可能减小二级用户的频谱接入机会。本节提出一种既不改变主用户系统通信方式又能实现多用户选择的 TPSR 传输策略。

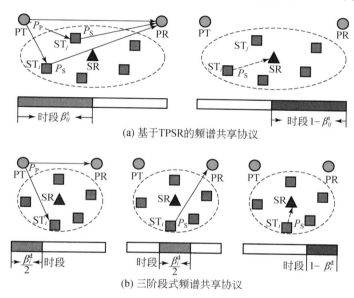

图 6-5　文献[18]中的两种认知频谱共享策略下传输机制

本书提出的基于 TPSR 机制的协作频谱共享策略的主要思想是一个主用户对 (PT,PD) 与 K 个二级用户对 (ST_k,SD_k) 共享频谱资源,其中,$k \in \{1,2,\cdots,K\}$。该频谱共享策略中存在主用户与二级用户间的协作,同时存在二级用户之间的协作。通信中需要选择三个二级发射,其中两个用于协助主用户数据的传输,选取准则是最大化主用户信号传输的速率;第三个二级发射用于实现二级用户数据的传输,选取准则是二级数据传输给主用户数据传输造成的干扰较小。下面将详细介绍此传输策略。

6.3.1　系统模型和设计原理

基于 TPSR 机制和多用户选择的认知 overlay 频谱共享模型传输策略的系统模型如图 6-6 所示,其中包含一个主用户对 (PT,PD) 和 K 个二级用户对

$(ST_k, SD_k), k \in K, K = \{1, 2, \cdots, K\}$。为了便于数学推导,规则化了系统模型,即假设系统中的二级发射节点均匀地分布在一条直线上,如图 6-6 所示,其中任意两个二级节点间的距离远小于任意主用户节点到任意二级节点之间的距离。假设主用户直接链路上的信号非常弱,从而忽略不计,文献[19]和文献[20]都基于此假设进行研究。二级发射节点是单天线半双工通信设备,二级接收节点配置了多根天线,能对准接收相应的发射端传送过来的信号。假设各通信接收端已知完全的信道状态信息,各信道是块衰落信道,且在不同的数据帧之间独立变化。通信链路 $u \to v$ 上的信道功率增益表示为 $g_{u,v} = |h_{u,v}|^2 d_{u,v}^{-\alpha}$,其中 $d_{u,v}$ 表示 u 和 v 两节点之间的距离,α 为路径损耗指数,$|h_{PT,ST_j}|^2 \sim CN(0, \Omega_{1j})$,$|h_{ST_j,PD}|^2 \sim CN(0, \Omega_{2j})$,$|h_{ST_i,ST_j}|^2 \sim CN(0, \Omega_{3ij})$,$|h_{ST_i,SD_i}|^2 \sim CN(0, \Omega_{4i})$,$\Omega$ 表示通信链路上的平均信道增益,假设信道是对称的,即 $h_{ST_i,ST_j} = h_{ST_j,ST_i}$。令 $d_{PT,ST_i} = d_1$,$d_{ST_i,PD} = d_2$,$d_{ST_i,ST_j} = d_{3ij} = |i-j| d_3$,$d_{ST_i,SD_i} = d_4$,$d_1$、$d_2 \gg d_3$、$d_4$。

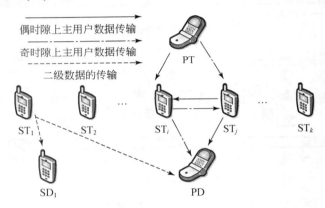

图 6-6　基于多用户选择的 TPSR 协作认知频谱共享系统模型

令传输策略中所选出的用于中继转发主用户数据的二级发射端表示为 ST_{P1} 和 ST_{P2},而实现二级数据传输的二级发射端表示为 ST_S(其中,$ST_S \neq ST_{P1}$,$ST_S \neq ST_{P2}$),这三个二级发射的选择准则将在 6.3.2 小节中详细讨论。主用户和二级用户数据信号分别表示为 $x_P(t)$、$x_S(t)$,其中 $E[|x_P(t)|^2] = E[|x_S(t)|^2] = 1$,$E[X]$ 表示变量 X 的数学期望,t 是自然数。那么基于 TPSR 机制和多用户选择的传输策略的通信过程可描述如下。

时隙 1:PT 发送信号 $x_P(1)$;ST_{P2} 接收并检测获取信号 $x_P(1)$;ST_{P1} 和 PD 保持待机工作。

时隙 2:PT 发送信号 $x_P(2)$;ST_{P2} 重新编码并发送信号 $x_P(1)$;ST_S 发送信号 $x_S(2)$;ST_{P1} 先检测并消除 $x_P(1)$,然后译码获取 $x_P(2)$;PD 接收来自 ST_{P2} 的信号 $x_P(1)$;SD_S 接收来自 ST_S 的信号 $x_S(2)$。其中主用户数据获取过程中将信号

$x_S(2)$ 当做噪声来处理。

时隙 3:PT 发送信号 $x_P(3)$;ST_{P1} 重新编码并发送信号 $x_P(2)$;ST_S 发送信号 $x_S(3)$;ST_{P2} 先检测并消除 $x_P(2)$,然后译码获取 $x_P(3)$;PD 接收来自 ST_{P2} 的信号 $x_P(2)$;SD_S 接收来自 ST_S 信号 $x_S(3)$。其中主用户数据获取过程中将信号 $x_S(3)$ 当做噪声来处理。

重复时隙 2 和时隙 3 上的操作直到时隙 L。

时隙 $L+1$:ST_{P1} 重新编码并发送信号 $x_P(L)$;ST_S 发送信号 $x_S(L+1)$;PD 接收来自 ST_{P2} 的信号 $x_P(L)$;SD_S 接收来自 ST_S 的信号 $x_S(L+1)$;PT 和 ST_{P2} 保持待机工作。其中主用户数据获取过程中将信号 $x_S(L+1)$ 当做噪声来处理。

与 6.2.1 小节中的分析类似,由上述的通信流程可知,在每帧主用户数据的传输中,需要使用 $L+1$ 个时隙来传输 L 个主用户信息,那么主用户的频谱效率为 $L/(L+1)$,对于较大的 L,该值接近 1。假设 L 为偶数,二级系统在每个时隙上都执行了成功接收并消除干扰来恢复期望信号。二级用户接收端 SD_S 利用多天线技术或者编码技术来成功消除由非期望用户所引起的干扰信号。

6.3.2　二级发射节点的选取准则

对比 6.2.1 小节与 6.3.1 两小节中的通信过程可知,6.2.1 小节中的 ST_0 和 ST_1 不仅要传送前一时隙的主用户数据,也要传输当前时隙的二级用户数据,因此它们传输的是主用户数据和二级用户数据叠加组合而成的信号。而本节中的 ST_{P1} 和 ST_{P2} 仅充当主用户中继节点,而不需要使用叠加编码。又由 6.2 节中的分析可知,两个二级用户发射端之间的信道增益越大,基于 TPSR 机制的认知 overlay 频谱共享模型传输策略的实现概率就越大,因此为了实现较大的协作概率,可将主用户系统的协作中继对的集合定为 $O=\{(1,2),(2,3),\cdots,(K-1,K)\}$,那么二级用户发射端 ST_i 的接收信号可表示为

$$y_{ST_i}(t)=\sqrt{P_P d_{PT,ST_i}^{-\alpha}}\,h_{PT,ST_i}x_P(t)+\sqrt{P_S d_{ST_i,ST_j}^{-\alpha}}\,h_{ST_i,ST_j}x_P(t-1)+n_{ST_i}(t)$$

$$(6-48)$$

式中,$(i,j)\in O$;P_P、P_S 分别表示主用户和二级用户系统发射功率;$n_{ST_i}(k)\sim CN(0,\sigma^2)$。式(6-48)中的第一部分表示接收了来自 PT 的当前时隙的主用户数据信号,第二部分表示接收了来自 ST_j 的前一时隙上的主用户数据信号。由于链路 $ST_i\to ST_j$ 上的距离远小于链路 $PT\to ST_i$ 上的距离,那么前者的信道增益较大,ST_i 端先从接收信号中检测并消除前一时隙的主用户数据信号 $x_P(t-1)$,然后译码获取当前时隙的主用户数据 $x_P(t)$。ST_i 需要计算下面两个可达速率:

$$R_{PT,ST_i}^1=\log_2(1+P_S d_{ST_i,ST_j}^{-\alpha}\,|h_{ST_i,ST_j}|^2/(P_P d_{PT,ST_i}^{-\alpha}\,|h_{PT,ST_i}|^2+\sigma^2)) \quad (6-49)$$

$$R_{PT,ST_i}^2=\log_2(1+P_P d_{PT,ST_i}^{-\alpha}\,|h_{PT,ST_i}|^2/\sigma^2) \quad (6-50)$$

ST_i 获得了当前时隙的主用户数据后,在下一个传输时隙中,ST_i 会将其转发给 PD。要能成功获得当前时隙的主用户数据,就要有 $R^1_{PT,ST_i} \geqslant R_P$ 和 $R^2_{PT,ST_i} \geqslant R_P$,其中 R_P 为主用户系统的最小传输速率。

又由于 6.3.1 小节假设了主用户直接链路 PT→PD 上的信道增益很弱而可将其忽略,PD 只接收到由 ST_i 发送来的前一时隙的主用户数据,那么 PD 端接收到的信号以及相应的可达速率分别表示为

$$y_{PD}(t) = \sqrt{P_S d^{-\alpha}_{ST_i,PD}} h_{ST_i,PD} x_P(t-1) + n_{PD}(t) \tag{6-51}$$

$$R_{ST_i,PD} = \log_2(1 + P_S d^{-\alpha}_{ST_i,PD} |h_{ST_i,PD}|^2/\sigma^2) \tag{6-52}$$

那么,只有当 $R_{ST_i,PD} \geqslant R_P$ 时,PD 端才能成功译码获取前一时隙的主用户数据。

由上述分析可知,只有链路 PT→ST_i、PT→ST_j、ST_j→PD 以及 ST_j→PD 上的数据同时传输成功,PD 端才能正确获取期望信号。令集合 $M = \{(i,j) \mid R^1_{PT,ST_i} \geqslant R_P, R^2_{PT,ST_i} \geqslant R_P, R^1_{PT,ST_j} \geqslant R_P, R^2_{PT,ST_j} \geqslant R_P\}$,其中,$(i,j)$ 和 (j,i) 表示集合 O 中的同一元素;$N = \{(i,j) \mid (i,j) \in M, R_{ST_i,PD} \geqslant R_P, R_{ST_j,PD} \geqslant R_P\}$。对于任意 $(i,j) \in N$ 的 ST_i 和 ST_j 对,能协助主用户系统实现数据传输,那么选择系统中能使主用户获得最大传输速率的二级发射对 ST_{P1} 和 ST_{P2} 作为协作对象,即

$$(ST_{P1}, ST_{P2}) = \underset{(i,j) \in N}{\arg\max}[\min(R^1_{PT,ST_i}, R^2_{PT,ST_i}, R^1_{PT,ST_j}, R^2_{PT,ST_j}, R_{ST_i,PD}, R_{ST_j,PD})]$$

$$\tag{6-53}$$

若主用户系统的协作中继对 ST_{P1} 和 ST_{P2} 已成功选取,在保证主用户系统服务质量的条件下,主用户数据传输过程中能容忍一定量的干扰,该干扰由二级数据传输带来。本书中主用户系统能容忍的干扰量的分析与文献[21]相同,那么链路 PT→ST_k 和 ST_k→PD$(k,l = P1$ 或者 $P2)$ 上能容忍的最大干扰量可推导如下:

$$R_P = \log_2(1 + P_S d^{-\alpha}_{ST_k,ST_l} |h_{ST_k,ST_l}|^2/(P_P d^{-\alpha}_{PT,ST_k} |h_{PT,ST_k}|^2 + \sigma^2 + I^1_{ST_k}))$$

$$\Rightarrow I^1_{ST_k} = (2^{R_P} - 1)^{-1} P_S d^{-\alpha}_{ST_k,ST_l} |h_{ST_k,ST_l}|^2 - P_P d^{-\alpha}_{PT,ST_k} |h_{PT,ST_k}|^2 - \sigma^2$$

$$\tag{6-54}$$

$$R_P = \log_2(1 + P_P d^{-\alpha}_{PT,ST_k} |h_{PT,ST_k}|^2/(\sigma^2 + I^2_{ST_k}))$$

$$\Rightarrow I^2_{ST_k} = (2^{R_P} - 1)^{-1} P_P d^{-\alpha}_{PT,ST_k} |h_{PT,ST_k}|^2 - \sigma^2 \tag{6-55}$$

$$R_P = \log_2(1 + P_S d^{-\alpha}_{ST_k,PD} |h_{ST_k,PD}|^2/(\sigma^2 + I^k_{PD}))$$

$$\Rightarrow I^k_{PD} = (2^{R_P} - 1)^{-1} P_S d^{-\alpha}_{ST_k,PD} |h_{ST_k,PD}|^2 - \sigma^2 \tag{6-56}$$

令 $I_{ST_{P1}} = \min[I^1_{ST_{P1}}, I^2_{ST_{P1}}]$,$I_{ST_{P2}} = \min[I^1_{ST_{P2}}, I^2_{ST_{P2}}]$,$I_{PD} = \min[I^{P1}_{PD}, I^{P2}_{PD}]$,又令 $P_S g_{ST_i,ST_k}$ 和 $P_S g_{ST_i,PD}$ 分别表示链路 ST_i→ST_k 和 ST_i→PD 上的信道增益,其中 $i \in K \backslash \{P1, P2\}$,$P_S g_{ST_i,ST_k}$ 和 $P_S g_{ST_i,PD}$ 越大表示二级用户数据传输给主用户数据传输所造成的干扰就越大,而这两个量随着链路距离的增大而减小。根据 6.3.1 小节中的系统布置有 $d_{ST_i,PD} = d_{ST_j,PD}$,$\forall i \neq j$。为了有效保证主用户性能不受影响,将按以下准则选取用于二级用户数据传输的二级用户发射:

$$ST_S = \underset{i \in K \backslash \{P1, P2\}}{\arg\min} \left[d_{ST_i, ST_{P1}}, d_{ST_i, ST_{P2}} \right] \tag{6-57}$$

并计算已选的 ST_S 给 ST_k 端和 PD 端所造成的干扰强度。只有满足干扰限制条件 $P_S g_{ST_{P1}, ST_k} \leqslant I_{ST_{P1}}$、$P_S g_{ST_{P2}, ST_k} \leqslant I_{ST_{P2}}$ 和 $P_S g_{ST_i, PD} \leqslant I_{PD}$，系统才允许二级发射 ST_S 传输二级数据。

若 ST_S 满足干扰限制条件，那么就可进行二级用户数据传输。一般来说，认知用户都具有较强的处理能力，6.3.1 小节中假设的二级用户接收端 $SD_i(k \in K)$ 能利用多天线技术或者编码技术来实现干扰消除是合理的，因此，SD_i 端简化后的接收信号及其相应的可达速率分别表示为

$$y_{SD_i}(t) = \sqrt{P_S d_{ST_i, SD_i}^{-\alpha}} h_{ST_i, SD_i} x_P(t) + n_{SD_i}(t) \tag{6-58}$$

$$R_{ST_i, SD_i} = \log_2 \left(1 + P_S d_{ST_i, SD_i}^{-\alpha} |h_{ST_i, SD_i}|^2 / \sigma^2 \right) \tag{6-59}$$

因此只有当 $R_{ST_i, SD_i} \geqslant R_S$ 时，SD_i 端才能成功译码二级用户数据信息，其中 R_S 为二级系统的最小传输速率。

6.3.3　理论性能分析

根据 6.3.1 小节和 6.3.2 小节对基于 TPSR 机制和多用户选择的传输策略设计原理的介绍，容易分析出当且仅当 $N = \varnothing$ 时主用户系统才会中断，因此主用户系统的中断概率可表示为下述全概率公式：

$$\begin{aligned} P_{P\text{-out}} &= \Pr\{|M| = 0\} + \Pr\{|N| = 0 \,|\, |M| \neq 0\} \\ &= \Pr\{|M| = 0\} + \sum_{m=1}^{K-1} \Pr\{|N| = 0 \,|\, |M| = m\} \Pr\{|M| = m\} \end{aligned} \tag{6-60}$$

式中，$M \cup \overline{M} = O, M \cap \overline{M} = \varnothing, N \cup \overline{N} = M, N \cap \overline{N} = \varnothing$；$|M| = 0$ 表示系统中所有的二级发射都无法正确译码来自 PT 的主用户数据信号，这种情况发生的概率可写为

$$\begin{aligned} \Pr\{|M| = 0\} &= \prod_{(i,j) \in O} \Pr\{\min[R_{PT, ST_i}^1, R_{PT, ST_i}^2, R_{PT, ST_j}^1, R_{PT, ST_j}^2] < R_P\} \\ &= \prod_{(i,j) \in O} (1 - \Pr\{R_{PT, ST_i}^1 \geqslant R_P, R_{PT, ST_i}^2 \geqslant R_P, R_{PT, ST_j}^1 \geqslant R_P, R_{PT, ST_j}^2 \geqslant R_P\}) \end{aligned}$$
$$\tag{6-61}$$

$|M| = m$ 表示系统中有 m 个二级发射能正确译码获取来自 PT 的主用户数据信号，那么此事件发生的概念为

$$\begin{aligned} \Pr\{|M| = m\} = &\binom{K-1}{m} \prod_{(i,j) \in M} \Pr\{R_{PT, ST_i}^1 \geqslant R_P, R_{PT, ST_i}^2 \geqslant R_P, R_{PT, ST_j}^1 \geqslant R_P, R_{PT, ST_j}^2 \geqslant R_P\} \\ &\times \prod_{(i,j) \in \overline{M}} (1 - \Pr\{R_{PT, ST_i}^1 \geqslant R_P, R_{PT, ST_i}^2 \geqslant R_P, R_{PT, ST_j}^1 \geqslant R_P, R_{PT, ST_j}^2 \geqslant R_P\}) \end{aligned}$$
$$\tag{6-62}$$

式(6-61)和式(6-62)中的 $\Pr\{R_{PT, ST_i}^1 \geqslant R_P, R_{PT, ST_i}^2 \geqslant R_P, R_{PT, ST_j}^1 \geqslant R_P, R_{PT, ST_j}^2 \geqslant$

$R_{\mathrm{P}}\}$ 表示二级发射对 ST_i 和 ST_j 能同时成功译码来自 PT 的主用户数据信号的概率,由式(6-49)和式(6-50)可推导这个概率如下:

$$\Pr\{R_{\mathrm{PT},\mathrm{ST}_i}^1\geqslant R_{\mathrm{P}},R_{\mathrm{PT},\mathrm{ST}_i}^2\geqslant R_{\mathrm{P}},R_{\mathrm{PT},\mathrm{ST}_j}^1\geqslant R_{\mathrm{P}},R_{\mathrm{PT},\mathrm{ST}_j}^2\geqslant R_{\mathrm{P}}\}$$

$$=\Pr\left\{\frac{(2^{R_{\mathrm{P}}}-1)\sigma^2}{P_{\mathrm{P}}d_{\mathrm{PT},\mathrm{ST}_i}^{-\alpha}}\leqslant|h_{\mathrm{PT},\mathrm{ST}_i}|^2\leqslant\frac{P_{\mathrm{S}}d_{\mathrm{ST}_i,\mathrm{ST}_j}^{-\alpha}|h_{\mathrm{ST}_i,\mathrm{ST}_j}|^2}{(2^{R_{\mathrm{P}}}-1)P_{\mathrm{P}}d_{\mathrm{PT},\mathrm{ST}_i}^{-\alpha}}-\frac{\sigma^2}{P_{\mathrm{P}}d_{\mathrm{PT},\mathrm{ST}_i}^{-\alpha}},\right.$$

$$\left.\frac{(2^{R_{\mathrm{P}}}-1)\sigma^2}{P_{\mathrm{P}}d_{\mathrm{PT},\mathrm{ST}_j}^{-\alpha}}\leqslant|h_{\mathrm{PT},\mathrm{ST}_j}|^2\leqslant\frac{P_{\mathrm{S}}d_{\mathrm{ST}_i,\mathrm{ST}_j}^{-\alpha}|h_{\mathrm{ST}_i,\mathrm{ST}_j}|^2}{(2^{R_{\mathrm{P}}}-1)P_{\mathrm{P}}d_{\mathrm{PT},\mathrm{ST}_j}^{-\alpha}}-\frac{\sigma^2}{P_{\mathrm{P}}d_{\mathrm{PT},\mathrm{ST}_j}^{-\alpha}}\right\}$$

$$=\frac{\Omega_{1i}\Omega_{1j}\exp(-b_1/\Omega_{1i}-b_2/\Omega_{1j}-x_0(1/\Omega_{3ij}-a_1/\Omega_{1i}-a_2/\Omega_{1j}))}{\Omega_{1i}\Omega_{1j}+a_1\Omega_{3ij}\Omega_{1j}+a_2\Omega_{1i}\Omega_{3ij}}$$

$$+\exp\left(-\frac{c_1}{\Omega_{1i}}-\frac{c_2}{\Omega_{1j}}-\frac{x_0}{\Omega_{3ij}}\right)-\exp\left(-\frac{b_2}{\Omega_{1j}}-\frac{c_1}{\Omega_{1i}}-\frac{x_0}{\Omega_{3ij}}-\frac{a_2x_0}{\Omega_{1j}}\right)$$

$$\times\frac{\Omega_{1j}}{\Omega_{1j}+a_2\Omega_{3ij}}-\frac{\Omega_{1i}}{\Omega_{1i}+a_1\Omega_{3ij}}\exp\left(-\frac{b_1}{\Omega_{1i}}-\frac{c_2}{\Omega_{1j}}-\frac{x_0}{\Omega_{3ij}}-\frac{a_1x_0}{\Omega_{1i}}\right) \tag{6-63}$$

式中,$x_0=\max\{(c_1-b_1)/a_1,(c_2-b_2)/a_2\}$;$a_1=P_{\mathrm{S}}d_{\mathrm{ST}_i,\mathrm{ST}_j}^{-\alpha}/((2^{R_{\mathrm{P}}}-1)P_{\mathrm{P}}d_{\mathrm{PT},\mathrm{ST}_i}^{-\alpha})$;$a_2=P_{\mathrm{S}}d_{\mathrm{ST}_i,\mathrm{ST}_j}^{-\alpha}/(2^{R_{\mathrm{P}}}-1)(P_{\mathrm{P}}d_{\mathrm{PT},\mathrm{ST}_j}^{-\alpha})$;$c_1=(2^{R_{\mathrm{P}}}-1)\sigma^2/(P_{\mathrm{P}}d_{\mathrm{PT},\mathrm{ST}_i}^{-\alpha})$;$b_1=-\sigma^2/(P_{\mathrm{P}}d_{\mathrm{PT},\mathrm{ST}_i}^{-\alpha})$;$c_2=(2^{R_{\mathrm{P}}}-1)\sigma^2/(P_{\mathrm{P}}d_{\mathrm{PT},\mathrm{ST}_j}^{-\alpha})$;$b_2=-\sigma^2/(P_{\mathrm{P}}d_{\mathrm{PT},\mathrm{ST}_j}^{-\alpha})$。

又式(6-60)中的条件概率可求解为

$$\Pr\{|N|=0||M|=m\}=\prod_{(i,j)\in M}\Pr\{\min[R_{\mathrm{ST}_i,\mathrm{PD}},R_{\mathrm{ST}_j,\mathrm{PD}}]<R_{\mathrm{P}}\}$$

$$=\prod_{(i,j)\in M}(1-\Pr\{R_{\mathrm{ST}_i,\mathrm{PD}}\geqslant R_{\mathrm{P}}\}\Pr\{R_{\mathrm{ST}_j,\mathrm{PD}}\geqslant R_{\mathrm{P}}\})$$

$$=\prod_{(i,j)\in M}\left[1-\exp\left[\frac{-(\Omega_{2i}^{-1}d_{\mathrm{ST}_i,\mathrm{PD}}^{\alpha}+\Omega_{2j}^{-1}d_{\mathrm{ST}_j,\mathrm{PD}}^{\alpha})}{(2^{R_{\mathrm{P}}}-1)\sigma^2/P_{\mathrm{S}}}\right]\right] \tag{6-64}$$

将式(6-61)、式(6-62)和式(6-64)代入式(6-60)便可求得主用户系统的中断概率。由上述概率的求解过程可知,$\Pr\{|M|=0\}$ 是随用户 ST_i 和 ST_j 间距离的增加而增加的。

根据 6.3.1 小节和 6.3.2 小节的分析,若要实现二级数据的成功传输,下述三个事件必须同时发生:①成功选择出二级发射对 $\mathrm{ST}_{\mathrm{P1}}$ 和 $\mathrm{ST}_{\mathrm{P2}}$ 当做中继,即主用户数据成功传输;②ST_{S} 满足干扰限制条件:$P_{\mathrm{S}}g_{\mathrm{ST}_{\mathrm{P1}},\mathrm{ST}_{\mathrm{S}}}\leqslant I_{\mathrm{ST}_{\mathrm{P1}}}$、$P_{\mathrm{S}}g_{\mathrm{ST}_{\mathrm{P2}},\mathrm{ST}_{\mathrm{S}}}\leqslant I_{\mathrm{ST}_{\mathrm{P2}}}$ 和 $P_{\mathrm{S}}g_{\mathrm{ST}_{\mathrm{S}},\mathrm{PD}}\leqslant I_{\mathrm{PD}}$;③满足二级用户的服务质量。经分析可知,第一个事件发生的概率是随二级系统发射信噪比(即 P_{S}/σ^2)的增加而增加的,第二个事件发生的概率随 P_{S}/σ^2 的增加而减小。上述三个事件中,只要有一个不成立,二级系统就会中断,据此二级系统中断概率表示为

$$P_{\mathrm{S-out}}=\sum_{m=1}^{K-1}\Big(\sum_{n=1}^{m}\Pr\{|N|=n||M|=m\}(\Pr\{P_{\mathrm{S}}g_{\mathrm{ST}_{\mathrm{S}},\mathrm{PD}}\leqslant I_{\mathrm{PD}}\}$$

$$\times \Pr\{P_{\mathrm{S}}g_{\mathrm{ST_S},\mathrm{ST_{P1}}} \leqslant I_{\mathrm{ST_{P1}}} , P_{\mathrm{S}}g_{\mathrm{ST_S},\mathrm{ST_{P2}}} \leqslant I_{\mathrm{ST_{P2}}}\} \Pr\{R_{\mathrm{ST_S},\mathrm{SD_S}} < R_{\mathrm{S}}\}$$
$$+ 1 - \Pr\{P_{\mathrm{S}}g_{\mathrm{ST_S},PD} \leqslant I_{PD}\} \Pr\{P_{\mathrm{S}}g_{\mathrm{ST_S},\mathrm{ST_{P1}}} \leqslant I_{\mathrm{ST_{P1}}} , P_{\mathrm{S}}g_{\mathrm{ST_S},\mathrm{ST_{P2}}} \leqslant I_{\mathrm{ST_{P2}}}\})$$
$$+ \Pr\{|N| = 0 \,|\, |M| = m\}) \Pr\{|M| = m\} + \Pr\{|M| = 0\} \tag{6-65}$$

式(6-65)中,与第三个事件相对应,$\mathrm{ST_S}$ 不满足二级用户服务质量的概率为

$$\Pr\{R_{\mathrm{ST_S},\mathrm{SD_S}} < R_{\mathrm{S}}\} = 1 - \exp(-\Omega_{\mathrm{4S}}^{-1} d_{\mathrm{ST_S},\mathrm{SD_S}}^{\alpha} (2^{R_{\mathrm{S}}} - 1)\sigma^2/P_{\mathrm{S}}) \tag{6-66}$$

与第一个事件相对应,实现了主用户数据的成功传输的概率为

$$\Pr\{|N| = n \,|\, |M| = m\} = \binom{m}{n} \prod_{(i,j)\in N} \Pr\{\min[R_{\mathrm{ST}_i,PD}, R_{\mathrm{ST}_j,PD}] \geqslant R_{\mathrm{P}}\}$$
$$\times \prod_{(i,j)\in \overline{N}} \Pr\{\min[R_{\mathrm{ST}_i,PD}, R_{\mathrm{ST}_j,PD}] < R_{\mathrm{P}}\}$$
$$= \prod_{(i,j)\in N} \exp[-(\Omega_{2i}^{-1} d_{\mathrm{ST}_i,PD}^{\alpha} + \Omega_{2j}^{-1} d_{\mathrm{ST}_j,PD}^{\alpha})(2^{R_{\mathrm{P}}} - 1)\sigma^2/P_{\mathrm{S}}]$$
$$\prod_{(i,j)\in \overline{N}} \{1 - \exp[-(\Omega_{2i}^{-1} d_{\mathrm{ST}_i,PD}^{\alpha} + \Omega_{2j}^{-1} d_{\mathrm{ST}_j,PD}^{\alpha})$$
$$(2^{R_{\mathrm{P}}} - 1)\sigma^2/P_{\mathrm{S}})] \tag{6-67}$$

与第二个事件相对应,$\Pr\{P_{\mathrm{S}}g_{\mathrm{ST_S},PD} \leqslant I_{PD}\}$ 和 $\Pr\{P_{\mathrm{S}}g_{\mathrm{ST_S},\mathrm{ST_{P1}}} \leqslant I_{\mathrm{ST_{P1}}} , P_{\mathrm{S}}g_{\mathrm{ST_S},\mathrm{ST_{P2}}} \leqslant I_{\mathrm{ST_{P2}}}\}$ 同时成立代表$\mathrm{ST_S}$ 满足了干扰限制条件,这两个概率分别推导如下:

$$\Pr\{P_{\mathrm{S}}g_{\mathrm{ST_S},PD} \leqslant I_{PD}\} = \Pr\{P_{\mathrm{S}}d_{\mathrm{ST_S},PD}^{-\alpha} |h_{\mathrm{ST_S},PD}|^2 \leqslant I_{PD}^{P1}, P_{\mathrm{S}}d_{\mathrm{ST_S},PD}^{-\alpha} |h_{\mathrm{ST_S},PD}|^2 \leqslant I_{PD}^{P2}\}$$
$$= \frac{\Omega_{2(P1)}\Omega_{2(P2)} \exp(-f_1/\Omega_{2(P1)} - f_2/\Omega_{2(P2)})}{\Omega_{2(P1)}\Omega_{2(P2)} + e_1\Omega_{2k}\Omega_{2(P2)} + e_2\Omega_{2(P1)}\Omega_{2k}} \tag{6-68}$$

式中,$e_1 = (2^{R_{\mathrm{P}}} - 1)P_{\mathrm{S}}d_{\mathrm{ST_S},PD}^{-\alpha}/(P_{\mathrm{P}}d_{\mathrm{ST_{P1}},PD}^{-\alpha})$;$e_2 = (2^{R_{\mathrm{P}}} - 1)P_{\mathrm{S}}d_{\mathrm{ST_S},PD}^{-\alpha}/(P_{\mathrm{P}}d_{\mathrm{ST_{P2}},PD}^{-\alpha})$;$f_1 = (2^{R_{\mathrm{P}}} - 1)\sigma^2/(P_{\mathrm{P}}d_{\mathrm{ST_{P1}},PD}^{-\alpha})$;$f_1 = (2^{R_{\mathrm{P}}} - 1)\sigma^2/(P_{\mathrm{P}}d_{\mathrm{ST_{P1}},PD}^{-\alpha})$。

$$\Pr\{P_{\mathrm{S}}g_{\mathrm{ST_S},\mathrm{ST_{P1}}} \leqslant I_{\mathrm{ST_{P1}}} , P_{\mathrm{S}}g_{\mathrm{ST_S},\mathrm{ST_{P2}}} \leqslant I_{\mathrm{ST_{P2}}}\}$$
$$= \Pr\{P_{\mathrm{S}}g_{\mathrm{ST_S},\mathrm{ST_{P1}}} \leqslant I_{\mathrm{ST_{P1}}}^1 , P_{\mathrm{S}}g_{\mathrm{ST_S},\mathrm{ST_{P1}}} \leqslant I_{\mathrm{ST_{P1}}}^2 ,$$
$$P_{\mathrm{S}}g_{\mathrm{ST_S},\mathrm{ST_{P2}}} \leqslant I_{\mathrm{ST_{P2}}}^1 , P_{\mathrm{S}}g_{\mathrm{ST_S},\mathrm{ST_{P2}}} \leqslant I_{\mathrm{ST_{P2}}}^2 \}$$
$$\leqslant \Pr\{P_{\mathrm{S}}g_{\mathrm{ST_S},\mathrm{ST_{P1}}}^{\mathrm{ub}} \leqslant I_{\mathrm{ST_{P1}}} , P_{\mathrm{S}}g_{\mathrm{ST_S},\mathrm{ST_{P2}}}^{\mathrm{ub}} \leqslant I_{\mathrm{ST_{P2}}} \}$$
$$= \Pr\Big\{P_{\mathrm{S}} \cdot \Big(\Big\lfloor \frac{(K-1)}{2} \Big\rfloor \cdot d_3\Big)^{-\alpha} |h_{\mathrm{ST_S},\mathrm{ST_{P1}}}|^2 \leqslant I_{\mathrm{ST_{P1}}}^1 ,$$
$$P_{\mathrm{S}} \cdot \Big(\Big\lfloor \frac{(K-1)}{2} \Big\rfloor \cdot d_3\Big)^{-\alpha} |h_{\mathrm{ST_S},\mathrm{ST_{P1}}}|^2 \leqslant I_{\mathrm{ST_{P1}}}^2 ,$$
$$P_{\mathrm{S}} \cdot \Big[\Big\lfloor \frac{(K-1)}{2} \Big\rfloor \cdot d_3\Big]^{-\alpha} |h_{\mathrm{ST_S},\mathrm{ST_{P2}}}|^2 \leqslant I_{\mathrm{ST_{P2}}}^1 ,$$
$$P_{\mathrm{S}} \cdot \Big[\Big\lfloor \frac{(K-1)}{2} \Big\rfloor \cdot d_3\Big]^{-\alpha} |h_{\mathrm{ST_S},\mathrm{ST_{P2}}}|^2 \leqslant I_{\mathrm{ST_{P2}}}^2 \Big\} \tag{6-69}$$

式中,$\lfloor X \rfloor$ 表示小于或者等于 X 的最大整数。由系统模型可知,所有的二级发射均

匀分布在一条直线上。由于所选取的ST_{P1}和ST_{P2}可能是系统中任意相邻的两个二级发射，第三个二级发射到它们之间的距离很难用简单的计算公式表达，但可分析出这些距离一定会大于或者等于$\lfloor (K-1)/2 \rfloor d_3$，因此式(6-69)中使用了一个上界概率来替换。由式(6-54)和式(6-55)有

$$|h_{PT,ST_{P1}}|^2 \leqslant \frac{P_S d^{-\alpha}_{ST_{P1},ST_{P2}}}{(2^{R_P}-1)P_P d^{-\alpha}_{PT,ST_{P1}}}|h_{ST_{P1},ST_{P2}}|^2 - \frac{P_S d^{-\alpha}_{ST_S,ST_{P1}}}{P_P d^{-\alpha}_{PT,ST_{P1}}}|h_{ST_S,ST_{P1}}|^2 - \frac{\sigma^2}{P_P d^{-\alpha}_{PT,ST_{P1}}}$$

$$|h_{PT,ST_{P1}}|^2 \geqslant (2^{R_P}-1)P_S d^{-\alpha}_{ST_S,ST_{P1}}/(P_P d^{-\alpha}_{PT,ST_{P1}})|h_{ST_S,ST_{P1}}|^2 + (2^{R_P}-1)\sigma^2/(P_P d^{-\alpha}_{PT,ST_{P1}})$$

$$|h_{PT,ST_{P1}}|^2 \leqslant \frac{P_S d^{-\alpha}_{ST_{P1},ST_{P2}}}{(2^{R_P}-1)P_P d^{-\alpha}_{PT,ST_{P2}}}|h_{ST_{P1},ST_{P2}}|^2 - \frac{P_S d^{-\alpha}_{ST_S,ST_{P2}}}{P_P d^{-\alpha}_{PT,ST_{P2}}}|h_{ST_S,ST_{P2}}|^2 - \frac{\sigma^2}{P_P d^{-\alpha}_{PT,ST_{P2}}}$$

$$|h_{PT,ST_{P1}}|^2 \geqslant (2^{R_P}-1)P_S d^{-\alpha}_{ST_S,ST_{P2}}/(P_P d^{-\alpha}_{PT,ST_{P2}})|h_{ST_S,ST_{P2}}|^2 + (2^{R_P}-1)\sigma^2/(P_P d^{-\alpha}_{PT,ST_{P2}})$$

将这四个不等式代入计算，可解得式(6-69)中的上界概率由四部分组成，其中每一部分的详细计算式将在本小节的末尾给出。

$$\Pr\{P_S g^{ub}_{ST_S,ST_{P1}} \leqslant I_{ST_{P1}}, P_S g^{ub}_{ST_S,ST_{P2}} \leqslant I_{ST_{P2}}\} = \lambda_1 + \lambda_2 + \lambda_3 + \lambda_4 \tag{6-70}$$

将式(6-61)、式(6-62)、式(6-64)、式(6-66)、式(6-67)、式(6-68)和式(6-70)代入式(6-65)便可求出二级系统中断概率的上界。

令 $a_1 = P_S d^{-\alpha}_{ST_{P1},ST_{P2}}/((2^{R_P}-1)P_P d^{-\alpha}_{PT,ST_{P1}})$，$a_2 = P_S d^{-\alpha}_{ST_{P1},ST_{P2}}/((2^{R_P}-1)P_P d^{-\alpha}_{PT,ST_{P2}})$，$t_1 = (2^{R_P}-1)\sigma^2/(P_P d^{-\alpha}_{PT,ST_{P1}})$，$c_1 = -\sigma^2/(P_P d^{-\alpha}_{PT,ST_{P1}})$，$t_2 = (2^{R_P}-1)\sigma^2/(P_P d^{-\alpha}_{PT,ST_{P2}})$，$s_1 = (2^{R_P}-1)P_S (\lfloor (K-1)/2 \rfloor d_3)^{-\alpha}/(P_P d^{-\alpha}_{PT,ST_{P1}})$，$x_0 = \max\{(t_1-c_1)/a_1, t_2-c_2/a_2\}$，$s_2 = (2^{R_P}-1)P_S (\lfloor (K-1)/2 \rfloor d_3)^{-\alpha}/(P_P d^{-\alpha}_{PT,ST_{P2}})$，$b_1 = -P_S (\lfloor (K-1)/2 \rfloor d_3)^{-\alpha}/P_P d^{-\alpha}_{PT,ST_{P1}}$，$b_2 = -P_S (\lfloor (K-1)/2 \rfloor d_3)^{-\alpha}/(P_P d^{-\alpha}_{PT,ST_{P2}})$，$c_2 = -\sigma^2/(P_P d^{-\alpha}_{PT,ST_{P2}})$。那么式(6-70)中的四部分分别表示如下：

$$\lambda_1 = \frac{\Omega_{1(P1)}\Omega_{1(P2)}\exp(-c_1/\Omega_{1(P1)}-c_2/\Omega_{1(P2)})}{\Omega_{3(P1)(P2)}(\Omega_{1(P1)}+b_1\Omega_{3S(P1)})(\Omega_{1(P2)}+b_2\Omega_{3S(P2)})}\left(-\exp\left(\left(\frac{b_1}{\Omega_{1(P1)}}+\frac{1}{\Omega_{3S(P1)}}\right)\frac{t_1-c_1}{s_1-b_1}\right) \right.$$

$$\times \frac{\exp(-x_0(a_1/\Omega_{1(P1)}+a_2/\Omega_{1(P2)}+1/\Omega_{3(P1)(P2)}+(b_1/\Omega_{1(P1)}+1/\Omega_{3S(P1)})a_1/(s_1-b_1))}{a_1/\Omega_{1(P1)}+a_2/\Omega_{1(P2)}+1/\Omega_{3(P1)(P2)}+(b_1/\Omega_{1(P1)}+1/\Omega_{3S(P1)})a_1/(s_1-b_1)}$$

$$+\frac{\exp(-x_0(a_1/\Omega_{1(P1)}+a_1/\Omega_{1(P2)}+1/\Omega_{3(P1)(P2)}))}{a_1/\Omega_{1(P1)}+a_1/\Omega_{1(P2)}+1/\Omega_{3(P1)(P2)}} - \exp\left(\left(\frac{b_2}{\Omega_{1(P2)}}+\frac{1}{\Omega_{3S(P2)}}\right)\frac{t_2-c_2}{s_2-b_2}\right)$$

$$\times \frac{\exp(-x_0(a_1/\Omega_{1(P1)}+a_2/\Omega_{1(P2)}+1/\Omega_{3(P1)(P2)}+(b_2/\Omega_{1(P2)}+1/\Omega_{3S(P2)})a_2/(s_2-b_2)))}{a_1/\Omega_{1(P1)}+a_2/\Omega_{1(P2)}+1/\Omega_{3(P1)(P2)}+(b_2/\Omega_{1(P2)}+1/\Omega_{3S(P2)})a_2/(s_2-b_2)}$$

$$+\exp\left(\left(\frac{b_1}{\Omega_{1(P1)}}+\frac{1}{\Omega_{3S(P1)}}\right)\frac{t_1-c_1}{s_1-b_1}+\left(\frac{b_2}{\Omega_{1(P2)}}+\frac{1}{\Omega_{3S(P2)}}\right)\frac{t_2-c_2}{s_2-b_2}\right)$$

$$\times \frac{\exp\left(-\frac{a_1 \cdot x_0}{\Omega_{1(P1)}}-\frac{a_2 \cdot x_0}{\Omega_{1(P2)}}-\frac{x_0}{\Omega_{3(P1)(P2)}}-\frac{a_1(b_1/\Omega_{1(P1)}+1/\Omega_{3S(P1)})}{(s_1-b_1)/x_0}-\frac{a_2(b_2/\Omega_{1(P2)}+1/\Omega_{3S(P2)})}{(s_2-b_2)/x_0}\right)}{\frac{a_1}{\Omega_{1(P1)}}+\frac{a_2}{\Omega_{1(P2)}}+\frac{1}{\Omega_{3(P1)(P2)}}+\frac{a_1(b_1/\Omega_{1(P1)}+1/\Omega_{3S(P1)})}{s_1-b_1}+\frac{a_2(b_2/\Omega_{1(P2)}+1/\Omega_{3S(P2)})}{s_2-b_2}}$$

$$\lambda_2 = \frac{\Omega_{1(P1)}\Omega_{1(P2)}\exp(-t_1/\Omega_{1(P1)}-t_2/\Omega_{1(P2)})}{\Omega_{3(P1)(P2)}(\Omega_{1(P1)}+s_1\Omega_{3S(P1)})(\Omega_{1(P2)}+s_2\Omega_{3S(P2)})}\left[-\exp\left(\left(\frac{s_2}{\Omega_{1(P2)}}+\frac{1}{\Omega_{3S(P2)}}\right)\frac{t_2-c_2}{s_2-b_2}\right)\right.$$

$$\times\frac{\exp(-x_0(1/\Omega_{3(P1)(P2)}+(s_2/\Omega_{1(P2)}+1/\Omega_{3S(P2)})a_2/(s_2-b_2)))}{1/\Omega_{3(P1)(P2)}+(s_2/\Omega_{1(P2)}+1/\Omega_{3S(P2)})a_2/(s_2-b_2)}+\Omega_{3(P1)(P2)}\exp\left(\frac{-x_0}{\Omega_{3(P1)(P2)}}\right)$$

$$-\frac{\exp(-x_0(1/\Omega_{3(P1)(P2)}+(s_1/\Omega_{1(P1)}+1/\Omega_{3S(P1)})a_1/(s_1-b_1)))}{1/\Omega_{3(P1)(P2)}+(s_1/\Omega_{1(P1)}+1/\Omega_{3S(P1)})a_1/(s_1-b_1)}$$

$$\times\exp\left(\left(\frac{s1}{\Omega_{1(P1)}}+\frac{1}{\Omega_{3S(P1)}}\right)\frac{t_1-c_1}{s_1-b_1}\right)$$

$$+\exp\left(\left(\frac{s_1}{\Omega_{1(P1)}}+\frac{1}{\Omega_{3S(P1)}}\right)\frac{t_1-c_1}{s_1-b_1}+\left(\frac{s_2}{\Omega_{1(P2)}}+\frac{1}{\Omega_{3S(P2)}}\right)\frac{t_2-c_2}{s_2-b_2}\right)$$

$$\times\frac{\exp\left(-x_0\left(\frac{1}{\Omega_{3(P1)(P2)}}+\frac{a_1(s_1/\Omega_{1(P1)}+1/\Omega_{3S(P1)})}{s_1-b_1}+\frac{a_2(s_2/\Omega_{1(P2)}+1/\Omega_{3S(P2)})}{s_2-b_2}\right)\right)}{\frac{1}{\Omega_{3(P1)(P2)}}+\frac{a_1(s_1/\Omega_{1(P1)}+1/\Omega_{3S(P1)})}{s_1-b_1}+\frac{a_2(s_2/\Omega_{1(P2)}+1/\Omega_{3S(P2)})}{s_2-b_2}}\left.\right]$$

$$\lambda_3 = \frac{-\Omega_{1(P1)}\Omega_{1(P2)}\exp(-c_1/\Omega_{1(P1)}-t_2/\Omega_{1(P2)})}{\Omega_{3(P1)(P2)}(\Omega_{1(P1)}+b_1\Omega_{3S(P1)})(\Omega_{1(P2)}+s_2\Omega_{3S(P2)})}\left(\frac{\exp(-x_0(a_1/\Omega_{1(P1)}+1/\Omega_{3(P1)(P2)}))}{a_1/\Omega_{1(P1)}+1/\Omega_{3(P1)(P2)}}\right.$$

$$+\frac{\exp\left(-x_0\left(\frac{a_1}{\Omega_{1(P1)}}+\frac{1}{\Omega_{3(P1)(P2)}}+\frac{a_1(b_1/\Omega_{1(P1)}+1/\Omega_{3S(P1)})}{s_1-b_1}+\frac{a_2(s_2/\Omega_{1(P2)}+1/\Omega_{3S(P2)})}{s_2-b_2}\right)\right)}{\frac{a_1}{\Omega_{1(P1)}}+\frac{1}{\Omega_{3(P1)(P2)}}+\frac{a_1(b_1/\Omega_{1(P1)}+1/\Omega_{3S(P1)})}{s_1-b_1}+\frac{a_2(s_2/\Omega_{1(P2)}+1/\Omega_{3S(P2)})}{s_2-b_2}}$$

$$\times\exp\left(\left(\frac{b_1}{\Omega_{1(P1)}}+\frac{1}{\Omega_{3S(P1)}}\right)\frac{t_1-c_1}{s_1-b_1}+\left(\frac{s_2}{\Omega_{1(P2)}}+\frac{1}{\Omega_{3S(P2)}}\right)\frac{t_2-c_2}{s_2-b_2}\right)$$

$$-\frac{\exp(-x_0(a_1/\Omega_{1(P1)}+1/\Omega_{3(P1)(P2)}+(b_1/\Omega_{1(P1)}+1/\Omega_{3S(P1)})a_1/(s_1-b_1))}{a_1/\Omega_{1(P1)}+1/\Omega_{3(P1)(P2)}+(b_1/\Omega_{1(P1)}+1/\Omega_{3S(P1)})a_1/(s_1-b_1)}$$

$$\times\exp\left(\left(\frac{b_1}{\Omega_{1(P1)}}+\frac{1}{\Omega_{3S(P1)}}\right)\frac{t_1-c_1}{s_1-b_1}\right)-\exp\left(\left(\frac{s_2}{\Omega_{1(P2)}}+\frac{1}{\Omega_{3S(P2)}}\right)\frac{t_2-c_2}{s_2-b_2}\right)$$

$$\times\frac{\exp(-x_0(a_1/\Omega_{1(P1)}+1/\Omega_{3(P1)(P2)}+(s_2/\Omega_{1(P2)}+1/\Omega_{3S(P2)})a_2/(s_2-b_2)))}{a_1/\Omega_{1(P1)}+1/\Omega_{3(P1)(P2)}+(s_2/\Omega_{1(P2)}+1/\Omega_{3S(P2)})a_2/(s_2-b_2)}\left.\right)$$

$$\lambda_4 = \frac{-\Omega_{1(P1)}\Omega_{1(P2)}\exp(-t_1/\Omega_{1(P1)}-c_2/\Omega_{1(P2)})}{\Omega_{3(P1)(P2)}(\Omega_{1(P1)}+s_1\Omega_{3S(P1)})(\Omega_{1(P2)}+b_2\Omega_{3S(P2)})}\left(-\exp\left(\left(\frac{s_1}{\Omega_{1(P1)}}+\frac{1}{\Omega_{3S(P1)}}\right)\frac{t_1-c_1}{s_1-b_1}\right)\right.$$

$$\times\frac{\exp(-x_0(a_2/\Omega_{1(P2)}+1/\Omega_{3(P1)(P2)}+(s_1/\Omega_{1(P1)}+1/\Omega_{3S(P1)})a_1/(s_1-b_1)))}{a_2/\Omega_{1(P2)}+1/\Omega_{3(P1)(P2)}+(s_1/\Omega_{1(P1)}+1/\Omega_{3S(P1)})a_1/(s_1-b_1)}$$

$$+\frac{\exp\left(-x_0\left(\frac{a_2}{\Omega_{1(P2)}}\frac{1}{\Omega_{3(P1)(P2)}}+\frac{a_1(s_1/\Omega_{1(P1)}+1/\Omega_{3S(P1)})}{s_1-b_1}+\frac{a_2(b_2/\Omega_{1(P2)}+1/\Omega_{3S(P2)})}{s_2-b_2}\right)\right)}{\frac{a_2}{\Omega_{1(P2)}}\frac{1}{\Omega_{3(P1)(P2)}}+\frac{a_1(s_1/\Omega_{1(P1)}+1/\Omega_{3S(P1)})}{s_1-b_1}+\frac{a_2(b_2/\Omega_{1(P2)}+1/\Omega_{3S(P2)})}{s_2-b_2}}$$

$$\times\exp\left(\left(\frac{s_1}{\Omega_{1(P1)}}+\frac{1}{\Omega_{3S(P1)}}\right)\frac{t_1-c_1}{s_1-b_1}+\left(\frac{b_2}{\Omega_{1(P2)}}+\frac{1}{\Omega_{3S(P2)}}\right)\frac{t_2-c_2}{s_2-b_2}\right)$$

$$+\frac{\exp(-x_0(a_2/\Omega_{1(P2)}+1/\Omega_{3(P1)(P2)}))}{a_2/\Omega_{1(P2)}+1/\Omega_{3(P1)(P2)}}-\exp\left(\left(\frac{b_2}{\Omega_{1(P2)}}+\frac{1}{\Omega_{3S(P2)}}\right)\frac{t_2-c_2}{s_2-b_2}\right)$$

$$\times \frac{\exp(-x_0(a_2/\Omega_{1(P2)}+1/\Omega_{3(P1)(P2)}+(b_2/\Omega_{1(P2)}+1/\Omega_{3S(P2)})a_2/(s_2-b_2)))}{a_2/\Omega_{1(P2)}+1/\Omega_{3(P1)(P2)}+(b_2/\Omega_{1(P2)}+1/\Omega_{3S(P2)})a_2/(s_2-b_2)})$$

6.3.4　仿真验证

根据上述对基于 TPSR 机制和多用户选择的认知 overlay 频谱共享模型传输策略的理论分析,本小节主要说明该传输策略的仿真性能,其中对比分析了本章提出的传输策略、文献[13]和文献[21]所研究的传输策略,并讨论设置不同传输参数时的主用户和二级用户中断性能。文献[13]中传输策略的基本原理在 6.2 节中有详细介绍,它与本章所提出的传输策略的不同之处在于:后者实现了多用户选择,且二级发射端没有采用叠加编码;文献[21]中的传输策略也实现了多用户选择,但其中需要选择两个二级发射,一个用于中继传输主用户数据,另一个在满足干扰限制的条件下用于传输二级数据,且主用户采用的是阶段式传输机制。仿真中通用的传输参数设置如下,链路 PT→ST、ST→PD、ST_i→ST_j 和 ST→SD 上的距离分别为 $d_1=1.5$、$d_2=1.5$、$|i-j|d_3=0.4|i-j|$ 和 $d_4=0.4$,这些链路上的信道平均增益 $\Omega_1=\Omega_2=\Omega_3=\Omega_4=1$。路径损耗指数 $\alpha=3$,主用户和二级用户系统的最小传输速率分别为 $R_P=2\text{bit/s/Hz}$、$R_S=0.5\text{bit/s/Hz}$,主用户系统发射信噪比 $P_P/\sigma^2=20\text{dB}$,二级用户的个数为 K。根据仿真中侧重点的不同,一些特征性传输参数将在后面的具体分析中给出。

图 6-7 说明了主用户系统的中断概率随二级用户发射信噪比 P_S/σ^2 的变化趋势,其中对比分析了本章所提出的传输策略、文献[13]中的传输策略以及文献[21]中的传输策略,并讨论了系统中二级用户个数不同时,这三种传输策略中的主用户中断性能。二级用户个数是此处的特征参数,其设置为 $K=1$、2、3、4。本章所提出的传输策略和文献[21]中的传输策略都是基于 TPSR 机制而设计的,要实现 TPSR 机制就必须从系统中选出两个二级发射。当系统中只存在一个二级用户时,这两种传输策略是不可实现的。又由图 6-7 可知,这两种传输策略中的主用户中断概率随 P_S/σ^2 的增加而减小,这是因为较大的 P_S/σ^2 取值更有利于实现 TPSR 机制,同时它也随二级用户个数的增加而减小,这是因为较多的二级用户个数会使系统获得较多的用户协作增益。当 $K=2$ 时,文献[21]中的传输策略获得了多用户协作增益,此时该传输策略具有最优的主用户中断性能。而文献[13]所研究的传输策略中二级发射使用了叠加编码技术,使其主用户中断性能最差。当 $K\geqslant3$ 时,本章所提出的传输策略也获得了多用户协作增益;当 K 取值较大时,这种协作增益与文献[21]中的近似相等,然而,本章所提出的传输策略具有更高的频谱效率,这是因为采用了 TPSR 机制的传输策略会使系统具有更高的频谱效率,此时本章所提出的传输策略具有更好的主用户中断性能。图 6-7 中的仿真结果与上述分析一致。

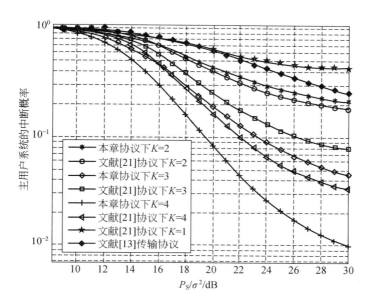

图 6-7　二级用户个数不同时的主用户系统中断概率

图 6-8 说明了本章所提出的传输策略中主用户系统中断概率随二级用户平均发射信噪比 P_S/σ^2 的变化趋势，显示了主用户平均发射信噪比 P_P/σ^2 和主用户系

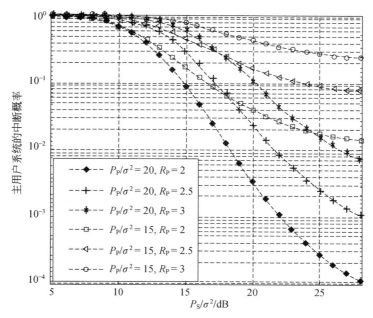

图 6-8　参数 P_P/σ^2 和 R_P 不同时，主用户系统中断概率的对比

统最小传输速率 R_P 取值不同时的主用户中断性能，P_P/σ^2 和 R_P 是此处的特征参数，其设置为 $P_P/\sigma^2 = 15\text{dB}$、$20\text{dB}$，$R_P = 2\text{bit/s/Hz}$、$2.5\text{bit/s/Hz}$、$3\text{bit/s/Hz}$。由图 6-8 可知，主用户的中断概率随着主用户系统的最小传输速率的增大而增大，随着主用户发射信噪比的增大而减小。仿真结果与理论分析结果基本一致。

图 6-9 说明了二级用户中断概率随着二级用户发射信噪比 P_S/σ^2 的变化趋势。对比分析了本章所提出的传输策略、文献[21]中的传输策略以及文献[13]中的传输策略中二级系统的中断性能，并讨论了系统中二级用户个数不同时的二级系统中断性能，那么二级用户个数是此处的特征参数，其设置为 $K = 7$、9、11。根据 6.3.3 小节中的研究可知，本章所提出的传输策略中二级系统的中断性能主要取决于三个事件，当二级用户发射信噪比较小即 $P_S/\sigma^2 \leqslant 15$ 时，二级系统中断概率随着 P_S/σ^2 的增大而减小，这是因为此时事件 1 是影响二级系统中断性能的主要因素；当二级用户发射信噪比较大即 $P_S/\sigma^2 > 15$ 时，二级系统中断概率随着 P_S/σ^2 的增大而增大，此时影响二级系统中断性能的主要因素是事件 2，这与图 6-3 中的显示结果一致。由于多用户协作增益的影响，本章所提出的传输策略和文献[21]所研究的传输策略中二级系统的中断概率随着 K 的增加而减小。另外，传输参数设置相同时，相较于文献[13]和文献[21]中的传输策略，本章所提出的传输策略具有较优的二级系统中断性能，造成这种性能的原因可参考图 6-7 的说明。图 6-9 中的仿真结果与之前推导的理论结果一致。

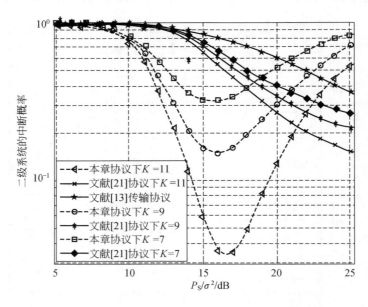

图 6-9　不同的二级用户数时，二级系统中断概率的对比

　　图 6-10 说明了本章所提出的传输策略中二级系统的中断性能随二级用户平均发射信噪比 P_S/σ^2 的变化趋势,显示了主用户发射信噪比、主用户最小传输速率以及链路 $ST_i \rightarrow ST_j$ 上的信道平均增益取值不同时的二级系统中断性能,那么此处的特征参数可设置为:$P_P/\sigma^2 = 16\text{dB}$、$18\text{dB}$、$20\text{dB}$,$R_P = 2\text{bit/s/Hz}$、$2.2\text{bit/s/Hz}$、$2.4\text{bit/s/Hz}$,$\Omega_3 = 0.5$、$0.7$、$0.9$。由图 6-10 可知,本章所提出的传输策略中二级系统的中断概率随 P_S/σ^2 的增大而减小,随 R_P 的增大而增大,随 Ω_3 的增大性能曲线向右平移而形状保持不变,这些结果与理论分析的结果基本一致。

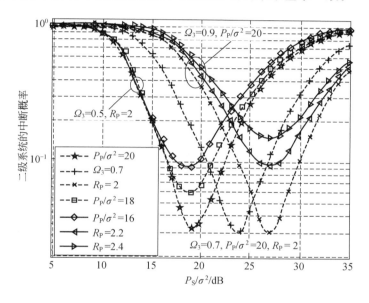

图 6-10　参数 P_P/σ^2 和 R_P 不同时,二级系统中断概率的对比

　　综上所述,本章所提出的基于 TPSR 机制和多用户选择的认知 overlay 频谱共享模型传输策略在一定的条件下具有较好的系统性能,因而验证了其有效性。

6.4　本章小结

　　本章研究了基于 TPSR 机制的认知 overlay 频谱共享模型传输策略,其工作思路是,两个二级用户交替协助中继主用户数据信息,也相应地实现二级数据的传输,二级发射可采用叠加编码技术来组合二级用户数据和主用户数据,本章从下述几个方面对其原理进行了详细的介绍:系统模型的构建、数据传输机制的设计、主用户和二级用户系统性能的推导,以及最优化功率分配方案设计。讨论了基于 TPSR 机制的认知 overlay 频谱共享模型传输策略的优势和劣势。经过理论分析和仿真验证可知,相较于传统的认知 overlay 频谱共享模型传输策略,基于 TPSR

机制的认知频谱共享传输具有以下优势：①不会引起主用户系统频谱效率损失；②能支持主用户数据和二级用户数据的并行传输；③二级用户的接入并不影响主用户的通信方式，因此主用户系统能连续发送信号而不需要改变其通信方式。然而TPSR 传输机制会使传输策略中存在用户间干扰，这种干扰会降低系统性能，因此需要使用编码技术或干扰消除技术来对抗这种性能的损失。而要实现 TPSR 机制就需要两个二级发射共同协助传输主用户信号，因此这类通信策略只适用于多个二级用户存在的场景。

为了降低现有的基于 TPSR 机制的认知 overlay 频谱共享模型传输策略中二级用户间的干扰，本章提出了一种基于 TPSR 机制和多用户选择的认知 overlay 频谱共享模型传输策略，其工作思路是针对多个二级用户存在的通信系统（其中二级用户数大于等于 3 个），选择两个二级用户发射作为中继交替转发主用户数据信息，再选择第三个二级用户发射用于传输二级数据。前两个发射的选择准则为实现最大的主用户数据传输速率，第三个发射选择准则是二级数据传输给主用户数据传输造成较小的干扰。在本章所提出的传输策略中，二级用户不需要进行叠加编码，但二级用户数据传输需要满足干扰限制条件。在该策略中，不仅存在主用户与二级用户的协作，也存在二级用户之间的协作。本章通过下述几个方面说明了其设计原理：系统模型的构建、数据传输机制的设计、用户的选取准则的设计、主用户和二级用户系统性能理论推导和仿真分析。研究结果表明，当二级用户个数较多时，本章所提出的传输策略相比文献[13]和文献[21]中的传输策略具有更好的主用户和二级用户中断性能。综上所述，本章所做的研究推动了基于 TPSR 机制的认知 overlay 频谱共享模型的深入研究。

参 考 文 献

[1] Bolcskei H, Nabar R U, Oyman O, et al. Capacity scaling laws in MIMO relay networks. IEEE Transactions on Wireless Communications, 2006, 5(6): 1433—1444.

[2] Cover T, Gamal A E. Capacity theorems for the relay channel. IEEE Transactions on Informantion Theory, 1979, 25, (5): 572—584.

[3] Olga M, Agustin A, Vidal J. Cellular capacity gains of cooperative MIMO transmission in the downlink. 2004 International Zurich Seminar on Communications, 2004: 22—26.

[4] Hu H N, Yanikomeroglu H, Falconer D D, et al. Range extension without capacity penalty in cellular networks with digital fixed relays. IEEE Global Telecommunications Conference, 2004, 5: 3053—3057.

[5] Oechtering T, Sezgin A. A new cooperative transmission scheme using the space-time delay code. ITG Workshop on Smart Antennas, 2004: 41—48.

[6] Rankov B, Wittneben A. Spectral efficient protocols for half-duplex fading relay channels. IEEE Journal on Selected Areas in Communications, 2007, 25(2): 379—389.

[7] Zhang R. On achievable rates of two-path successive relaying. IEEE Transactions on Communication, 2009, 57(10): 2914—2917.

[8] Chang W, Chung S, Lee Y H. Capacity bounds for alternating two-path relay channels. Allerton Conference Communications, Control Computating, 2007: 1149—1155.

[9] Fan Y J, Wang C, Thompson J, et al. Recovering multiplexing loss through successive relaying using repetition coding. IEEE Transactions on Wireless Communications, 2007, 6(12): 4484—4493.

[10] Tian F, Zhang W, Ma W K, et al. An effective distributed space-time code for two-path successive relay network. IEEE Transactions on Communications, 2011, 59(8): 2254—2263.

[11] Shi L, Zhang W, Ching P C. Single-symbol decodable distributed STBC for two-path successive relaying networks. 2011 IEEE International Conference on Acoustics, Speech and Signal Processing, 2011: 3324—3327.

[12] Luo C B, Gong Y, Zheng F C. Full interference cancellation for two-path relay cooperative networks. IEEE Transactions on Vehicular Technology, 2011, 60(1): 343—347.

[13] Zhai C, Zhang W, Ching P C. Cooperative spectrum sharing based on two-path successive relaying. IEEE Transactions on Communications, 2013, 61(6): 2260—2270.

[14] Foschini G J, Gans M J. On limits of wireless communications in a fading environment when using multiple antennas. Wireless Personal Communications, 1998, 6: 311—335.

[15] Molisch A F, Win M Z, Choi Y S, et al. Capacity of MIMO systems with antenna selection. IEEE Transactions on Wireless Communications, 2005, 4(4): 1759—1772.

[16] Han Y, Pandharipande A, Ting S H. Cooperative decode-and-forward relaying for secondary spectrum access. IEEE Transactions on Wireless Communications, 2009, 8(10): 4945—4950.

[17] Simeone O, Stanojev I, Savazzi S, et al. Spectrum leasing to cooperating secondary Ad Hoc networks. IEEE Journal on Selected Areas in Communications, 2008, 26(1): 203—213.

[18] Zhai C, Zhang W. Adaptive spectrum leasing with secondary user scheduling in cognitive radio networks. IEEE Transactions on Wireless Communications, 2013, 12(7): 3388—3398.

[19] Chen W, Chen Z, Zhou C. Joint source-relay optimization for two-path MIMO AF relay system. 2012 8th International Conference on Wireless Communications, Networking and Mobile Computing (WiCOM), 2012: 1—5.

[20] Gong Y, Luo C B, Chen Z. Two-path successive relaying with hybrid demodulate and forward. IEEE Transactions on Vehicular Technology, 2012, 61(5): 2044—2053.

[21] Han Y, Ting S H, Pandharipande A. Cooperative spectrum sharing protocol with secondary user selection. IEEE Transactions on Wireless Communications, 2010, 9(9): 2914—2923.

第7章 面向 ARQ 系统的认知 overlay 频谱共享模型传输策略

7.1 引　　言

本章主要从两个方面研究认知 overlay 频谱共享模型传输策略,一方面根据认知 overlay 频谱共享模型的定义,讨论二级用户如何获取协作时所需的信息;另一方面讨论二级用户与主用户之间的协作方式。关于前一方面的研究,前面已经介绍了三种不同的获取主用户信息的形式,本章还要讨论另一种获取主用户信息的形式,即利用 ARQ 系统来设计获取主用户信息。其主要思想是二级用户通过成功译码前一次传输的主用户数据来获取重传时隙上协助所需的信息。其中主用户终端的反馈信息 ACK 可用来确定已获取信息的有效性。已有认知 overlay 频谱共享模型的大部分研究中,主用户和二级用户间的协作方式是二级用户充当主用户中继设备而协助主用户数据的传输。本章之前所有的研究也基于此协作方式而开展。本章将介绍认知 overlay 频谱共享模型的另一种协作方式,即协助干扰管理方式,其思路为:二级用户成功获取干扰用户信息后,将此干扰用户信息转发给主用户终端,以帮助主用户实现干扰消除,从而提高主用户的系统性能。这种协作方式主要用于干扰影响较严重的通信场景,而该场景下中继传输协作方式不再有效。因此,本章针对强干扰环境提出了一种基于协作干扰管理与频谱接入之间切换的频谱共享策略。

面向 ARQ 系统的认知无线电现有研究中,通过监听主用户系统的 ARQ 控制信号,二级用户能获得信道的状态信息,再由这些信息估计二级频谱接入可能给主用户系统造成的干扰,以此调整二级系统的传输参数,从而实现频谱共享。在文献[1]和文献[2]中,二级用户通过窃听主用户系统的 ARQ 握手信号自适应地调整其传输速率,从而在不影响主用户性能的条件下实现二级数据的传输。文献[3]～文献[5]讨论二级用户频谱接入给主用户系统带来的干扰以及此干扰给主用户数据重传所造成的影响。文献[6]研究主用户系统的重传次数不受限制时,二级数据传输给系统频谱效率造成的影响。文献[7]～文献[9]提出了几种一个二级用户与基于 ARQ 的主用户系统共存的机会频谱共享策略,它们的本质思想是在主用户的重传时隙上实现二级用户的机会频谱接入。上述研究在实现二级用户频谱接入的同时降低了主用户性能。另外,文献[10]和文献[11]研究基于 ARQ 的主用户系统频谱租赁协议,其中主用户主导着是否将频谱资源租赁给二级用户以换取其协作。

　　主用户与二级用户间的中继协作传输是已有认知 overlay 频谱共享模型公认的协作方式。这种协作方式研究最为广泛,也称为协作传输(cooperative transmission,CT),即文献[12]中的协作通信模式。据此,前面研究的认知 overlay 频谱共享模型都是协作传输。从信息理论角度出发,在干扰受限场景中,另一种协作方式将取代传统的 CT,即协作干扰管理(cooperative interference management,CIM)[13,14]。协作干扰管理的思路是:协作用户转发的是干扰源信息,接收端通过联合译码先获取干扰源信息,并消除干扰信息,从而获得期望信息。因此,CIM 可提高用户性能。这种思想是参考无线中继网络中的协作干扰管理而设计的。本章主要研究协作干扰管理技术在认知 overlay 频谱共享模型中的运作情况。

7.2　传统面向 ARQ 系统的认知 overlay 频谱共享模型传输策略

　　文献[15]研究主用户系统为 ARQ 系统的认知 overlay 频谱共享模型传输策略,其设计思路与文献[16]研究的无线局域网中协作中继传输策略类似。这些传输策略主要分为协作模式和接入模式。在协作模式下,若二级发射成功译码前一次传输的主用户信息,且未检测到来自主用户终端的反馈信号 ACK,那么当前时隙中,二级用户中继传输主用户数据以此提高主用户的系统性能。相比无二级用户共存的情况,此时会提升主用户的系统性能,此提升量可核算为二级用户收集的信用度。在接入模式上,若二级终端成功译码前一次传输的主用户信息,它会发射一个干扰信息用于破坏 ACK/NAK 信号,使得主用户发射端接收不到反馈信息,主用户执行重传操作,这时二级发射端通过该重传时隙来实现二级数据的传输。这种二级传输会导致主用户系统性能损失,此损失量可核算为惩罚度。当惩罚度与信用度相等,即两者完全抵消时,二级用户将进行新一轮的信用度收集。根据上述分析可知,文献[15]研究的是一种基于协作传输与频谱接入之间切换的频谱共享策略。此类认知 overlay 频谱共享模型传输策略不需要改变传统的主用户通信方式,只需要合理设计协作模式下的信令开销[16~18]。本节将根据文献[15]中的研究来说明主用户系统为 ARQ 系统的认知 overlay 频谱共享模型传输策略的工作原理。

7.2.1　系统模型和基本原理

　　面向 ARQ 系统的认知 overlay 频谱共享模型协作中继传输策略的系统模型如图 7-1 所示,其中一个二级用户对 ST-SR 与一个主用户对 PT-PR 共享频谱资源。假设所有通信节点的通信模式都是半双工模式。信道具有互易性且具有数据块独立的瑞利衰落特性。令 d_1、d_2、d_3、d_4 和 d_5 分别代表链路 PT→PR,PT→ST、ST→PR、PT→SR 和 ST→SR 上的距离,各链路对应的信道系数 $h_i \sim CN(0, d_i^{-\alpha})$,$i=1,2,\cdots,5$,$\alpha$ 为路径损耗指数,主用户和二级用户的平均发射功率分别为 P_P 和 P_S,各接收端的接收噪声是均值为零、功率为 σ^2 的加性高斯白噪声。假设基于 ARQ 的主用户系统中数据包的重传次数有限,即主用户数据包最多发送 N 次,$N \geqslant 2$。若某数据包被发送小于或等于 N 次后,PT 接收到来自 PR 的反馈信号 ACK 则表明该数据包传输成功,接着发射一个新的数据包;若某数据包发射 N 次后,PT 未接收到来自 PR 的 ACK(包括接收到 NAK 或未接收到任何反馈信号),则说明该数据包传输失败,PT 会发送一个新的数据包。

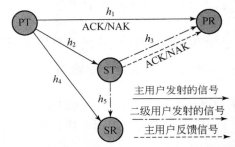

图 7-1　面向 ARQ 系统的认知 overlay 频谱共享模型协作传输策略的系统模型

　　面向 ARQ 系统的认知 overlay 频谱共享模型协作中继传输策略工作原理,可通过其协作模式和接入模式下的传输过程进行说明。图 7-2 说明了基于 ARQ 的传统主用户系统传输机制,其中互斥事件定义如下。

　　$\varepsilon_t = \{$数据包 P1 经过 t 次传输后,PT 接收到反馈信号 ACK1$\}$,其中 t 为自然数且小于等于 N。

　　$\varepsilon_{N,L} = \{$数据包 P1 经过 N 次传输后,PT 未接收到反馈信号 ACK1,数据包 P1 丢失$\}$。

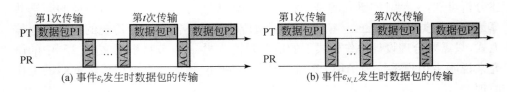

图 7-2　传统主用户系统的传输机制

　　图 7-3 说明了面向 ARQ 系统的协作中继传输策略中协作模式下主用户数据包的传输过程。由认知 overlay 频谱共享模型的定义易知,只有数据包 P1 第

一次传输不成功后系统才可能实现协作模式。从数据包 P1 第一次传输开始，ST 试图译码数据包 P1。令事件 CT 表示数据包 P1 在其传输过程中能被 ST 成功译码，这时 ST 向系统广播一协助传送信息（help-to-send，HTS），并代表 PT 执行数据包 P1 的重传操作。事件 $\overline{CT}$ 表示数据包 P1 在其传输过程中一直不被 ST 成功译码，那么 ST 不能参与协作而保持待机工作。图中 $i=1,2,\cdots,t$，互斥事件定义如下。

$C_t=\{$数据包 P1 经过 t 次传输后，PT 接收到反馈信号 ACK1$\}$，其中 $t=1$，$2,\cdots,N$；该事件由图 7-3（a）和（c）所示的两个不相交事件 $\{C_t,\overline{CT}\}$ 和 $\{C_t,CT\}$ 组成，分别表示 ST 不能协作和协作的情况。

$C_{N,L}=\{$数据包 P1 经过 N 次传输后，PT 未接收到反馈信号 ACK1，数据包 P1 丢失$\}$；该事件由图 7-3（b）和（d）所示的两个不相交事件 $\{C_{N,L},\overline{CT}\}$ 和 $\{C_{N,L},CT\}$ 组成。

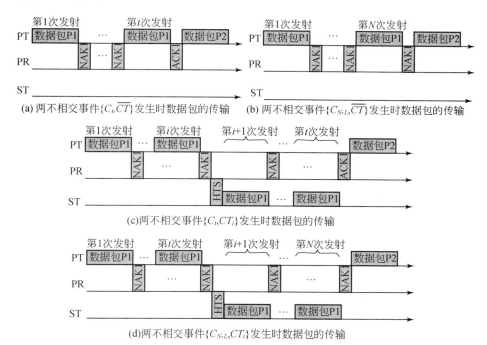

(a) 两不相交事件 $\{C_t,\overline{CT}\}$ 发生时数据包的传输

(b) 两不相交事件 $\{C_{N,L},\overline{CT}\}$ 发生时数据包的传输

(c) 两不相交事件 $\{C_t,CT_t\}$ 发生时数据包的传输

(d) 两不相交事件 $\{C_{N,L},\overline{CT}_t\}$ 发生时数据包的传输

图 7-3　协作中继模式下的系统传输机制

图 7-4 说明了面向 ARQ 系统的协作中继传输策略中接入模式下主用户数据包的传输过程。假设每个主用户数据包的传输过程中最多有一次二级数据传输。为实现二级数据传输中的干扰消除，从数据包 P1 第一次传输开始，SR 一直试图译码 P1。令事件 S_t 表示第 t 次传输中 SR 能成功译码数据包 P1。该事件发生后，

SR 先发送一干扰信号(INF)用于破坏主用户的反馈信号 ACK/NAK,并在数据包 P1 的第 $t+1$ 次传输中进行二级数据包的传送。定义事件 $\bigcup_{i=1}^{t-2} S_i$ 表示数据包 P1 的前 t 次传输中,SR 能成功译码 P1,其互补事件为 $\overline{D_t}$。在接入模式下,主用户系统的互补事件可定义如下。

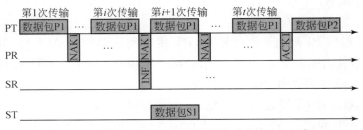

(a) 事件 $\{CA_t, D_{t-2}\}$ 发生时数据包的传输, $D_{t-2} = \bigcup_{i=1}^{t-2} S_i$

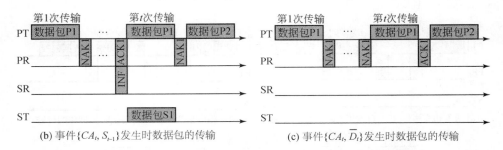

(b) 事件 $\{CA_t, S_{t-1}\}$ 发生时数据包的传输   (c) 事件 $\{CA_t, \overline{D_t}\}$ 发生时数据包的传输

图 7-4   事件 CA_t 发生时系统的传输机制

$CA_t = \{$数据包 P1 经历 t 次传输后,PT 接收到反馈信号 ACK1,其中 $t \in \{1, 2, \cdots, N\}\}$。当 $t=1$ 时,事件 CA_t 和事件 $\{CA_t, \overline{S_1}\}$ 表示的是同一事件;当 $t \in \{2, 3, \cdots, N-1\}$ 时,两不相交事件 $\{CA_t, D_{t-1}\}$ 和 $\{CA_t, \overline{D_t}\}$ 中任意一件发生都会引起事件 CA_t 发生,两者分别对应接入和不接入模式,图 7-4 说明了此情况下的系统传输过程,其中,$\{CA_t, D_{t-1}\} = \{CA_t, D_{t-2}\} \bigcup \{CA_t, S_{t-1}\}$;$t=N$,事件 CA_t 由两不相交事件 $\{CA_t, D_{t-1}\}$ 和 $\{CA_t, \overline{D_{t-1}}\}$ 组成,两者分别对应接入和不接入模式。

$CA_{N,L} = \{$数据包 P1 经历 N 次传输后,PT 未接收到反馈信号 ACK1,数据包 P1 丢失$\}$。它由两不相交事件 $\{CA_{N,L}, D_{N-1}\}$ 和 $\{CA_{N,L}, \overline{D_{N-1}}\}$ 组成,两者分别对应接入和不接入模式。图 7-5(a)和(b)分别说明了这两个事件发生时的系统传输过程。

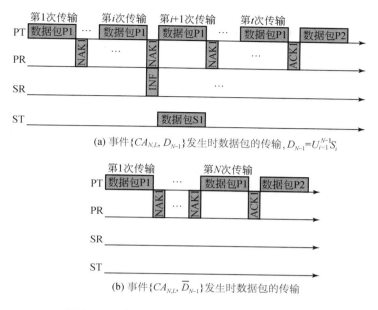

(a) 事件 $\{CA_{N,L}, D_{N-1}\}$ 发生时数据包的传输, $D_{N-1}=U_{i=1}^{N-1}S_i$

(b) 事件 $\{CA_{N,L}, \overline{D}_{N-1}\}$ 发生时数据包的传输

图 7-5　事件 $CA_{N,L}$ 发生时系统的传输机制

7.2.2　系统性能分析

根据 7.2.1 小节中的系统模型,令 O_i, $i=1,2,\cdots,5$ 分别代表传输链路 PT→PR、PT→ST、ST→PR(协作传输)、PT→SR 和 ST→SR(二级接入)上一次传输的中断概率,那么各中断概率可求解如下:

$$O_i=\Pr\{R_P>\log_2(1+P_P\mid h_i\mid^2/\sigma^2)\}=1-\exp(-(2^{R_P}-1)\sigma^2d_i^\alpha/P_P),\quad i\in\{1,2,4\}\tag{7-1}$$

$$O_3=\Pr\{R_P>\log_2(1+P_S\mid h_3\mid^2/\sigma^2)\}=1-\exp(-(2^{R_P}-1)\sigma^2d_3^\alpha/P_S)\tag{7-2}$$

在接入模式下,只有 SR 成功译码来自 PT 的主用户数据后,ST 才发射二级数据,这时 SR 能成功消除接收信号中的主用户数据,那么链路 ST→SR 上的中断概率为

$$O_5=\Pr\{R_S>\log_2(1+P_S\mid h_5\mid^2/\sigma^2)\}=1-\exp(-(2^{R_S}-1)\sigma^2d_5^\alpha/P_S)\tag{7-3}$$

为了说明面向 ARQ 系统的认知 overlay 频谱共享模型协作中继传输策略的系统性能,可先分析其协作模式和接入模式下的系统性能,并将这两模式下的主用户吞吐量与传统的主用户系统吞吐量(即系统中无二级用户)进行对比。下面先介绍基于 ARQ 的传统主用户系统吞吐量。主用户数据包经过 t 次发送后,PT 接收到 ACK 的概率,即事件 ε_t 发生的概率为

$$\Pr\{\varepsilon_t\}=O_1^{t-1}(1-O_1),\quad t\in\{1,2,\cdots,N\}\tag{7-4}$$

易知主用户数据包丢失的概率 $\mathrm{Pr}\{\varepsilon_{N,L}\}=O_1^N$，那么传统主用户系统的平均吞吐量可表示为

$$
\begin{aligned}
T_{\mathrm{P},N}^0 &= \sum_{t=1}^N \mathrm{Pr}\{\varepsilon_t\} \Big/ \Big(\sum_{t=1}^N t\mathrm{Pr}\{\varepsilon_t\}+NO_1^N\Big) \\
&= (1-O_1^N)/(1+O_1+O_1^2+\cdots+O_1^{N-1}) = 1-O_1 \text{ 数据包数每时隙}
\end{aligned}
\tag{7-5}
$$

在协作模式下，若数据包 P1 的第一次传输不成功，而 ST 成功译码 P1，那么 ST 将代替 PT 执行数据包 P1 的重传，直到数据包 P1 成功传送或者被传送 N 次。此时二级用户与主用户间主要存在两种情况，即协作达成与协作失败，这两种情况下数据包 P1 被成功传送的概率分别为

$$
\mathrm{Pr}\{C_t,CT\}=\sum_{i=0}^{t-2}(O_1O_2)^i O_1(1-O_2)O_3^{t-2-i}(1-O_3),\quad t\in\{2,\cdots,N\}
\tag{7-6}
$$

$$
\mathrm{Pr}\{C_t,\overline{CT}\}=(O_1O_2)^{t-1}(1-O_1),\quad t\in\{1,2,\cdots,N\}
\tag{7-7}
$$

在协作模式下，数据包 P1 经过 N 次传输后被丢失的概率为

$$
\begin{aligned}
\mathrm{Pr}\{C_{N,L}\} &= \mathrm{Pr}\{C_{N,L},CT\}+\mathrm{Pr}\{C_{N,L},\overline{CT}\} \\
&= (O_1O_2)^{N-1}O_1+\sum_{i=0}^{N-2}(O_1O_2)^i O_1(1-O_2)O_3^{N-1-i}
\end{aligned}
\tag{7-8}
$$

综上所述，基于 ARQ 的认知 overlay 频谱共享模型的协作中继传输方案中协作模式下的主用户吞吐量可表示为

$$
T_{\mathrm{P},N}^{CT}=\frac{1-O_1+\displaystyle\sum_{t=2}^N(\mathrm{Pr}\{C_t,CT\}+\mathrm{Pr}\{C_t,\overline{CT}\})}{\Big(1-O_1+\displaystyle\sum_{t=2}^N t(\mathrm{Pr}\{C_t,CT\}+\mathrm{Pr}\{C_t,\overline{CT}\})\Big)+N\mathrm{Pr}\{C_{N,L}\}}\text{ 数据包数每时隙}
\tag{7-9}
$$

将式(7-6)～式(7-8)代入式(7-9)便可求出协作模式下主用户系统的平均吞吐量。

根据 7.2.1 小节中介绍的主用户数据包成功传输的情况，若 S_t 事件发生了，SR 会发送一个干扰信号破坏来自 PR 的反馈信号 ACK1/NAK1，此时事件 CA_t 不会发生，因此事件 $\{CA_t,S_t\}$ 不存在。7.2.1 小节定义的各事件概率可求解如下：

$$
\mathrm{Pr}\{S_t\}=O_4^{t-1}(1-O_4),\quad \mathrm{Pr}\{D_t\}=1-O_4^t,\quad \mathrm{Pr}\{\overline{D}_t\}=O_4^t
\tag{7-10}
$$

$$
\mathrm{Pr}\{CA_1\}=\mathrm{Pr}\{CA_1,\overline{D}_1\}=O_4(1-O_1)
\tag{7-11}
$$

$$
\begin{aligned}
\mathrm{Pr}\{CA_t\}&=\mathrm{Pr}\{CA_t,D_{t-1}\}+\mathrm{Pr}\{CA_t,\overline{D}_t\} \\
&= (1-O_4^{t-1})O_1^{t-2}(1-O_1)+O_4^t O_1^{t-1}(1-O_1),\quad t\in\{2,\cdots,N-1\}
\end{aligned}
\tag{7-12}
$$

$$\mathrm{Pr}\{CA_N\}=\mathrm{Pr}\{CA_N,D_{N-1}\}+\mathrm{Pr}\{CA_N,\overline{D}_{N-1}\}$$
$$=(1-O_4^{N-1})O_1^{N-2}(1-O_1)+O_4^{N-1}O_1^{N-1}(1-O_1) \tag{7-13}$$

$$\mathrm{Pr}\{CA_{N,L}\}=\mathrm{Pr}\{CA_{N,L},D_{N-1}\}+\mathrm{Pr}\{CA_{N,L},\overline{D}_{N-1}\}=(1-O_4^{N-1})O_1^{N-1}+O_4^{N-1}O_1^{N} \tag{7-14}$$

接入模式下，主用户吞吐量可表示为

$$T_{\mathrm{P},N}^{CA}=\sum_{t=1}^{N}\mathrm{Pr}\{CA_t\}/\left(\sum_{t=1}^{N}t\mathrm{Pr}\{CA_t\}+N\mathrm{Pr}\{CA_{N,L}\}\right)\text{数据包数每时隙} \tag{7-15}$$

将式(7-11)~式(7-14)代入式(7-15)中便可求出接入模式下主用户的平均吞吐量。在该模式下实现了二级用户数据包的传输，二级系统平均吞吐量为

$$T_{\mathrm{S},N}^{CA}=\frac{(1-O_5)\left(\sum_{t=2}^{N}\mathrm{Pr}\{CA_t,D_{t-1}\}+\mathrm{Pr}\{CA_{N,L},D_{N-1}\}\right)}{\sum_{t=1}^{N}t\mathrm{Pr}\{CA_t\}+N\mathrm{Pr}\{CA_{N,L}\}}\text{数据包数每时隙} \tag{7-16}$$

综上所述，为使面向 ARQ 系统的认知 overlay 频谱共享模型协作中继传输策略中主用户系统总体的吞吐量不小于传统主用户系统的平均吞吐量，可将此策略中主用户系统的总体吞吐量表示为

$$T_{\mathrm{P},N}=t_{CT}T_{\mathrm{P},N}^{CT}+t_{CA}T_{\mathrm{P},N}^{CA}=T_{\mathrm{P},N}^{0}\text{数据包数每时隙} \tag{7-17}$$

式中，$t_{CT}=\rho/(1+\rho)$ 和 $t_{CA}=1/(1+\rho)$ 分别表示协作模式和接入模式所占用的时间；$\rho=(T_{\mathrm{P},N}^{0}-T_{\mathrm{P},N}^{CA})/(T_{\mathrm{P},N}^{CT}-T_{\mathrm{P},N}^{0})$。而此策略中二级用户的系统总体吞吐量为

$$T_{\mathrm{S},N}=t_{CA}T_{\mathrm{S},N}^{CA}=T_{\mathrm{S},N}^{CA}(T_{\mathrm{P},N}^{CT}-T_{\mathrm{P},N}^{0})/(T_{\mathrm{P},N}^{CT}-T_{\mathrm{P},N}^{CA})\quad\text{数据包数每时隙} \tag{7-18}$$

7.3　面向 ARQ 系统的认知 overlay 频谱共享模式干扰管理传输策略

7.2 节主要介绍了面向 ARQ 系统的认知 overlay 频谱共享模式中继传输策略，本节研究面向 ARQ 系统的认知 overlay 频谱共享模式干扰管理传输策略。文献[13]和文献[14]研究无线网络中的协作干扰管理传输策略。文献[19]研究认知网络中的协作干扰管理传输策略，其中分析了主用户系统的中断性能。基于文献[19]所研究的系统模型，本书提出一种基于协作干扰管理与频谱接入之间切换的频谱共享策略，详细说明了数据包的传输过程，推导协作干扰管理模式和二级频谱接入模式下的主用户系统平均吞吐量，分析协作干扰管理模式为二级用户积累的信用度和二级频谱接入模式带来的惩罚度。下面详细介绍所提出传输策略的工作原理。

7.3.1　系统模型和设计思路

　　面向 ARQ 系统的认知 overlay 频谱共享模型协作干扰管理传输策略的系统模型如图 7-6 所示。系统中包含一个主用户对 PT-PR、一个二级用户对 ST-SR 和一个干扰用户对 IT-IR,其中干扰用户的通信会影响主用户和二级用户的通信性能。此系统模型与实际的蜂窝小区覆盖很接近,即可令 PR 为微微基站,SR 为与其相邻的毫微微基站,IT 为包含微微基站和毫微微基站的宏基站[20],相应的有 PT 为微微基站用户,ST 为与其相邻的毫微微基站用户,IR 为宏基站用户。在该场景中,干扰源是造成主用户性能瓶颈效应的重要因素,因此需要设计能进行干扰管理的传输策略。

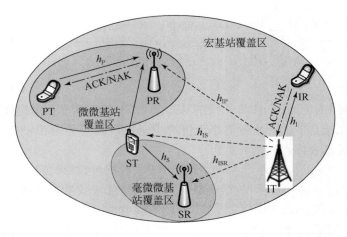

图 7-6　面向 ARQ 系统的协作干扰管理传输策略的系统模型

　　本章提出传输策略的设计思路:在协作干扰管理模式下,ST 持续监测干扰源并试图译码来自 IT 的数据包。若 ST 能成功译码来自 IT 的数据包且没有接收到来自 IR 的反馈信号 ACK1,则在下一次传输中,ST 将干扰数据包传送给 PR 以实现干扰消除。这时,主用户系统性能高于传统主用户系统性能,这种性能提升量定义为二级用户收集的信用度。当二级用户收集足够的信用度后,系统进入频谱接入模式,即 ST 使用主用户频谱资源进行二级数据包的传输。这时主用户系统性能低于传统主用户系统性能,这种性能损失量定义为二级用户的惩罚度。惩罚度会抵消协作干扰管理模式下收集的信用度。为了保证主用户的通信性能,信用度必须大于或等于惩罚度。当两者相等时,系统将切换到协作干扰管理模式,进行新一轮信用度的收集。因此,在本书提出的传输策略中,系统切换工作于协作干扰管理模式和频谱接入模式。假设二级系统无延迟限制。因为文献[21]研究的无线传感网络中传感器会发送一些与时间先后无关的信号给控制器,这个实例说明了该假设的合理性。

在图 7-6 中,实线表示期望信号的传输,虚线表示干扰信号,点划线表示接收端发送的反馈信号。假设所有通信节点的通信模式都是半双工模式,信道具有互易性且具有数据块独立的瑞利衰落特性。各传输参数定义如下:令 h_P、h_{PS}、h_S、h_{IP}、h_{IS}、h_{SP}、h_{ISR} 和 h_{PSR} 分别代表链路 PT→PR、PT→ST、ST→SR、IT→PR、IT→ST、ST→PR、IT→SR 和 PT→SR 上的距离,相应的信道链路系数 $h_i \sim CN(0, d_i^{-\alpha})$,$i=1,2,\cdots,5,d_i$ 表示链路 i 上的距离,α 为路径损耗指数,主用户、二级用户以及干扰源的平均发射功率分别设为 P_P、P_S 和 P_I,主用户系统、二级用户系统和干扰源系统的最小传输速率分别为 R_P、R_S 和 R_I,$x_P(t)$、$x_S(t)$ 和 $x_I(t)$ 分别表示主用户信号、二级用户信号和干扰源信号,且 $E[|x_Y(t)|^2]=1$,Y 为 P 或者 S 或者 I,$E[X]$ 表示随机变量 X 的均值,各接收端的接收噪声是均值为零、功率为 N_0 的加性高斯白噪声。假设所有接收端和二级发射端都已知信道状态信息,PR、ST 和 SR 已知干扰源所用的码本。主用户系统和干扰源系统是典型的 ARQ 系统。假设基于 ARQ 的主用户和干扰源系统中数据包的重传次数是有限的,即主用户数据包和干扰源数据包最多发送 K 和 K_I 次,K、$K_I \geqslant 2$。若主用户数据包发送小于或等于 K 次后,PT 接收到来自 PR 的反馈信号 ACK,这表明该数据包成功传输了,于是下一次传输会发送一个新的数据包;若某数据包发送了 K 次,PT 仍然未接收到来自 PR 的 ACK(包括接收到 NAK 或未接收到任何反馈信号),那么说明该数据包传输失败,下一次传输中 PT 也将发送一个新数据包。

7.3.2　传输原理

为了便于对比,下面先分析干扰场景下的传统主用户系统,即在 7.2.1 小节介绍的传统主用户系统中引入了干扰用户,它的传输机制与图 7-2 相同。此时 PR 接收到的信号为

$$y_P(t) = \sqrt{P_P d_P^{-\alpha}} h_P(t) x_P(t) + \sqrt{P_I d_{IP}^{-\alpha}} h_{IP}(t) x_I(t) + n_{PR}(t) \quad (7\text{-}19)$$

令 $\rho_P = 2^{R_P} - 1$,那么传统主用户系统的中断概率可表示为

$$O_P = \Pr\left\{\frac{P_P d_P^{-\alpha} |h_P(t)|^2}{P_I d_{IP}^{-\alpha} |h_{IP}(t)|^2 + N_0} < \rho_P\right\} = 1 - \frac{P_P d_P^{-\alpha} \exp(-\rho_P N_0 d_P^{\alpha} / P_P)}{\rho_P P_I d_{IP}^{-\alpha} + P_P d_P^{-\alpha}} \quad (7\text{-}20)$$

在协作干扰管理模式下,ST 持续监视干扰源的通信,ST 一直尝试译码来自 IT 的数据包且监测来自 IR 的反馈信息。在干扰源数据包的一次传输中,将 ST 能成功译码干扰源数据包的事件表示为 ξ,那么互补事件为 $\bar{\xi}$;干扰源数据包的传输次数未达到最大的事件表示为 ζ;ST 未接收到来自 IR 的反馈信号 ACK 的事件表示为 S。只有当前一次传输上 ξ、ζ 和 S 三个事件都发生时,ST 才能将干扰源数据包传送给 PR。那么 ST 能转发干扰源数据包的事件表示为 F,即 $F = \xi \cap \zeta \cap S$,ST 在传输干扰源数据包之前会先向系统广播一个协作干扰转发的控制信息 CIF(cooperative interference forward)。若这三个事件中的任何一个不成立,ST 都会保持待机工作,即为互补事件 $\overline{F}$。又令在主用户数据包 P1 的第 i 次传输中事件 F 发生了的事件表示为 F_i。图 7-7 说明了协作干扰管理模式下的各互斥事件,它们有如下定义。

$$C_I = \{\text{主用户数据包 P1 经过 } t \text{ 次传输后,PT 收到了来}$$
$$\text{自 PR 的反馈信号 ACK1,其中 } t \in \{1,2,\cdots,K\}\}$$

C_{Ir} 表示在主用户数据包的 t 次传输中存在二级用户协作干扰管理的事件,则有 $C_{Ir} = \bigcup\limits_{i=1}^{t} F_i$,那么 C_I 事件由两个不相交事件组成,即 $\{C_I, C_{Ir}\}$ 和 $\{C_I, \overline{C}_{Ir}\}$,分别对应图 7-7(a)和(b),图中数据包 I 表示 ST 译码所得的干扰源数据包。

$$C_{IL} = \{\text{主用户数据包 P1 经过 } K \text{ 次传输后,PT 一直都没有收到来自 PR 的反}$$
馈信号 ACK1\}。

该事件由两个不相交事件组成,即 $\{C_{IL}, C_{Ir}\}$ 和 $\{C_{IL}, \overline{C}_{Ir}\}$,分别对应图 7-7(d)和(c)。

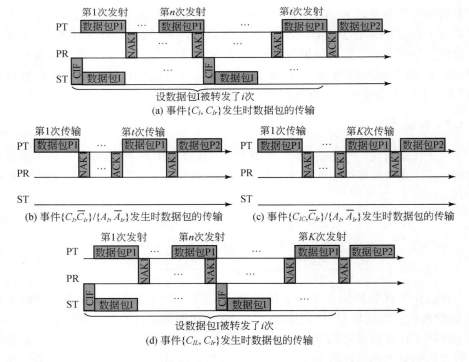

图 7-7　协作干扰管理模式下的系统传输机制

在协作干扰管理模式下,ST 接收到的信号为

$$y_{ST}(t) = \sqrt{P_P d_P^{-\alpha}} h_P(t) x_P(t) + \sqrt{P_I d_{IS}^{-\alpha}} h_{IS}(t) x_I(t) + n_{ST}(t) \qquad (7\text{-}21)$$

于是在干扰源数据包的一次传输中,ST 不能译码干扰源数据包,即链路 IT→ST 上的一次传输中断的概率为

$$O_{IS} = \Pr\left\{ R_I > \log_2\left(1 + \frac{P_I d_{IS}^{-\alpha} |h_{IS}|^2}{P_P d_{PS}^{-\alpha} |h_{PS}|^2 + N_0}\right)\right\} = 1 - \frac{P_I d_{IS}^{-\alpha} \exp(-\rho_I N_0 d_{IS}^\alpha / P_I)}{\rho_I P_P d_{PS}^{-\alpha} + P_I d_{IS}^{-\alpha}} \tag{7-22}$$

式中,$\rho_I = 2^{R_I} - 1$。

在主用户数据包的一次传输中,ST 不能译码主用户数据包,即链路 PT→ST 上的一次传输中断的概率为

$$O_{PS} = \Pr\left\{ R_P > \log_2\left(1 + \frac{P_P d_{PS}^{-\alpha} |h_{PS}(t)|^2}{P_I d_{IS}^{-\alpha} |h_{IS}(t)|^2 + N_0}\right)\right\} = 1 - \frac{P_P d_{PS}^{-\alpha} \exp(-\rho_P N_0 d_{IS}^\alpha / P_P)}{\rho_P P_I d_{IS}^{-\alpha} + P_P d_{PS}^{-\alpha}} \tag{7-23}$$

一般来说,ST 都有较强的功能,它能利用已知的信道状态信息先对获取的干扰数据包进行编码处理,然后将干扰数据包转发给 PR,因此可以假设只要事件 F 发生,PR 就能实现干扰消除,此时 PR 接收的信号为

$$y_{PR}^{C_I}(t) = \sqrt{P_P d_P^{-\alpha}} h_P(t) x_P(t) + n_{PR}(t) \tag{7-24}$$

在事件 F 发生的条件下,数据包在 PT→PR 链路上传输一次时的中断概率为

$$O_{C_I} = \Pr\{R_P > \log_2(1 + (P_P d_P^{-\alpha} |h_P|^2)/N_0)\} = 1 - \exp(-\rho_P N_0/(P_P d_P^{-\alpha} \sigma_P^2)) \tag{7-25}$$

将式(7-20)和式(7-25)进行对比易知,在协作干扰管理下,主链路上的中断概率明显小于传统主用户系统中的主链路上的中断概率。

在二级频谱接入模式下,SR 持续监视干扰源的通信。为了使接入阶段二级数据包的成功传输率较大,SR 一直尝试译码来自 IT 的数据包且监测来自 IR 的反馈信息。在干扰源数据包的一次传输中,将 SR 能成功译码干扰源数据包的事件表示为 ξ_r,那么对应的互补事件为 $\bar{\xi}_r$。译码所获得的干扰源数据包可用于 SR 上的干扰消除。干扰源数据包的传输次数未达到最大的事件表示为 ζ;SR 未接收到来自 IR 的反馈信号 ACK 的事件表示为 S_r。只有当前次传输上 ξ_r、ζ 和 S_r 三个事件都发生时,ST 才能向 SR 发送二级数据包。ST 能实现二级数据包传输的事件表示为 G,即 $G = \xi_r \bigcap \zeta \bigcap S_r$,SR 会在 ST 发送二级数据包之前先向系统广播一个二级频谱接入控制信息 CAT(cooperative access transmit)。若这三个事件中的任何一个不成立,ST 都会保持待机工作,即为互补事件 $\bar{G}$。令在主用户数据包 P1 的第 i 次传输中事件 F 发生了的事件表示为 G_i。协作模式与频谱接入模式中的无协作情况和无接入情况下的传输机制是相同,可通过图 7-7(b)和(c)来说明。图 7-8 说明了本书提出的传输策略中二级接入模式下的各互斥事件,它们分别定义如下。

$A_I = \{$主用户数据包 P1 经过 t 次传输后,PT 收到了来自 PR 的反馈信号 ACK1,其中 $t \in \{1,2,\cdots,K\}\}$

A_{Ir} 表示在主用户数据包的 t 次传输中有二级用户频谱接入的事件,则有 $A_{Ir}=\bigcup_{i=1}^{t}G_i$,那么事件 A_I 由两个不相交事件组成,即 $\{A_I,A_{Ir}\}$ 和 $\{A_I,\overline{A}_{Ir}\}$,分别对应图 7-8(a)和图 7-7(b),图中数据包 S 表示 ST 所传输的二级用户数据包。

$\quad A_{IL}=\{$主用户数据包 P1 经过 K 次传输后,PT 一直都没有收到来自

$\qquad$ PR 的反馈信号 ACK1,即数据包 P1 丢失$\}$

该事件由两个不相交事件组成,即 $\{A_{IL},A_{Ir}\}$ 和 $\{A_{IL},\overline{A}_{Ir}\}$,分别对应分别对应图 7-8(b)和图 7-7(c)。

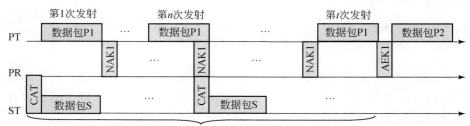

(a) 事件 $\{A_I,A_{Ir}\}$ 发生时数据包的传输机制

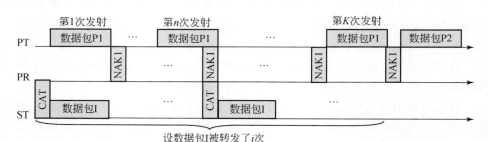

(b) 事件 $\{A_{IL},A_{Ir}\}$ 发生时数据包的传输机制

图 7-8　二级频谱接入模式下的系统传输机制

　　由于事件 ξ_r 是二级频谱接入的必要条件,因此先分析在干扰源数据包的一次传输中,链路 IT→SR 上的传输中断概率,即不能成功译码获得干扰源数据包的概率为

$$O_{ISR}=\mathrm{Pr}\left\{R_I>\log_2\left(1+\frac{P_I d_{ISR}^{-\alpha}\mid h_{ISR}\mid^2}{P_P d_{PSR}^{-\alpha}\mid h_{PSR}\mid^2+N_0}\right)\right\}=1-\frac{P_I d_{ISR}^{-\alpha}\exp(-\rho_I N_0/(P_I d_{ISR}^{-\alpha}))}{\rho_I P_P d_{PSR}^{-\alpha}+P_I d_{ISR}^{-\alpha}}$$

$$(7\text{-}26)$$

　　在事件 ξ_r 发生后且在 SR 上进行了干扰消除,那么 SR 上的接收信号表示为

$$y_{SR}(t)=\sqrt{P_P d_{PSR}^{-\alpha}}h_{PSR}(t)x_P(t)+\sqrt{P_S d_S^{-\alpha}}h_S(t)x_S(t)+n_{SR}(t) \quad (7\text{-}27)$$

令 $\rho_S=2^{R_S}-1$,那么在事件 G 发生的条件下,链路 ST→SR 上数据包一次传输

的中断概率,即二级数据包没有成功传输的概率表示为

$$O_S = \Pr\left\{R_S > \log_2\left(1 + \frac{P_S d_S^{-\alpha} \mid h_S \mid^2}{P_P d_{PSR}^{-\alpha} \mid h_{PSR}\mid^2 + N_0}\right)\right\} = 1 - \frac{P_S d_S^{-\alpha}\exp(-\rho_S N_0 d_S^{\alpha}/P_S)}{\rho_S P_P d_{PSR}^{-\alpha} + P_S d_S^{-\alpha}}$$

$$(7\text{-}28)$$

在事件 G 发生后,二级用户实现了频谱接入,PR 接收到的信号为

$$y_{PR}^{A_I}(t) = \sqrt{P_P d_P^{-\alpha}}h_P(t)x_P(t) + \sqrt{P_S d_{SP}^{-\alpha}}h_{SP}(t)x_S(t) + \sqrt{P_I d_{IP}^{-\alpha}}h_{IP}(t)x_1(t) + n_{PR}(t)$$

$$(7\text{-}29)$$

那么在事件 G 发生的条件下,主用户数据包的一次传输不成功的概率为

$$O_{A_I} = \Pr\left\{\frac{P_P d_P^{-\alpha}\mid h_P(t)\mid^2}{P_S d_{SP}^{-\alpha}\mid h_{SP}(t)\mid^2 + P_I d_{IP}^{-\alpha}\mid h_{IP}(t)\mid^2 + N_0} < \rho_P\right\} = 1 - \frac{\exp(-c)}{(1+a)(1+b)}$$

$$(7\text{-}30)$$

式中,$a = \rho_P P_S d_S^{-\alpha}d_P^{\alpha}/P_P$；$b = \rho_P P_I d_{IP}^{-\alpha}d_P^{\alpha}/P_P$；$c = \rho_P d_P^{\alpha}N_0/P_P$。

为了对比分析协作中继和协作干扰管理两传输策略的系统性能,下面简单介绍引入干扰用户后的协作中继传输策略。下述协作中继传输策略与 7.2 节中介绍的传输策略具有相同的本质思想,只是在系统中引入了干扰用户,从而导致系统性能变化。协作中继模式下,ST 中继转发主用户数据包时,PR 上的接收信号为

$$y_{PR}^{CT}(t) = \sqrt{P_S d_{SP}^{-\alpha}}h_{SP}(t)x_P(t) + \sqrt{P_I d_{IP}^{-\alpha}}h_{IP}(t)x_1(t) + n_{PR}(t) \qquad (7\text{-}31)$$

相应地,在协作中继传输条件下,主用户数据包的一次传输不成功的概率为

$$O_P^{CT} = \Pr\left\{\frac{P_S d_{SP}^{-\alpha}\mid h_{SP}(t)\mid^2}{P_I d_{IP}^{-\alpha}\mid h_{IP}(t)\mid^2 + N_0} < \rho_P\right\} = 1 - \frac{P_S d_{SP}^{-\alpha}\exp(-\rho_P N_0 d_{SP}^{\alpha}/P_S)}{\rho_P P_I d_{IP}^{-\alpha} + P_S d_{SP}^{-\alpha}}$$

$$(7\text{-}32)$$

在协作中继传输策略中的接入模式下,只有 SR 先译码出主用户数据包才能实现二级用户数据包的传输,那么在主用户数据包的一次传输中,SR 不能成功译码出主用户数据包的概率为

$$O_{PSR} = \Pr\left\{\frac{P_P d_{PSR}^{-\alpha}\mid h_{PSR}(t)\mid^2}{P_I d_{ISR}^{-\alpha}\mid h_{ISR}(t)\mid^2 + N_0} < \rho_P\right\} = 1 - \frac{P_P d_{PSR}^{-\alpha}\exp(-\rho_P N_0 d_{PSR}^{\alpha}/P_P)}{\rho_P P_I d_{ISR}^{-\alpha} + P_P d_{PSR}^{-\alpha}}$$

$$(7\text{-}33)$$

干扰用户会影响二级传输,协作中继传输策略中二级接入条件下,主用户数据的一次传输不成功的概率可近似为 1,而二级链路 ST→SR 上的一次传输不成功概率,即二级用户数据包传输失败的概率为

$$O_S^{CT} = \Pr\left\{R_S > \log_2\left(1 + \frac{P_S d_S^{-\alpha}\mid h_S\mid^2}{P_I d_{ISR}^{-\alpha}\mid h_{ISR}\mid^2 + N_0}\right)\right\} = 1 - \frac{P_S d_S^{-\alpha}\exp(-\rho_S N_0 d_S^{\alpha}/P_S)}{\rho_S P_I d_{ISR}^{-\alpha} + P_S d_S^{-\alpha}}$$

$$(7\text{-}34)$$

7.3.3　理论性能分析

根据 7.3.1 小节和 7.3.2 小节中介绍的系统模型和传输策略,本小节分析面

向 ARQ 系统的协作干扰管理传输策略的系统吞吐量性能。吞吐量的定义与 7.2 节中类似,即每时隙上所能成功传输的数据包个数。根据式(7-20)推导出的中断概率,可求出 ε_t 发生的概率,即传统主用户通信系统中,主用户数据包 P1 经过 t 次传输后,PT 接收到 ACK1 的概率,概率表达式为 $\Pr\{\varepsilon_t\} = O_P^{t-1}(1-O_P)$。将此处求得的概率和式(7-20)求得的 O_P 代入式(7-5),便可求得传统主用户通信系统的吞吐量。

在一个传输时隙中,一个主用户数据包的重传次数与一个干扰源数据包的重传次数是独立的。干扰源数据包经过 t_1 次传输后,IT 接收到了来自 IR 的反馈信号 ACK 的概率为 $P_1 = O_I^{t_1-1}(1-O_I)$,$t_1 \in \{1,2,\cdots,K_I\}$,$O_I$ 可根据二级用户对来自 IR 的反馈信号 ACK/NAK 进行长期的观测和统计运算而得到。事件 ξ 在一个干扰源数据包传输 $1 \sim t_1$ 时隙范围内没有发生的事件表示为 $\bar{\omega}$,那么对应的互补事件 ω 发生时,必有在干扰源数据包的传输时隙 t_S 上事件 ξ 发生,$t_S \in \{1,2,\cdots,t_1\}$。干扰源数据包经过 K_I 次传输后 IT 未收到来自 IR 的 ACK 信号的事件表示为 ε,表明干扰源数据包丢失,否则干扰源数据包经过 t_1 次传输后 IT 会收到来自 IR 的 ACK 信号。令协作干扰管理传输策略中主用户数据包在链路 PT→PR 上被传输一次而产生通信中断的事件表示为 O,那么此事件发生的概率为

$$
\begin{aligned}
O_P^{C_I} &= \sum_{j=1}^{K_I} \Pr\{t_1 = j\}\Big(\sum_{i=1}^{j}(\Pr\{O|\overline{F},t_1=j,t_S=i\}\Pr\{\overline{F}|t_1=j,t_S=i\} \\
&\quad + \Pr\{O|F,t_1=j,t_S=i\}\Pr\{F|t_1=j,t_S=i\}) \\
&\quad \times \Pr\{t_S=i|t_1=j\} + \Pr\{\overline{\omega}|t_1=j\} \\
&\quad \times \Pr\{O|t_1=j,\overline{\omega}\}) + \Pr\{\varepsilon\}\Big(\Pr\{O|\varepsilon,\overline{\omega}\}\Pr\{\overline{\omega}|\varepsilon\} + \sum_{i=1}^{K_I}\Pr\{t_S=i|\varepsilon\} \\
&\quad \times (\Pr\{O|\overline{F},\varepsilon,t_S=i\}\Pr\{\overline{F}|\varepsilon,t_S=i\} + \Pr\{O|F,\varepsilon,t_S=i\}\Pr\{F|\varepsilon,t_S=i\})\Big) \\
&= \sum_{j=1}^{K_I}\Big(\sum_{i=1}^{j}(O_P i/j + O_{C_I}(j-i)/j)(O_{IS}^{i-1}(1-O_{IS})) + O_P O_{IS}^{j}\Big)(O_I^{j-1}(1-O_I)) \\
&\quad + O_I^{K_I}\Big(\sum_{i=1}^{K_I}(O_P i/K_I + O_{C_I}(K_I-i)/K_I)(O_{IS}^{i-1}(1-O_{IS})) + O_P O_{IS}^{K_I}\Big) \qquad (7\text{-}35)
\end{aligned}
$$

事件 C_I 和事件 C_{IL} 发生的概率分别表示为

$$
\Pr\{C_I\} = (1-O_P^{C_I})(O_P^{C_I})^{t-1}, \quad \Pr\{C_{IL}\} = (O_P^{C_I})^K \qquad (7\text{-}36)
$$

协作干扰管理模式下的主用户系统吞吐量表示为

$$
T_{P,K}^{C_I} = \frac{\sum\limits_{t=1}^{K}\Pr\{C_I\}}{\sum\limits_{t=1}^{K} t\Pr\{C_I\} + K\Pr\{C_{IL}\}} = \frac{\sum\limits_{t=1}^{K}(1-O_P^{C_I})(O_P^{C_I})^{t-1}}{\sum\limits_{t=1}^{K} t(1-O_P^{C_I})(O_P^{C_I})^{K-1} + K(O_P^{C_I})^K}
$$

$$(7\text{-}37)$$

式(7-37)所示的吞吐量的单位为数据包数每时隙。

协作干扰管理传输策略中的频谱接入模式下,若事件 ξ_r 在一个干扰源数据包传输 $1 \sim t_I$ 时隙范围内没有发生的事件表示为 $\overline{\omega}_r$,那么对应的互补事件 ω_r 发生时,必有在干扰源数据包的传输时隙 t_{Sr} 上事件 ξ_r 发生,$t_{Sr} \in \{1, 2, \cdots, t_I\}$。令二级用户数据包的一次传输中,二级链路 ST→SR 一次传输中断的事件表示为 O_S,那么此事件发生的概率为

$$
\begin{aligned}
O_S^{A_I} &= \sum_{j=1}^{K_I} \Big(\sum_{i=1}^{j} \Pr\{t_S = i \,|\, t_I = j\} (\Pr\{O_S \,|\, \overline{G}, t_I = j, t_S = i\} \Pr\{\overline{G} \,|\, t_I = j, t_S = i\} \\
&\quad + \Pr\{O_S \,|\, G, t_I = j, t_S = i\} \Pr\{G \,|\, t_I = j, t_S = i\}) \\
&\quad + \Pr\{O_S \,|\, t_I = j, \overline{\omega}_r\} \Pr\{\overline{\omega}_r \,|\, t_I = j\} \Big) \\
&\quad \times \Pr\{t_I = j\} + \Pr\{\varepsilon\} \Big(\Pr\{O_S \,|\, \varepsilon, \overline{\omega}_r\} \Pr\{\overline{\omega}_r \,|\, \varepsilon\} + \sum_{i=1}^{K_I} (\Pr\{O_S \,|\, \overline{G}, \varepsilon, t_S = i\} \\
&\quad \times \Pr\{\overline{G} \,|\, \varepsilon, t_S = i\} + \Pr\{O_S \,|\, G, \varepsilon, t_S = i\} \Pr\{G \,|\, \varepsilon, t_S = i\}) \Pr\{t_S = i \,|\, \varepsilon\} \Big) \\
&= \sum_{j=1}^{K_I} \Big(\sum_{i=1}^{j} (i/j + O_S (j-i)/j) (O_{ISR}^{i-1} (1 - O_{ISR})) + O_{ISR}^{j} \Big) (O_I^{j-1} (1 - O_I)) \\
&\quad + O_I^{K_I} \Big(\sum_{i=1}^{K_I} (i/K_I + O_S (K_I - i)/K_I) (O_{ISR}^{i-1} (1 - O_{ISR})) + O_{ISR}^{K_I} \Big)
\end{aligned}
\tag{7-38}
$$

主用户数据包的一次传输中,主链路 PT→PR 通信中断的概率为

$$
\begin{aligned}
O_P^{A_I} &= \sum_{j=1}^{K_I} \Big(\sum_{i=1}^{j} (\Pr\{\overline{G} \,|\, t_I = j, t_{Sr} = i\} \Pr\{O \,|\, \overline{G}, t_I = j, t_{Sr} = i\} + \Pr\{G \,|\, t_I = j, t_{Sr} = i\} \\
&\quad \times \Pr\{O \,|\, G, t_I = j, t_{Sr} = i\}) + \Pr\{O \,|\, t_I = j, \overline{\omega}_r\} \\
&\quad \times \Pr\{\overline{\omega}_r \,|\, t_I = j\} \Pr\{t_{Sr} = i \,|\, t_I = j\} \Big) \\
&\quad \times \Pr\{t_I = j\} + \Pr\{\varepsilon\} (\Pr\{O \,|\, \varepsilon, \overline{\omega}_r\} \Pr\{\overline{\omega}_r \,|\, \varepsilon\} + \sum_{i=1}^{K_I} \Pr\{t_{Sr} = i \,|\, \varepsilon\} \\
&\quad \times (\Pr\{O \,|\, \overline{G}, \varepsilon, t_{Sr} = i\} \Pr\{\overline{G} \,|\, \varepsilon, t_{Sr} = i\} + \Pr\{O \,|\, G, \varepsilon, t_{Sr} = i\} \Pr\{G \,|\, \varepsilon, t_{Sr} = i\})) \\
&= \sum_{j=1}^{K_I} \Big(\sum_{i=1}^{j} (O_P i/j + O_{A_I} (j-i)/j) (O_{ISR}^{i-1} (1 - O_{ISR})) + O_P O_{ISR}^{j} \Big) (O_I^{j-1} (1 - O_I)) \\
&\quad + O_I^{K_I} \Big(\sum_{i=1}^{K_I} (O_P i/K_I + O_{A_I} (K_I - i)/K_I) (O_{ISR}^{i-1} (1 - O_{ISR})) + O_P O_{ISR}^{K_I} \Big)
\end{aligned}
\tag{7-39}
$$

那么事件 A_I 和事件 A_{IL} 发生的概率分别表示为

$$
\Pr\{A_I\} = (1 - O_P^{A_I}) (O_P^{A_I})^{t-1}, \quad \Pr\{A_{IL}\} = (O_P^{A_I})^K
\tag{7-40}
$$

此时主用户系统的吞吐量表示为

$$T_{P,K}^{A_I} = \frac{\sum_{t=1}^{K} \Pr\{A_I\}}{\sum_{t=1}^{K} t\Pr\{A_I\} + K\Pr\{A_{IL}\}} = \frac{\sum_{t=1}^{K} (1-O_P^{A_I})\,(O_P^{A_I})^{t-1}}{\sum_{t=1}^{K} t(1-O_P^{A_I})\,(O_P^{A_I})^{t-1} + K\,(O_P^{A_I})^{K}}$$

$$(7\text{-}41)$$

式(7-41)所示的吞吐量的单位为数据包数每时隙。此时二级用户系统吞吐量表示为

$$T_{S,K}^{A_I} = 1 - O_S^{A_I} \text{ 数据包数每时隙} \qquad (7\text{-}42)$$

本节研究的所有通信系统都引入了干扰源用户,其中推导出的一些中断概率能与 7.2 节中的概率相对应。本节中的概率 O_P、O_{PS}、O_P^{CT}、O_{PSR} 和 O_S^{CT} 分别对应着 7.2 节中的概率 O_1、O_2、O_3、O_4 和 O_5。将 O_P 代入式(7-5)中可求得传统主用户系统的吞吐量。将 O_P、O_{PS} 和 O_P^{CT} 代入式(7-6)~式(7-9)中便可求得协作中继转发方案中协作模式下的主用户系统吞吐量。将 O_P 和 O_{PS} 代入式(7-10)~式(7-15)可求得协作中继转发方案中频谱接入模式下的主用户系统吞吐量。将这些中断概率代入式(7-16)可求得协作中继转发方案中二级用户系统的吞吐量。对比分析协作中继转发策略中系统吞吐量与本节中由式(7-37)、式(7-41)求得的系统吞吐量,仿真中将对此进行详细说明。

由于干扰管理模式下,二级用户协作主用户进行干扰管理以此来提升主用户的系统性能,这种性能的提升表现为二级用户收集的信用度,它可具体核算如下:

$$C = T_{P,K}^{C_I} - T_{P,K}^{0} \qquad (7\text{-}43)$$

在协作干扰管理策略中的频谱接入模式下,二级数据包的传输会导致主用户系统性能下降,这种性能的下降表现为惩罚度,它可具体核算如下:

$$P = T_{P,K}^{0} - T_{P,K}^{A_I} \qquad (7\text{-}44)$$

令 $\gamma = (T_{P,K}^{0} - T_{P,K}^{A_I})/(T_{P,K}^{C_I} - T_{P,K}^{0})$,那么基于 ARQ 的认知 overlay 频谱共享模型下的协作干扰管理传输方案中主用户系统整体吞吐量表示为

$$T_{P,K}^{W} = t_{C_I} T_{P,K}^{C_I} + t_{A_I} T_{P,K}^{A_I} \geqslant T_{P,K}^{0} \qquad (7\text{-}45)$$

式中,$t_{C_I} + t_{A_I} = 1$,设置出能使式中不等式成立的 t_{CI} 和 t_{AI} 和,于是 $\gamma/(1+\gamma) \leqslant t_{C_I} \leqslant 1$,此时二级用户频谱接入不会影响主用户的系统性能。协作干扰管理传输策略中二级用户系统的整体吞吐量表示为

$$T_{S,K}^{W} = t_{A_I} T_{S,K}^{A_I} \leqslant T_{P,K}^{0}/(1+\gamma) \text{ 数据包数每时隙} \qquad (7\text{-}46)$$

为了保证二级用户系统的服务质量,可假设二级系统要求最小吞吐量为 $\widehat{T}_S$。要刺激二级用户积极参与协作,则要求 $\widehat{T}_S/\eta_S < 1/(1+\gamma)$,因此既保证二级用户的服务质量,又不影响主用户系统性能,协作时间的范围如下:

$$\gamma/(1+\gamma) \leqslant t_{C_I} \leqslant T_{P,K}^{0}/T_{P,K}^{C_I} - T_{P,K}^{A_I}\widehat{T}_S/T_{P,K}^{0} \qquad (7\text{-}47)$$

7.3.4　仿真验证

根据上述理论推导,本小节将对面向 ARQ 系统的认知 overlay 频谱共享模型中协作干扰管理传输策略的系统性能进行仿真分析,其中对比说明了协作干扰管理传输策略和协作中继传输策略。下面讨论的协作中继传输策略与文献[15]中的传输策略具有相同的本质,但在文献[15]的基础上引入了能影响系统性能的干扰用户。另外,也介绍了随着传输参数取值的不同而变化的协作干扰管理传输策略系统性能。仿真中通用的传输参数设置如下,各通信节点之间的归一化距离分别设置为:$d_P=1,d_{PS}=1,d_S=0.5,d_{IP}=0.8,d_{IS}=0.6,d_{SP}=0.5,d_{ISR}=0.7$ 和 $d_{PSR}=1$,路径损耗指数 $\alpha=3$,主用户、二级用户和干扰用户系统最小的传输速率分别为 $R_P=2\text{bit/s/Hz}$、$R_S=0.5\text{bit/s/Hz}$ 和 $R_I=4\text{bit/s/Hz}$,主用户系统和干扰源用户系统中一个数据包最大的传输次数分别为 $K=5$ 和 $K_I=10$,二级用户系统和干扰源用户系统的平均发射信噪比分别为 $P_S/\sigma^2=20\text{dB}$ 和 $P_I/\sigma^2=20\text{dB}$。假设经过二级用户长期的观测和统计已分析出干扰源数据包的每一次传输不成功的平均概率为 $O_I=0.3$。根据仿真分析侧重点的不同,某些特征性传输参数将在下述的各仿真图中给出。

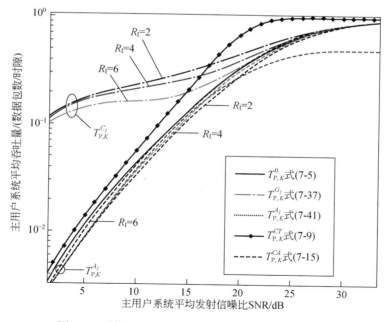

图 7-9　干扰用户最小传输速率不同时的主用户性能

图 7-9 说明了主用户系统吞吐量随着主用户平均发射信噪比 P_P/N_0 的变化趋

势,其中对比分析了传统传输策略、协作中继传输策略、协作干扰管理传输策略中的主用户系统吞吐量,它们是根据式(7-5)、式(7-9)、式(7-15)、式(7-37)和式(7-41)分别得到的,同时介绍了主用户吞吐量性能随着干扰源用户最小传输速率取值的不同而变化,那么干扰源用户最小传输速率是此处分析的特征参数,其设置为 $R_I =$ 2bit/s/Hz、4bit/s/Hz、6bit/s/Hz。由图 7-9 可知,主用户系统吞吐量随着主用户平均发射信噪比的增加而增加。在协作模式下,主用户吞吐量一直大于等于传统策略中主用户的吞吐量,而在接入模式下,主用户吞吐量一直小于等于传统策略中主用户的吞吐量,即 $T_{P,K}^{CT}, T_{P,K}^{A} \geqslant T_{P,K} \geqslant T_{P,K}^{CA}, T_{P,K}^{A}$。第一个大于或等于号可解释为二级用户的协助致使主用户性能提升,第二个大于或等于号可解释为二级数据传输所引入的干扰导致主用户系统性能损失。对于不同取值的 R_I,协作中继传输策略中的主用户系统吞吐量保持不变,这是因为此策略中的协作模式只与二级用户是否能译码主用户数据包以及主用户的重传状态有关,而与 R_I 的取值无关。在协作干扰管理模式下,随着 R_I 取值的增大,主用户吞吐量会减小,而在相应的接入模式下会增大,这是因为当 R_I 变大时,干扰源数据包的成功译码率降低,从而二级用户参与协作的机会变小,同样,二级用户频谱接入的机会也减小,此时,$T_{P,K}^{A}$ 和 $T_{P,K}^{A}$ 就会越来越靠近 $T_{P,K}$。协作中继传输策略要求二级用户解码获取主用户数据包,协作干扰管理策略要求二级用户解码获取干扰源用户数据包。对比分析这两种策略可知,当主用户平均发射信噪比较小时,即 $P_P/N_0 < 15$,后者具有更好的主用户吞吐量性能,这是因为此时干扰源数据包的译码成功率更大,因此本章所提出的传输策略更具优势。当主用户平均发射信噪比较大时,即 $25 > P_P/N_0 > 15$,主用户数据包的译码成功率更大,此时前者更具优势。另外,当 $P_P/N_0 > 30$ 时,主用户数据包直接链路传输成功率较大而很少发生重传,那么主用户不再需要二级用户的协作,因此 $T_{P,K}^{CT}$、$T_{P,K}^{A}$ 和 $T_{P,K}^{0}$ 近似相等。上述讨论的仿真结果与理论分析结果基本一致。

图 7-10 说明了二级系统吞吐量随着主用户平均发射信噪比 P_P/N_0 的变化趋势,其中对比分析了协作中继转发传输策略和协作干扰管理传输策略中两种接入模式下二级用户的吞吐量和整体二级用户吞吐量,它们是根据式(7-16)和式(7-18)、式(7-42)和式(7-46)分别得到,同时也说明了干扰源用户最小传输速率不同时,两策略中的二级系统吞吐量的变化情况,那么干扰源用户最小传输速率是此处分析的特征参数,其设置与图 7-9 一致,即 $R_I = $ 2bit/s/Hz、4bit/s/Hz、6bit/s/Hz。由图 7-10 可知,两传输策略中接入模式下的二级系统吞吐量要大于二级系统整体吞吐量,这因为要保证主用户的通信质量,就只会分配部分时隙用作二级用户数据传输。随着 P_S/N_0 的增大,协作干扰管理传输策略中不管是接入模式下的二级系统吞吐量还是二级系统整体吞吐量都会变小,这是因为主用户数据包的传输会影响二级用户上干扰源数据包的成功译码。在协作中继转发传输策略中的接入模式

下,二级系统吞吐量会变大,这是因为 P_P/N_0 越大,二级用户上主用户数据包的成功译码率越大,其中二级频谱接入是在主用户的重传时隙上实现的。当 $P_P/N_0 < 25$ 时,二级系统整体吞吐量会变大,这是因为 P_P/N_0 较小时,主用户直接链路上的数据包很难成功传输而需要进行重传,从而给二级用户提供了较多的频谱接入机会。当 $P_P/N_0 > 25$ 时,二级系统整体吞吐量会变小,这是因为 P_P/N_0 较大时,主用户数据包直接链路的成功传输率较大而不需要重传,从而二级用户具有很少的频谱接入机会。随着 R_I 取值的不同,协作中继转发传输策略中二级用户的系统吞吐量保持不变,这是因为该策略中的接入模式只与二级用户能否译码主用户数据包以及主用户的重传状态有关,而与 R_I 的取值无关。协作干扰管理传输策略中二级用户的系统吞吐量会变小,这是因为 R_I 越大,二级接收端上干扰源数据包的成功译码率越小,从而导致二级用户的频谱接入机会减小。又由于协作干扰管理传输策略和协作中继传输策略分别要求二级接收译码获取干扰源数据包和主用户数据包,且二级传输只在接入模式下进行,当主用户平均发射信噪比较小时,即 $P_P/N_0 < 15$,前者具有更好的二级系统吞吐量性能,这是因为此时二级接收端上干扰源数据包的译码成功率更大,因而协作干扰管理传输策略更具优势。而当主用户平均发射信噪比较大时,即 $P_P/N_0 > 15$,二级接收端上主用户数据包的译码成功率更大,因此中继协作传输策略更具优势。上述讨论的所有仿真结果与理论分析结果一致。

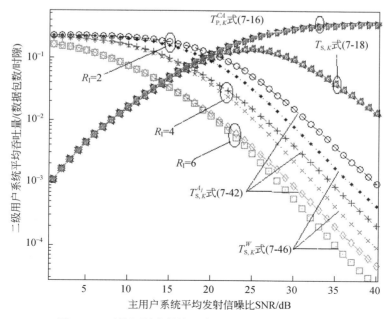

图 7-10　干扰源最小传输速率不同时的二级用户性能

图 7-11 说明了信用度和惩罚度随着主用户平均发射信噪比 P_P/N_0 的变化趋势，其中对比分析了协作干扰管理传输策略和协作中继传输策略中的信用度和惩罚度。根据理论分析可知，信用度由协作模式下的主用户吞吐量决定，惩罚度由接入模式下的主用户吞吐量决定。在协作干扰管理传输策略中，信用度随着 P_P/N_0 的增加而减小，这是因为随着 P_P/N_0 的增大，二级发射端上干扰源数据包的成功译码率变小，导致协作机会变小。惩罚度随着 P_P/N_0 的增加先增大后减小，这是因为，当 P_P/N_0 较小时，二级接收端上干扰源数据包的成功译码率较大，那么二级用户具有较多的频谱接入机会，当 P_P/N_0 较大时，二级接收端上干扰源数据包的成功译码率较小，那么二级用户具有很少的频谱接入机会。当 $P_P/N_0 < 15$ 时，信用度要大于惩罚度，这表明此时的协作干扰管理传输策略是有效的。在协作中继转发传输策略中，信用度随着 P_P/N_0 的增加先增大后减小，这是因为，当 P_P/N_0 较小时，主用户直接链路上的数据传输成功率小而经常需要重传，从而给二级用户提供较多的协作机会，当 P_P/N_0 较大时，主用户直接链路上的数据传输成功率很大而不需要重传，此时二级用户具有很少的协作机会。惩罚度随着 P_P/N_0 的增大而增大，这是因为 P_P/N_0 越大，二级接收端上主用户数据包的成功译码率就越大，从而二级用户具有更多的频谱接入机会。当 $P_P/N_0 < 25$ 时，信用度大于惩罚度，表明此时的协作中继传输策略是有效的。此外，相较于协作中继转发传输策略，当 $P_P/N_0 < 15$ 时，协

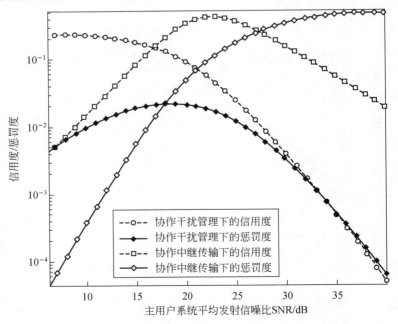

图 7-11　协作干扰管理和协作中继传输策略中信用度和惩罚度对比

作干扰管理传输具有更大的信用度和惩罚度,协作干扰管理传输策略更具优势。而当 $15 < P_P/N_0 < 25$ 时,协作干扰管理传输具有较小的信用度和惩罚度,协作中继转发传输更具优势。上述讨论的所有仿真结果与理论分析结果一致。

图 7-12 说明了主用户数据包的最大传输次数 K 不同时,主用户系统吞吐量随 P_P/N_0 的变化趋势,其中对比分析了传统传输策略、协作中继转发传输策略和协作干扰管理传输策略中的主用户系统吞吐量,主用户数据包的最大传输次数 K 为此处分析的特征参数,其设置为 $K = 3$、6、9。协作干扰管理传输策略中的协作模式和接入模式主要取决于二级用户上干扰源数据包的译码状况和干扰源数据包的重传状态,而与 K 无关,因此随着 K 取值的不同,主用户系统吞吐量保持不变。而协作中继转发传输策略中的用户协作和频谱接入都是在主用户数据包的重传时隙上实现的,因此,K 越大实现用户协作和频谱接入的概率就越大,从而主用户系统吞吐量随着 K 的增加而增加。上述讨论的所有仿真结果与理论分析结果一致。

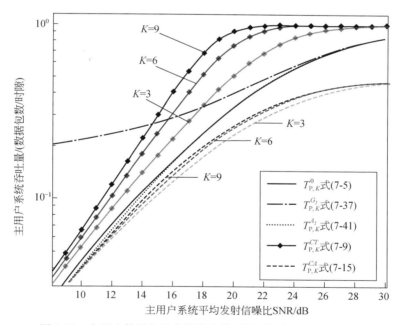

图 7-12 主用户数据包最大传输次数不同时的主用户系统性能

7.4 本 章 小 结

本章研究了认知 overlay 频谱共享模型中面向 ARQ 系统的传输策略,基于 ARQ 的主用户系统是实现认知 overlay 频谱共享模型的一种典型场景。在主用户数据包的前一次传输中,二级用户可以获取协作所需要的主用户信息,而在主用户数据的重传时隙上实现用户协作和频谱接入。本章根据文献[15]中的研究,首先介绍了面向 ARQ 系统的认知 overlay 频谱共享模型协作中继传输策略的工作原理,其中系统切换工作于协作中继模式和频谱接入模式。接着以这些研究为基础,在系统模型中引入了干扰用户,推导出了强干扰场景下的协作中继传输策略的系统性能。研究发现,此时干扰用户是影响系统性能的重要因素。因此针对强干扰场景,本章提出了一种面向 ARQ 系统的认知 overlay 频谱共享模型协作干扰管理传输策略,其中二级用户通过协助主用户实现其干扰消除来获得信用度。系统在协作模式和频谱接入模式两者之间相互切换。本章阐述了两种模式下的传输机制并分别推导出了这两种模式下的主用户吞吐量、接入模式下的二级用户吞吐量以及主用户系统和二级用户系统的总体吞吐量,还给出了协作干扰管理模式下二级用户信用度和惩罚度的定义,理论推导和仿真验证了所提出的传输策略。结果表明,在主用户平均发射信噪比较小时,所提出的传输策略具有更好的主用户和二级用户系统性能,因此,在该情况下,本章提出的传输策略比传统的传输策略更为优越。

参 考 文 献

[1] Eswaran K, Gastpar M, Ramchandran K. Bits through ARQs: spectrum sharing with a primary packet system. IEEE International Symposium on Information Theory, 2007: 2171—2175.

[2] Eswaran K, Gastpar M, Ramchandran K. Cognitive radio through primary control feedback. IEEE Journal Selected on Areas in Communications, 2011, 29(2): 384—393.

[3] Levorato M, Mitra U, Zorzi M. Cognitive interference management in retransmission-based wireless networks. 47th Annual Allerton Conference on Communication, Control, and Computing, 2009: 94—101.

[4] Firouzabadi S, Levorato M, O'Neill D, et al. Learning interference strategies in cognitive ARQ networks. Proceedings of 2010 IEEE Global Telecommuications Conference, 2010: 1—6.

[5] Michelusi N, Simeone O, Levorato M, et al. Optimal cognitive transmission exploiting redundancy in the primary ARQ process. 2011 IEEE Information Theory and Applications Workshop, 2011: 1—10.

[6] Cheng S M, Ao W C, Chen K C. Efficiency of a cognitive radio link with opportunistic interference mitigation. IEEE Transactions on Wireless Communications, 2011, 10(6): 1715—1720.

[7] Tannious R, Nosratinia A. Coexistence through ARQ retransmissions in fading cognitive radio channels. 2010 IEEE International Symposium on Information Theory Proceedings, 2010: 2078—2082.

［8］ Tannious R A，Nosratinia A. Cognitive radio protocols based on exploiting hybrid ARQ re-transmission. IEEE Transactions on Wireless Communications，2010，9(9)：2833－2841.

［9］ Li J C F，Zhang W，Nosratinia A，et al. Opportunistic spectrum sharing based on exploiting ARQ retransmission in cognitive radio networks. 2010 IEEE Global Telecommunications Conference，2010：1－5.

［10］ Simeone O，Stanojev I，Savazzi S，et al. Spectrum leasing to cooperating secondary Ad Hoc networks. IEEE Journal Selected on Areas in Communications，2008，26(1)：203－213.

［11］ Stanojev I，Simeone O，Spagnolini U，et al. Cooperative ARQ via auction-based spectrum leasing. IEEE Transactions on Communications，2010，58(6)：1843－1856.

［12］ Kramer G，Maric I，Yates R D. Cooperative communications. Found Trends Network，2006，1(3)：271－425.

［13］ Dabora R，Maric I，Goldsmith A. Relay strategies for interference forwarding. Proceedings of IEEE Information Theory Workshop，2008：46－50.

［14］ Maric I，Dabora R，Goldsmith A. Interference forwarding in multiuser networks. IEEE Global Telecommunications Conference，2008：1－5.

［15］ Li Q，Ting S H，Pandharipande A. Cooperate-and-access spectrum sharing with ARQ-based primary systems. IEEE Transactions on Communications，2012，60 (10)：2861－2870.

［16］ Liu P，Tao Z，Narayanan S，et al. A cooperative MAC protocol for wireless LANs. IEEE Journal on Selected in Areas Communications，2007，25(2)：340－354.

［17］ Laneman J N，Tse D N C，Wornell G W. Cooperative diversity in wireless networks：efficient protocols and outage behavior. IEEE Transactions on Information Theory，2004，50 (12)：3062－3080.

［18］ Valentin S，Lichte H S，Karl H，et al. Implementing cooperative wireless networks//Fitzek F H P，Katz M D. Cognitive Wireless Networks. Berlin：Springer，2007：155－178.

［19］ Elkourdi T，Simeone O. Spectrum leasing via cooperative interference forwarding. IEEE Transactions on Vehicular Technology，2013，62(3)：1367－1372.

［20］ Gür G，Bayhan S，Alagöz F. Cognitive femtocell networks：an overlay architecture for localized dynamic spectrum access［dynamic spectrum management］. IEEE Wireless Communications，2010，17(4)：62－70.

［21］ Heinzelman W B，Chandrakasan A P，Balakrishnan H. An application-specific protocol architecture for wireless microsensor networks. IEEE Transactions on Wireless Communication，2002，1(4)：660－670.

第 8 章　认知频谱共享系统资源配置

8.1　引　　言

随着无线通信技术的不断发展,无线通信用户的数量越来越多,与此同时,用户对无线通信的应用和服务需求呈爆炸性的增长,尤其是视频和流媒体等服务的快速增长,而且这些服务需要较高的传输速率和较宽的带宽。然而,在无线通信系统中,带宽和传输功率是两大主要无线资源,而且都是有限的,不能无限度的增大以提升无线通信系统的系统容量和 QoS。因此,为了提升系统容量和 QoS,需要从物理层技术、组网技术和无线资源优化等方面入手,以提升资源利用率。

认知无线电技术能提升频谱的利用率,而协作分集技术可增大数据的传输速率,因此结合认知无线电技术和协作分集技术可进一步提升无线网络的性能,如系统容量和 QoS。但同时也面临着巨大的挑战,其主要挑战就是无线网络资源的优化和分配。目前,在认知协作无线网络中,资源优化与分配的研究有了新的进展,但还有大量问题亟待突破和深入,主要存在如下两方面的挑战。

首先,无线传输的特性,如存在多径衰落、多普勒频移、阴影效应、远近效应等,因此无线信道的有效带宽随时间而动态变化,而且由于无线信道的存在,信号在传输时存在衰落和干扰,故降低了系统的吞吐量并增大了误码率,因此,需要建立动态自适应的资源分配策略。

其二,在保证异种业务多样性 QoS 要求的同时,如何有效地分配有限的无线网络资源,以最大化频谱资源的利用率和系统容量等。由于可在时间维、频率维、空间维、功率维和用户维上进行多维多尺度优化,增加了资源优化与分配的复杂性。

为解决以上两大挑战,基于认知无线电技术和协作通信的资源分配需要根据无线环境,设计合理而有效的资源分配算法,以提升系统容量和 QoS。

8.1.1　无线网络资源分配

无线网络资源分配主要包括以下两个方面的内容:其一是对频谱资源进行合理分配,以使其得以充分利用有限的频谱资源;其二是针对特定的无线网络,在网络业务量分布不均匀、因信道干扰和衰落引起的起伏变化的信道特性等情况下,动态分配无线网络中有限的频谱资源,提高频谱资源的利用率。传统的无线电频谱资源的分配方式是静态的,这种分配方式不能充分利用频谱资源。因此,采用开放式频谱共享的分配方式,动态地分配无线电频谱资源以提高频谱利用率。

一方面,未来无线网络采用认知无线电技术、空时处理技术、多载波调制技术、混合多址技术和协作分集技术等新型传输技术,使无线资源呈现多维特性(如时间维、频率维、空间维等)。另一方面,未来无线网络需要支持各种业务,而不同业务对数据传输速率、时延、丢包率等有不同的要求。因此,在研究资源优化与分配时,应针对不同业务的需求,合理动态地分配多维无线资源。所以,无线资源分配算法应具有自适应能力,以最优地分配无线资源。

8.1.2　无线网络跨层设计

在互联网络中,通信网络协议都是基于分层思想设计的,取得了巨大的成功。根据开放系统互连(open system interconnect,OSI)参考模型,整个网络协议栈可以划分为物理层、数据链路层、网络层、传输层、会话层、表示层和应用层。协议栈中的层与层之间独立并互不影响,每一层的目的为上一层提供特定的服务,而且每一层可对自己的设计目标进行单独的优化,降低了网络设计的复杂性,在实际工程上得到了广泛的应用,而且具有良好的扩展性,但也使得网络结构缺乏灵活性。分层设计思想主要是针对有线通信网络提出的,但在无线网络中,由于传输介质不稳定,信道条件不理想,信号之间的冲突、干扰以及衰落比有线网络更严重,而且分层结构存在以下两个重要问题:①分层的方法不是整体最优的,因为层与层之间不能分享信息,只能按严格的方式进行沟通,其交互的信息很少,因而无法充分利用网络资源,从而基于分层思想设计的网络通信协议无法保证在网络中是整体最优的;②分层设计思想中,每层都是要求能在最坏的情况下运行来设计的,因此没有适应无线环境变化的能力,无法自适应实时变化的无线环境,导致无线资源的利用率低下。

为了解决上述问题,每一层都应具有一定的自适应能力,例如,物理层能根据应用层的需求和当前的网络环境,对发射功率、编码速率等进行自适应地调整;数据链路层根据数据的优先级、时延要求等因素来设计自适应调度策略;网络层根据数据流量和网络拓扑进行自适应选路;而应用层则根据用户的 QoS 设定网络需要优化的目标。基于跨层的设计思想应运而生。在跨层设计中,网络中的每一层不是单独设计的,而是把所有层作为一个整体来设计,在不同层之间能够互相提供和利用有用的信息,从而对无线网络进行整体优化。因此,通过跨层设计,能实现全局意义上的自适应机制,因而能改善 QoS 和提高通信网络的可用性,从而提升整体无线网络的性能,保证无线网络在整体上是最优的。

在下一代无线网络中,基于跨层设计思想的资源分配方案主要有以下好处:①可根据通信环境的变化而选择不同的资源分配优化方案,实现真正意义上的环境自适应;②针对各种网络资源,可以从网络整体性能最优的角度,使用跨层资源优化的方法设计网络资源的最优配置方法,合理并充分利用各种形式的网络资源,从而可更好地支持无线网络资源的有效管理和优化利用;③可从不同用户 QoS 的角度,优化配置网络资源,以满足不同用户的需求;④灵活的跨层设计方法可以更合理地设计未来网络的协议架构。因此,跨层设计思想是未来网络架构协议设计的必然趋势。

8.2　认知协作无线网络资源分配

8.2.1　资源分配的基本单元

在认知协作无线网络中,资源分配主要包含以下基本单元:功率分配、中继选择、用户调度、路由、QoS、时延以及子载波分配,如图 8-1 所示。

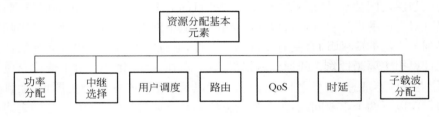

图 8-1　资源分配基本元素

具体描述如下。

(1)功率分配。在无线网络中,信源和中继的有效功率分配是关键问题之一。相比传统的无线网络,认知协作无线网络中功率的有效分配更具挑战。传统无线网络中的功率分配方法不能应用到认知无线网络中,因为其可能导致对主网络不可接受的干扰。因此,在认知协作无线网络中,应在主网络可接受干扰限制的条件下设计功率优化算法。

(2)中继选择。在认知无线网络中,使用中继可在两方面带来收益。一方面,可以提升传输速率;另一方面,可减小系统的整体传输功率。而且同时使用多个中继,可进一步提升认知无线网络的性能。通过设计合理的多中继选择和功率分配方法,能减小对主网络的干扰,而且能提高无线网络的连接性。在一个多中继系统中,由于其中一些中继节点坏掉而不能使用,但接收端仍能通过其他中继节点接收数据,因此多中继系统具有较好的鲁棒性。

(3)用户调度。在多用户认知协作无线网络中,由于无线资源有限和干扰受限,系统可通过智能的用户调度方法达到高的吞吐量。为了使总吞吐量最大,可选择使用最好用户群的用户调度方法,可通过穷举搜索实现用户调度,但其复杂度随着用户数的增加而呈指数级增长。因此,穷举搜索所有组合中的一个最佳组合以达到最佳性能在计算上是无效的,故此种用户调度方法不能应用于实际系统中。

(4)路由。到目前为止,认知协作无线网络中路由的大部分研究集中于一跳或两跳的情形。近年来,研究者开始认识到多跳认知无线网络中多跳路由的重要性和潜能。为了获得多跳传输的收益,新的挑战必须接受。在实际中,有效的路由技术必须在 Ad Hoc 认知协作无线网络中设计。

(5)QoS。QoS 是一般的术语,用来表征很多用户的相应需求。QoS 包含响应时间、吞吐量损失、速率需求、中断概率和阻塞概率。在认知协作无线网络中,QoS的主要目标是保证最小速率,减小延迟抖动及报错误。

(6)时延。在无线网络中,时延是一个非常重要的度量,特别是在实时应用中,如语音和流媒体。

(7)子载波分配。在未来认知协作无线网络中,其物理层采用 OFDM,子载波分配与配对扮演着一个非常重要的角色。通过合理利用载波能增加系统的吞吐量。

文献[1]详尽阐述了认知协作无线网络中的资源分配技术。文献[2]综述了认知无线传感网络中无线电资源分配方案。

8.2.2　研究现状的分析

目前,认知协作无线网络从网络架构上可分为集中式和分布式。在集中式认知协作无线网络中,通过一个中心控制器来执行频谱管理,控制频谱分配行为。网络中每个二级用户进行频谱感知,并在中心控制器上进行统一决策[3~5]。这种网络架构可统一调度频谱资源,能最大化网络效用。但是这种算法会引起巨大的网络开销,因此对于大规模的网络,此种算法不实用。分布式认知协作无线网络有几种不同的类型,可以是全分布式的,也可以是频谱感知决策是分布式的但频谱共享是集中式的。分布式不需要中心控制器,而是通过节点之间的协作进行频谱分配和动态接入频谱。在分布式认知协作无线网络中,中继的选择与分配也是分布式的。分布式的协作方案实现灵活,但需要节点之间协作,频谱分配和共享在很大程度上依赖控制信道的性能。

在认知协作无线网络中,中心控制器一般知道网络中二级用户和中继的状态。当主网络和二级网络协作时,中心控制器可能知道网络中主用户的数量和主用户的地理位置。而且干扰阈值可合理设置,该值的设置依赖频谱的共享模式。文献[6]对频谱共享模式进行了详尽的阐述。而协作协议的选择与无线网络的特性和限制有关。信道状态信息(channel state of information,CSI)也是一个重要的参数。大部分资源分配算法的研究都假定发送端和接收端都知道 CSI。

目前,文献中采用的协作传输协议主要分为三种[7~10]:AF、译码前向 DF 与压缩前向(compressed-and-forward, CF)。其中,在 AF 传输方式下,中继节点只是将接收的信号进行放大,再转发给目的节点。该传输方式的优势是处理简单而且可降低实施代价,但是中继节点同时把噪声放大了。在 DF 传输方式下,中继节点先对接收到的信号进行译码,再重新编码并发送到目的节点。由于中继节点在译码过程中把接收信号中的噪声消去了,这样避免了放大噪声功率,使目的节点处的噪声不会因协作中继而放大。当信道的 SNR 较高时,DF 传输方式要优于 AF 传输方式,但在信道条件较差时,DF 传输方式下的中继节点可能无法正确译码接收信号,造成错误传输,此时 AF 传输方式要优于 DF 传输方式。而且 DF 传输方式下的中继节点的译码过程需要一定的时间进行译码,故该传输方式的时延较大。在 CF 传输方式下,中继节点不直接对接收信号译码,而是先对接收信号进行量化,然后对量化后的信息进行编码后再发送给目的节点,目的节点利用合并技术对非量化非压缩信号和中继的量化压缩信号进行合并。通过译码传输数据的接收信号,接收端对量化压缩信号进行估计,然后合并此估计值和非量化非压缩信号,即接收端把量化信息作为边信息来帮助其译码。由于要进行译码和压缩处理,故 CF 传输方式需要消耗更多的功率。因为在 CF 传输方式下的中继节点只传输量化信息,因此,CF 传输方式的性能一般要比 DF 传输方式差。然而,在中继节点不能对接收信号进行译码时,CF 传输方式却提供了一种有效的协作中继方法,而且可以有效减小协作中继的传输信息量。接收端的复杂性依赖在接收端上执行的合并技术。合并技术主要有以下几种:等增益合并、最大比合并、选择性合并和转换合并。其中最大比合并处理和实施的复杂度最高[11]。

协作传输协议一般在正交和共享频带模式下执行。在正交模式下,多个中继在正交信道上向信宿传输相同的数据,如不同时隙或频率。在文献[12]~文献[19]中,作者利用正交 AF 传输方式研究认知协作无线网络中的功率分配方案。文献[14]针对正交 AF 传输方式,提出了一种波束成形优化算法。文献[20]和文献[21]对正交多跳 AF 传输方式情形进行了分析。文献[16]对协作 AF 策略进行了稳定性分析并提出了自适应功率分配方案。文献[15]利用正交 AF 策略研究了多点到多点通信。在满足信源和中继的总发送功率限制和单个信源的功率限制条件下,他们提出一种联合信源发送功率与中继波形成形的权的优化方法,而且他们的主要目标是最大化信宿的最坏信干噪比。

在认知无线网络中,文献[22]中利用并行 DF 传输方式执行中继与频谱的联合选择。在文献[23]中,采用 DF 中继策略,作者建议协议中应考虑信源突发性现象。在此方案中,中继节点利用终端的静默周期进行协作,同时分析了此协议稳定的吞吐量区域和时延性能。文献[24]中描述了一种频谱租赁的博弈理论。在此频谱租赁方案中,主网络利用二级用户作为中继节点,对中继的选择和价格进行最优决策。基于主网络的策略,二级网络确定从主网络处购买频谱接入时间的长度。在多跳认知无线网络中,文献[25]针对时延敏感的应用研究了多用户资源管理的问题。他们提出了一种分布式资源管理算法,该算法允许网络节点之间交换信息,而且考虑了时延和交互信息的代价。针对多跳认知无线电系统,文献[20]提出了一种分布式发送功率分配策略。文献[26]研究了认知协作无线网络中的视频传输问题。针对认知协作无线网络,文献[27]提出一种几何方法以改进频谱利用率。基于 underlay 工作方式,文献[28]提出一种针对 DF 协作网络的低干扰中继选择。文献[29]~文献[31]针对认知协作无线网络研究了双向中继策略。

在认知无线网络中,基于 CF 传输方式,文献[32]提出一种编码方案,其利用 Wyner-Ziv。压缩的码字包含两种信息,即公共信息和私有信息。他们应用 Marton 编码方法编码公共信息以联合映射它的私有信息。同时也确定了该 CF 中继方案的可达速率区域。在文献[33]中,作者比较了 AF、DF 和 CF 下多频带中继的最优发送功率分配问题。文献[34]比较了非正交和正交的 AF、DF、CF 传输方式。结果表明,在发送功率条件下,非正交 AF 传输方式的性能优于 DF、CF 与正交 AF 传输方式。文献[35]得到了双向 AF、DF 和 CF 中继的不同信息理论的限制。文献[36]提出了一种中继策略,其结合了 DF 和 CF 中继方案,而且得到了该中继方案的可达速率区域。

在共享频带模式下,多个中继同时在相同频谱和相同时隙上向目的节点发送相同的数据。文献[11]得到了共享频带模式下 AF 和 DF 协作策略的可达数据速率。为了避免干扰,在多个中继之间必须严格同步。在多跳认知协作无线网络的设计中,时延是一个关键问题。为了避免通信中的时延,文献[4]、文献[37]和文献[38]提出了两跳共享频带 AF 通信以替代多个正交或多跳通信。在两跳共享频带 AF 通信中,接收端可获得多个中继在相同频率和时隙上传输的相同数据。结果表明,共享频带模式下的中继性能比正交模式下的中继性能要好,但是前者的接收端的结构比后者更复杂。

在认知协作无线网络中,哪种中继协议更适合通信是一个共同的问题。文献[39]对 AF 和 DF 传输方式进行了对比,而且他们考虑了最优的频谱感知方案,在频谱接入上,考虑了最优的载波检测多路访问(carrier sensed multiple access, CSMA)协议,同时得到了 AF 和 DF 传输方式下网络吞吐量的闭合表达式。结果表明,在特定的无线环境和参数范围下,两种传输方式各有各的优势。

8.3 认知协作无线网络目标

在认知协作无线网络中,使用多类目标函数以实现资源分配。而资源分配中大部分问题可抽象为以下优化问题:

$$\min_{x} f(x)$$
$$\text{s. t. } x \in D$$

或

$$\max_{x} f(x)$$
$$\text{s. t. } x \in D$$

式中,$f(x)$ 为资源分配的目标函数;x 为资源分配的策略;D 为约束条件所组成的集合,即约束集。

资源分配的目标是通过控制对主网络的干扰,尽可能感知空闲或可用频谱,进而提高频谱利用率,同时通过协作可以减小主用户的功率和提高二级用户的吞吐量,从而提升整体网络的性能。具体地,提升系统性能主要可体现在以下几个方面。①提升认知协作无线网络的吞吐量。在无线网络中,有限的资源是制约无线网络发展的主要瓶颈。因此,如何优化资源分配以提升认知协作无线网络的吞吐量变得尤为重要。②提升网络资源的利用率。与传统的无线网络不同,认知无线网络没有固定的频谱资源,而且要考虑对主用户的干扰,故可用网络资源非常有限。因此,如何充分利用有限的网络资源是提升网络性能的有效途径之一,故提升网络资源的利用率是资源分配中的一个重要目标。③满足资源分配的公平性。单方面地提升网络吞吐量或资源利用率,可能导致不公平的资源分配。一般而言,公平性和效率是一对矛盾,两者不能兼顾,提高公平性以牺牲资源利用效率为代价,而提升资源的利用效率会导致不公平。因此,在设计资源分配方案时,需要权衡效率和公平性。④绿色通信——最大能量效率分配。绿色环保是认知无线网络设计中关注的重要问题之一,而最大能量效率分配是实现绿色通信的有效途径之一,同时可延长能量受限节点的生存周期,这可在一定程度上提高网络的可抗毁性和可靠性。⑤多目标资源分配。由于未来认知无线网络需要支持各种业务,而每种业务对 QoS 的要求不同,有的业务对时延要求高,有的业务对带宽要求高,还有的业务对时延和带宽要求都高。因此,如何根据不同业务的 QoS 要求设计资源分配方案是认知无线网络设计的一个重要方面。本节主要介绍四类目标:最大化目标、最小化目标、公平性目标以及性能分析目标,如图 8-2 所示。

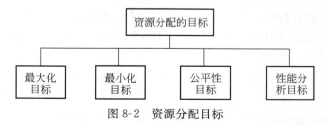

图 8-2　资源分配目标

8.3.1　最大化目标

在认知协作无线网络中,很多情形下需要最大化特定的网络参数。在资源分配中,最大化的主要目的是使总吞吐量、接收端的 SNR 和网络效用最大。其中,SNR 最大化与吞吐量最大化在本质上是相似的,但是其有个缺陷,它不能用来确定网络的总吞吐量。在无线网络中,网络效用优化是进行资源分配的一个强大工具。

在 QoS 限制条件下,文献[22]主要集中在怎么合理地分配资源以使系统吞吐量最大。通过联合中继选择、频谱分配和功率分配,使和速率最大,而且使用三阶段启发算法求解总吞吐量最大化问题。文献[4]和文献[40]提出了中继选择方案以使和速率最大。在多跳认知无线网络中,文献[41]通过跨层方法将发送功率分配到不同的数据包上,这些数据包在抵达目的节点之前将经过多跳路由。在共享频带 AF 中继传输方式下,文献[42]和文献[43]研究了联合功率分配和对中继选择以最大化总吞吐量为目标。在非正交 AF 传输方式下,文献[12]使用 Maclaurin 展开以求解吞吐量最大化问题。在一个只有三个节点的认知协作无线网络中,文献[44]研究了功率和信道分配方案。功率和信道分配的主要目的是最大化总的端到端吞吐量。文献[45]研究了联合中继波束成形和功率分配方案。基于非合作博弈,文献[46]考虑了主用户和二级用户的功率分配方案,且此方案是分布式的。此网络中的链路由两类链路组成,一类包含主用户及其中继节点,另一类包含二级用户及其中继节点。这两类链路可作为非合作博弈中的参与者。在满足主系统 QoS 阈值的条件下,参与者之间相互竞争,每个参与者选择功率分配方案以使自己的速率最大。通过中继辅助的迭代算法可有效地达到纳什均衡点。

8.3.2　最小化目标

在认知协作无线网络中,功率和带宽是两种珍贵的资源,因此,需要对这些资源进行合理的分配以尽可能小地使用功率和带宽,而在实时的应用中,需要最小化时延。

在多跳认知无线网络中,输出 SNR 受限,文献[20]研究了一种集中式和分布式功率优化方案。基于单项式逼近,文献[17]和文献[47]提出了一种分布式与集中式功率控制算法以最小化网络功率。它们使用集中式和分布式几何规划以求解功率最小化问题。文献[48]研究了一种加权的二部图模型,并提出了一种最小权值分配方法以使总功率最小。为使功率最小化,它们使用了统计信道状态信息。针对时延敏感的应用,文献[25]提出了一种多智能体学习算法以学习认知节点的行为。由于多跳无线网络的分散特性,其设计了分布式方式求解此问题。文献[49]提出了一种中继选择方案以使中断概率最小。

8.3.3　公平性目标

在认知协作无线网络中,公平性考虑是为了避免不均衡地利用无线资源。最大最小公平性准则是一种经典的资源分配的公平原则,最初由 Jaffe[50] 和 Hayden[51] 提出,后来被 Bertsekas 等[52] 引入数据网络中。最大最小公平性分配准则首先让所有用户拥有相同的以及尽可能大的传输速率,然后在不浪费资源原则的基础上,继续分配剩下的资源。但最大最小公平性准则作为资源分配目标的合理性受到了 Kelly 的质疑,而后他提出了一种新的公平性准则,即比例公平性准则[53],现在已经成为资源分配的一种重要目标。比例公平性资源分配准则根据用户的需求按比例为用户分配资源。目前,资源分配的公平性种类较多,不同公平性分配准则之间是冲突的,而且公平性和有效性也是一对矛盾,因此,在设计资源分配策略时,需要权衡分配的公平性和有效性。

基于最大最小公平性准则,文献[54]提出了一种中继选择策略以使中断概率最小。同样,基于最大最小公平性准则,文献[55]研究了多用户组播组的认知协作无线网络中的中继、子载波分配和功率分配的联合优化问题。

8.3.4　性能分析目标

近年来,在认知协作无线网络的资源分配中,一些学者分析系统的误比特率(bit error ratio,BER)和中断概率,并以最小化误比特率和中断概率作为目标函数。BER 是衡量接收端性能的一个指标,而无线信道用中断概率度量[54,56~58]。特别是在慢衰落信道中,分析中断概率居多[12,56,59]。然而,在以中断概率优化、BER优化与速率优化为目标函数的资源分配中,对中断概率、BER 和速率的理解和分析还有待进一步深入研究。

8.4　资源分配问题类型与求解方法

在认知协作无线网络中,资源分配算法的计算复杂度及性能是资源分配中的一个重要方面。资源分配问题可分为以下几类优化问题:线性[20]、非线性[5,12~15,42,47,60]、整数非线性[4,21,22]、混合整数非线性[24,26,37,38,41,46,61]与随机非线性[62],而且算法的计算复杂度依赖问题的优化结构。

8.4.1　资源分配问题类型

在认知协作无线网络中,资源分配的优化问题可能是凸的、拟凸的和非凸的。而凸的资源分配问题可以使用标准的凸优化方法求解。在分布的虚拟天线阵列中,文献[5]提出了一种凸优化算法以求解容量最大化问题。在文献[60]中,作者使用一种凸变换方法,将一个非线性拟凹的功率分配问题转换成凹问题,同时提出了一种迭代凸参数算法以求解功率分配问题。在文献[63]中,针对 OFDM 中继传输,作者提出了一种交替凸优化方法以求解功率分配问题。

而整数和混合整数非线性的资源分配问题被看成计算密集性问题,此类问题一般是 NP-Hard 问题,此类问题在多项式时间内不能得到最优解。因此对于此类问题,一般采用贪婪算法[4,38]、启发式算法[22]或演进算法[37,64]。

8.4.2　资源分配问题的求解方法

在认知协作无线网络中,资源分配问题的求解方法,除了标准的凸优化算法之外,主要还有以下几种优化算法[65]。

(1)基于智能优化算法。智能优化算法[66]属于启发式优化算法,通过模拟自然界的一些规律,以寻求解全局最优解,因此具有全局优化性能。常见的智能算法包括遗传算法[67,68]、神经网络优化算法和克隆选择算法等。通过模拟自然界中生物的一些规律,以获得智能计算模型,该类智能优化算法又称为生物启发算法[69~72],如蚁群算法[73]、粒子群算法[64]等。这些智能优化算法都被广泛应用到认知协作无线网络中,以求解资源分配问题。

(2)基于博弈论算法。在认知协作无线网络中,广泛地利用了博弈论理论求解资源分配问题。博弈理论包括非合作博弈与合作博弈。在非合作频谱共享博弈中,每个用户仅关心自己本身的利益,选择最优策略来使自己的效益最大。通过非合作博弈得到纳什均衡解。合作博弈也被广泛地应用在认知无线电的资源分配问题中,如讨价还价博弈、联盟博弈等。无线环境是随时间变化的,而且频谱共享也是随时间变化的,因此,随机博弈[74,75]更适用认知用户的合作和竞争行为。每个用户可以学习周围环境及观察策略以迭代更新自己的策略。

(3)基于鲁棒性优化算法。传统的资源分配方法大多假定 CSI 是已知的,但是在实际中,CSI 一般不能完美估计,因此 CSI 可能是未知的或是部分可知的。所以,鲁棒优化算法应运而生。针对 CSI 的不确定性,此算法有其他算法无法比拟的优势。在信道存在扰动时,文献[76]提出了基于鲁棒优化理论的资源分配方法,最大化系统容量,并得到稳定的最优解。

8.5　本 章 小 结

认知无线网络中资源分配问题的研究相当广泛,同时具有相当大的挑战。合理分配无线电资源能提高资源的利用率,因此资源分配问题是下一代无线通信网络中需要研究的一个重要问题。本章总结了认知无线网络中的资源优化目标、资源分配问题的类型以及求解方法。

参 考 文 献

［1］Naeem M，Anpalagan A，Jaseemuddin M，et al. Resource allocation techniques in cooperative cognitive radio networks. IEEE Communications Surveys & Tutorials，2014，16（2）：729—744.

［2］Ahmad A，Ahmad S，Rehmani M H，et al. A survey on radio resource allocation in cognitive radio sensor networks. IEEE Communications Surveys & Tutorials，2015，17（2）：888—917.

［3］Wang B B，Ray Liu K J. Advanced in cognitive radio networks：A survey. IEEE Journal of Selected Topics in Signal Processing，2011，5(1)：5—23.

［4］Naeem M，Lee D C，Pareek U. An efficient multiple relay selection scheme for cognitive radio systems. IEEE International Conference on Communications Workshops，2010：1—5.

［5］Hong X，Wang C，Uysal M，et al. Capacity of hybrid cognitive radio networks with distributed VAAs. IEEE Transactions on Vehicular Technology，2010，59(7)：3510—3523.

［6］Goldsmith A，Jafar S A，Maric I，et al. Breaking spectrum gridlock with cognitive radios：an information theoretic perspective. Proceedings of IEEE，2009，97(5)：894—914.

［7］Cover T M，El Gamal A A. Capacity theorems for the relay channel. IEEE Transactions on Information Theory，1979，25(5)：572—584.

［8］Kramer G，Gastpar M，Gupta P. Cooperative strategies and capacity theorems for relay networks. IEEE Transactions on Information Theory，2005，51(9)：3037—3063.

［9］Laneman J N，Tse D N C，Wornell G W. Cooperative diversity in wireless networks：Efficient protocols and outage behavior. IEEE Transactions on Information Theory，2004，50(12)：3062—3080.

［10］Katz M，Shamai S. Relaying protocols for two colocated users. IEEE Transactions on Information Theory，2006，52(6)：2329—2344.

［11］Maric I，Yates R D. Bandwidth and power allocation for cooperative strategies in Gaussian relay networks. IEEE Transactionson Information Theory，2010，56(4)：1880—1889.

［12］Liu Z，Xu Y，Zhang D，et al. An efficient power allocation algorithm for relay assisted cognitive radio network. Processing International Conference on Wireless Communications and Signal Processing，2010：1—5.

［13］Manna R，Louie R H Y，Li Y，et al. Cooperative amplify-and-forward relaying in cognitive radio networks. Proceedings of the Fifth International Conference on Cognitive Radio Oriented Wireless Networks and Communications，2010：1—5.

［14］Beigi M A，Razavizadeh S M. Cooperative beanforming in cognitive radio networks. 2nd IFIP Wireless Days，2009：1—5.

［15］Zarifi K，Affes S，Ghrayeb A. Joint source power control and relay beamforming in amplify-and-forward cognitive networks with multiple source-destination pairs. IEEE International Conference on Communications，2011：1—6.

[16] Li J, He B, Wang X F, et al. Performance evaluation for cognitive radio networks with cooperative diversity. Proceedings of the 6th International Conference on Wireless Communications Networking and Mobile Computing, 2010: 1—4.

[17] Liu W, Hu H, Hu Y, et al. Power control for relay-assisted cognitive radio networks-part I: centralized scenario. IEEE CCNC, 2011: 1098—1102.

[18] Alizadeh A, Sadough S M S. Power minimization in unidirectional relay networks with cognitive radio capabilities. Proceedings of 5th International Symposium on Telecommunications, 2010: 18—22.

[19] Wang H, Gao L, Wang X, et al. Cooperative spectrum sharing in cognitive radio networks: A game-theoretic approach. IEEE International Conference on Communications, 2010: 1—5.

[20] Mietzner J, Lampe L, Schober R. Distributed transmit power allocation for multihop cognitive-radio systems. IEEE Transactions on Wireless Communications, 2009, 8(10): 5187—5201.

[21] Xiao Y, Bi G, Niyato D. Game theoretic analysis for spectrum sharing with multi-hop relaying. IEEE Transactions on Wireless Communications, 2011. 10(5): 1527—1537.

[22] He C, Feng Z, Zhang Q, et al. A joint relay selection, spectrum allocation and rate control scheme in relay-assisted cognitive radio system. IEEE 72nd Vehicular Technology Conference Fall, 2010: 1—5.

[23] Sadek A K, Liu K J R, Ephremides A. Cognitive multiple access via cooperation: Protocol design and performance analysis. IEEE Transactions on Information Theory, 2007, 53(10): 3677—3696.

[24] Yi Y, Zhang J, Zhang Q, et al. Cooperative communication-aware spectrum leasing in cognitive radio networks. IEEE Symposium on New Frontiers in Dynamic Spectrum, 2010: 1—11.

[25] Shiang H P, Schaar M. Distributed resource management in multihop cognitive radio networks for delay-sensitive transmission. IEEE Transactions on Vehicular Technology, 2009, 58(2): 941—953.

[26] Guan Z, Ding L, Melodia T, et al. On the effect of cooperative relaying on the performance of video streaming applications in cognitive radio networks. IEEE International Conference on Communications, 2011: 1—6.

[27] Xie M, Zhang W, Wong K K. A geometric approach to improve spectrum efficiency for cognitive relay networks. IEEE Transactions on Wireless Communications, 2010, 9(1): 268—281.

[28] Chang C, Lin P, Su S. A low-interference relay selection for decode-and-forward cooperative network in underlay cognitive radio. 6th International ICST Conference on Cognitive Radio Oriented Wireless Networks and Communications, 2011: 306—310.

[29] Jiang D, Zhang H, Yuan D, et al. Two-way relaying with linear processing and power control for cognitive radio system. IEEE International Conference on Communications systems, 2010: 284—288.

［30］ Safavi S H, Zadeh R A S, Jamali V, et al. Interference minimization approach for distributed beamforming in cognitive two-way relay networks. IEEE Pacific Rim Conference on Communications, Computers and Signal Processing, 2011: 532—536.

［31］ Li Q, Ting S H, Pandharipande A, et al. Cognitive spectrum sharing with two-way relaying systems. IEEE Transactionson Vehicular Technology, 2011, 60(3): 1233—1240.

［32］ Mirmohseni M, Akhbari B, Aref M R. Compress-and-forward strategy for cognitive interference channel with unlimited look-ahead. IEEE Communictions Letters, 2011, 15(10): 1068—1071.

［33］ Lee K, Yener A. Iterative power allocation algorithms for amplify/estimate/compress-and-forward multi-band relay channels. 40th Annual Conference on Information Sciences and Systems, 2006: 1308—1323.

［34］ Astaneh S A, Gazor S. Relay assisted spectrum sensing in cognitive radio. 7th International Workshop on Systems, Signal Processing and their Applications, 2011: 163—166.

［35］ Kim S J, Devroye N, Tarokh V. Bi-directional half-duplex relaying protocols. Journal of Communications and Network, 2009, 11(5): 433—444.

［36］ Li Q, Li K H, Teh K C. An achievable rate region for the cognitive interference channel with causal bibirectional cooperation. IEEE Transactions on Vehicular Technology, 2010, 59(4): 1721—1728.

［37］ Ashrafinia S, Pareek U, Naeem M, et al. Biogeography-based optimization for joint relay assignment and power allocation in cognitive radio systems. IEEE Symposium on Swarm Intelligence, 2011: 1—8.

［38］ Naeem M, Pareek U, Lee D C. Interference aware relay assignment schemes for multiuser cognitive radio systems. IEEE 72nd Vehicular Technology Conference Fall, 2010: 1—5.

［39］ Hu D, Mao S. Cooperative relay in cognitive radio networks: decode-and-forward or amplify-and-forward. IEEE Global Telecommunications Conference, 2010: 1—5.

［40］ Pareek U, Naeem M, Lee D C. An efficient relay assignment scheme for multiuser cognitive radio networks with discrete power control. IEEE 6th International Conference on Wireless and Mobile Computing, 2010: 653—660.

［41］ Jha S C, Phuyal U, Bhargava V K. Cross-layer resource allocation approach for multi-hop distributed cognitive radio network. 12th Canadian Workshop on Information Theory, 2011: 211—215.

［42］ Choi M, Park J, Choi S. Lower complexity multiple relay selection scheme for cognitive relay networks. IEEE 72nd Vehicular Technology Conference Fall, 2011: 1—5.

［43］ Pareek U, Lee D C. Resource allocation in bidirectional cooperative cognitive radio networks using swarm intelligence. IEEE Symposium Swarm Intelligence, 2011: 1—7.

［44］ Zhao G, Yang C. Power and channel allocation for cooperative relay in cognitive radio networks. IEEE Journal Selected Topics in Signal Processing, 2011, 5(1): 151—159.

［45］ Jitvanichphaibool K, Liang Y, Zhang R. Beamforming and power control for multi-anntenna cognitive two-way relaying. IEEE Wireless Communications and Networking Conference, 2009: 1—6.

[46] Qiao X Y, Tan Z H, Xu S Y, et al. Combined power allocation in cognitive radio-based relay-assisted networks. IEEE International Conference on Communications Workshops, 2010: 1—5.

[47] Liu W, Hu Y, Ci S, et al. Power control for relay-assisted cognitive radio networks-part II: distributed scenario. IEEE Vehicular Technology Conference Spring, 2011: 1—5.

[48] Li F, Bai B, Zhang J, et al. Location-based joint relay selection and channel allocation for cognitive radio networks. Proceedings IEEE Global Telecommunications Conference, 2011: 1—5.

[49] Jayasinghe L K S, Rajatheva N. Optimal power allocation for relay assisted cognitive radio networks. IEEE 72nd Vehicular Technology Conference Fall, 2011: 1—5.

[50] Jaffe J. Bottleneck flow control. IEEE Transactions on Communications, 1981, 29(7): 954—962.

[51] Hayden H. Voice flow control in integrated packet networks. Cambridge MA: MIT Dept of EECS, 1981.

[52] Bertsekas D, Gallager R. Data Networks. Englewood Cliffs, NJ: Prentice-Hall, 1992.

[53] Kelly F P, Maulloo A. Rate control for communication networks: shadow prices proportional fairness and stability. Journal of Operations Research Socity, 1998, 49(3): 237—252.

[54] Lee J, Wang H, Andrews J G, et al. Outage probability of cognitive relay networks with interference constraints. IEEE Transactions on Wireless Communications, 2011, 10(2): 390—395.

[55] Naeem M, Pareek U, Lee D C. Max-min fairness aware joint power, subcarrier allocation and relay assignment in multicast cognitive ratio. IET Communications., 2012, 6(11): 1511—1518.

[56] Manna R, Louie R H Y, Yonghui L, et al. Cooperative spectrum sharing in cognitive radio networks with multiple antennas. IEEE Transactions on Signal Processing, 2011, 59(11): 5509—5522.

[57] Kim H, Wang H, Lee J, et al. Outage probability of cognitive amplify-and-forward relay networks under interference constraints. IEEE 16th Asia-Pacific Conference on Communication, 2010: 373—376.

[58] Wang W, Gao W, Bai X, et al. A framework of wireless emergency communications based on relaying and cognitive radio. IEEE 18th International Symposium on Personal, Indoor and Mobile Radio Communications, 2007: 1—5.

[59] Tuyen L P, Bao V N. Outage performance analysis of dual-hop AF relaying system with underlay spectrum sharing. 14th International Conference on Advanced Communications Technology, 2012: 481—486.

[60] Naeem M, Illanko K, Karmokar A, et al. Power allocation in decode and forward relaying for green cooperative cognitive radio systems. IEEE Wireless Communicatiens and

Networks Conference，2013：3806—3810.

[61] Gao C，Shi Y，Hou Y T，et al. Multicast communications in multi-hop cognitive radio networks. IEEE Journal on Selected Areas in Communications，2011，29(4)：784—793.

[62] Luo C，Yu F R，Ji H,et al. Distributed relay selection and power control in cognitive radio networks with cooperative transmission. IEEE International Conference on Communications Werkshops，2010：1—5.

[63] Yan S，Wang X. Power allocation for cognitive radio systems based on nonregenerative ofdm relay transmission. Proceedings of the 6th International Conference on Wireless Communications Networking and Mobile Computing，2009：1—4.

[64] Zhao Z，Peng Z，Zheng S,et al. Cognitive radio spectrum allocation using evolutionary algorithms. IEEE Transactions on Wireless Communications，2009,8(9)：4421—4425.

[65] 周明月. 认知无线电系统的资源分配问题研究. 长春:吉林大学，2014.

[66] Gao Y，Zhao P，Turng L S,et al. Intelligent optimization algorithms. Computer Modeling for Injection Molding：Simulation，Optimization，and Control,2013：283—292.

[67] Hegazy T. Optimization of resource allocation and leveling using genetic algorithms. Journal of Construction Engineering and Management，1999，125(3)：167—175.

[68] Alcaraz J，Maroto C. A robust genetic algorithm for resource allocation in project scheduling. Annals of Operations Research，2001，102(1/2/3/4)：83—109.

[69] Di Lorenzo P，Barbarossa S. A bio-inspired swarming algorithm for decentralized access in cognitive radio. IEEE Transactions on Signal Processing,2011，59(12)：6160-6174.

[70] Dressler F，Akan O B. Bio-inspired networking：from theory to practice. IEEE Communications Magazine,2010，48(11)：176—183.

[71] Yu F R，Huang M，Tang H. Biologically inspired consensus-based spectrum sensing in mobile ad hoc networks with cognitive radios. IEEE Network，2010,24(3)：26—30.

[72] He A，Kyung K B，Newman T R，et al. A survey of artificial intelligence for cognitive radios. IEEE Transactions on Velicular Technology,2010，59(4)：1578—1592.

[73] Zhao N，Li S,Wu Z. Cognitive radio engine design based on ant colony optimization. Wireless Personal Communications，2012，65(1)：15—24.

[74] Shapley L. Stochastic game. Proceeding of the National Academy of Sciences of the United States of America，1953,39(10)：1095—1100.

[75] Fu F，Schaar M V D. Learning to compete for resources in wireless stochastic games. IEEE Transactions on Vehicular Technology，2009，58(4)：1904—1919.

[76] Setoodeh P，Haykin S. Robust transmit power control for cognitive radio. Proceedings of IEEE,2009,97(5)：915—939.

第9章　异构融合网络中的认知 overlay 频谱共享传输技术

随着信息技术的推进和移动通信市场的需求越来越大,新型无线接入技术和移动通信技术层出不穷,不同技术的支撑形成了多种类型网络,各网络具备各自的特征和通信业务的承载能力,能实现不同通信容量、覆盖范围、传输速率和移动性支持等性能指标。由于现阶段移动用户需求面向个性化、多样化发展,单一无线网络已无法满足这种发展趋势。因此需要多种无线技术共存,取长补短、互相补充以满足发展需求。也就是说,需要寻找出新的技术和方法以使多种网络能相互融合、通力协作,如各网络间的接口、协议能兼容,服务质量、移动性及无线资源管理能统一。其中,多样化的无线接入网络的共存共融和相互协作形成了无线异构多接入移动通信系统。于是,在趋于宽带化、扁平化、泛在化、全 IP (internet protocol)化以及智能化的未来移动通信网中,通过各种不同制式的网络间的协作融合,可实现多种无线网络间移动用户的连续通信和丰富多样的个性化业务需求,促进网络融合整体性能、效率以及无线资源利用率的提升。总之,无线异构网络融合是未来一段时间内移动通信发展的必然趋势。

9.1　引　　言

9.1.1　异构网络融合的发展

异构网络与同构网络是相对而言的,同构网络是指具有相同结构并完成相似功能的网络,早期的通信网络普遍为同构网络,且同一地区通常只布置一种网络,如起初的电话交换和广播电视网络等。如今,伴随着信息新技术的发展出现了许多新兴网络,多种不同类型的网络可能共同控制同一地区,这些不同类型网络统称为异构网络。异构网络融合是指为满足用户的多样化业务需求,而使各个子网关联协作,具体表现为网络资源的共享和管理、接口和协议的兼容以及接入方式的统一等,最终实现不同类型网络下的通信用户可享受到多种服务。

泛在融合的无线异构网络中,通过综合各项无线通信技术的优势,使用户获得不同网络间的通信连续性和热点区域的高速率、高带宽服务。由于 TCP/IP (transmission control protocol / internet protocol)主导着目前 Internet 和移动互联网技术的飞速发展和应用,网络全 IP 化是当前业界公认的可实现无线异构网融合的最佳策略。于是,多种无线接入网络将利用不同的接入技术来连接到全 IP 化的公共核心网,以此实现无线异构网络的融合。

目前,无线异构网络融合的研究工作主要基于蜂窝移动通信网络和无线宽带网络的融合而开展,这是因为这两种网络在信道接入和网络覆盖等方面具有很强的互补性。2003 年起,负责全球移动通信系统(global system for mobile communications,GSM)和通用移动通信系统(universal mobile telecommunications system,UMTS)技术演进和标准发布的第三代伙伴关系(3rd Generation Partner Project,3GPP)组织已开展了无线异构网络互连的标准化工作,且无线异构网络融合的解决方案从 R6 版本开始逐步被提出。迄今为止,蜂窝移动网络和无线宽带网络融合的研究和标准化工作已取得了部分成果,网络融合的多种设计策略[1~3]分别由 3GPP、欧洲电信标准化协会(European Telecommunication Standards Institute,ETSI)和电气及电子工程师学会(Institute of Electrical and Electronics Engineers,IEEE)等多个国际标准化组织提出。

3GPP 组织在 TS22.934[2]标准的制定中,给出了一种异构网络融合的实例方案,即提出了 3GPP 系统与无线局域网网络相融合的 6 种场景。参照这种网络融合的实现方案,可以将 3GPP 系统与其他类似于 WLAN 和基于 IP 的无线接入技术进行融合设计。项目 Daidalos[4,5]是欧洲研究 3GPP 和 WLAN 网络融合的一个项目典型,它是为实现以用户为中心、多种网络资源集中管理的全 IP 异构无线网络,而开展将已有的各种无线接入技术与 3G 蜂窝移动通信技术相融的研究。该项目通过异构网络融合的研究来达成三方面的目标,其一,实现移动用户的个性化服务需求,且具备无缝、透明地支持这项功能的网络底层技术和通用接口技术;其二,设计能使各种网络实现开放的、可扩展的以及无缝的融合方案,以此支持广域的异构网络间连续通信;其三,实现更好的用户增值服务需求,激励网络运营商和服务提供商开发新的业务模式。

9.1.2　无线异构网络融合的方案

当前学术界公认的无线异构网络融合的方案主要是根据网络系统间融合的紧密度来区分的,即存在紧耦合和松耦合两种主流方案。这两种无线异构网络融合方案最先出现在 BRAN(Broadband Radio Access Networks)计划[6]中,是由欧洲电信标准化协会提出的,其中主要研究了 3G 和 WLAN 两种无线网络的融合。然而,经过深入研究发现,紧耦合和松耦合两种网络融合方案同样适用于其他无线网络间的融合和多个无线异构接入系统的融合。

紧耦合网络融合方案是指无线接入系统之间以从属关系而相互关联。若将 UMTS 系统与 WLAN 网络进行紧耦合融合,一般会将具有广域覆盖范围的 UMTS 系统作为主网络,将具有热点宽带接入功能的 WLAN 网络作为从属网络,

WLAN 网络中的接入节点（access point，AP）将通过特定的接入网关接入 UMTS 网络中[7]。其中，特定的接入网关必须实现 UMTS 系统中所有的无线接入协议功能（如认证、授权、移动性管理等），于是，WLAN 网络可看作 UMTS 系统的一个无线接入子系统。那么，UMTS 系统与 WLAN 系统共同启用认证、授权和计费（authentication、authorization、accounting，AAA）功能以及信令协议等，且 UMTS 的移动性管理功能将控制多模移动设备在这两种系统间的垂直切换。

　　根据上述实现原理，紧耦合网络融合方案的优缺点可总结如下。优点是：从属网络可共享主网络的各种资源，运营商的投资能获得保障，具有较小的网络间切换时延和切换失败率；异构网络间负荷能得到平衡[8]。缺点是：①由于主网络的网络接口和关联数据库必须开放给从属网络，不同运营商下的主从网络各自的商业利益和网络安全会相互威胁，因此，一般只有归属同一运营商的异构网络才采用紧耦合网络融合方案[9]；②当紧耦合的异构网络融合系统需要关联上新的从属网络时，为与新从属网络的负荷条件相匹配，必须修改主网络的相关配置信息并升级、改造当前网络设备，这不仅会加重网络负担而形成网络瓶颈，也增大了其实现的技术难度；③必须具备多模终端设备，即移动终端要能执行多种接入模式和运行多个不同的网络协议栈。

　　松耦合网络融合方案形成的异构网络融合系统中，异构网络间无从属关系，各网络间关系对等，具备独立的接入控制方式、机会路由方式、移动性支持、计费方法和安全机制。总之，网络融合系统中的各网络间具有较强的独立性和较少的信息交互，于是不同运营商的无线接入网络就能方便地进行互连。此外，当有新的网络加入融合系统时，并不需要升级和改造当前的网络设备，这样降低了实现的技术难度，增强了融合网络的扩展性。相比紧耦合方案，松耦合方案具有较大的适用范围、较低的实现复杂度和较强的可扩展性，因此它被学术界公认为未来无线异构网络融合的主流方案[10,11]。归纳现有的研究发现，松耦合网络融合方案主要有下述三种[12]。

　　第一种松耦合方案是指通过特定网关来使无线异构网络相互关联。文献[13]就是采用该耦合方案来使 GPRS 和 WLAN 两个网络相互融合，其中通过在两个网络边界设置特定的网关来实现网间的无缝漫游，以此避免对各网络的大规模改动。3GPP 在文献[14]中研究了 3GPP 网络和非 3GPP 网络（如 WiMax、WLAN 等）异构融合的系统架构，该架构利用特定的网关设备来实现垂直切换的移动性支持。其中所设置的网关只是针对两个特定网络间的互连和移动性支持，且两个网络间必须签订服务等级协议。综上，当需要融合多个种类的无线异构网络时，第一种松耦合方案实现复杂，且具有较差的扩展性。

　　第二种松耦合方案是指将多个无线接入网络连接到所建立的第三方运营的专用核心网上，以此实现无线异构网络的融合。文献[15]所研究的就是第二种松耦合方案，其中通过利用基础接入网和公共核心网络分别作为专用核心网络来承担信令交互和数据业务的传输，从而将无线异构网络进行融合。该方案中只需要分别签订各无线网络和专用核心网络间的服务等级协议，而避免无线异构网络之间协议的签订，便能实现无线异构网络间的融合，因此比第一种松耦合方案具有更强的网络扩展性。然而，该方案所建立的第三方运营的核心网络需要获得国际标准组织和各国政府政策的许可，且需要高额的建设资金，这都限制了其广泛应用。

第三种松耦合方案是指通过统一建立以 Internet 网络作为核心网络，以 IP 作为网络间的互连协议，而实现无线异构网络间的融合。其中，通过 IP 来实现无线异构网络间的互连方式独立于网络底层的无线接入技术，因此可以实现一致性的上层网络环境和回避各种无线接入系统的异构特性。此种耦合方案可充分利用 Internet 网络的基础设施，而不必重新建立专用的核心网络，因此大大节约了无线异构网络融合的建设成本。总之，第三种松耦合方案被公认为是未来泛在无线异构网络融合的主流方案，而受到了业界的广泛关注[16]。文献[6]即给出了利用 Internet 网络作为无线异构系统专用核心网络的松耦合方案下的网络架构。然而，第三种松耦合方案采用的是移动 IP 技术，这将导致比较大的垂直切换时延，而无法实现无线异构网络间的无缝漫游。

3GPP 网络与多种无线网络相融合的标准化工作已经在 3GPP 主持的 LTE 项目[17]中逐步开展了，其中包含了对 SAE(system architecture evolution)框架中的 EPS(evolved packet system)进行标准化。EPS 主要由各种无线接入网络和全 IP 核心网络 EPC(evolved packet core)组成，其中 EPC 是由传统 GPRS 架构演进而成的，能融合多种非 3GPP 无线接入技术(如 3GPP2、WiMAX、WLAN 等)，并支持演进的通用陆基无线接入网(evolved universal terrestrial radio access network, EUTRAN)和 PMIPv6 移动性。基于松耦合的网络融合方案，3GPP 标准所定义的无线接入网络通过服务网关(S-GW)连接到 EPC 上，而其他无线接入网通过分组数据网关(D-GW)或增强型分组数据网关(ePDG)来连接到 EPC 上，总之是通过 EPC 的统一接入来实现所有无线异构网络的融合。

9.1.3　异构网络融合的主要特征

当前无线网络多种多样，所采用的无线技术各不相同，能提供的服务名目繁多，因此各无线网络间的融合设计将牵涉到通信系统的多个方面，包括业务层面、控制技术、接入技术、传输设计以及空中接口技术等。总之，无线异构网络的融合设计必须基于其异构特征而开展。无线网络的异构特征主要体现如下。

(1) 无线网络间频谱资源的异构特征。由于各无线异构网络具有不同物理结构特性，会采用不尽相同的通信频段和无线接入技术，且具体实际地域上的各无线网络具有不一样的频谱规划。于是无线网络间进行异构融合时，需要考虑到为满足特定的技术和业务需求而必须在各参考频段上使用的无线技术。

（2）无线网络间组网方式的异构特性。由于不同的无线网络具有截然不同的组网方式、网络功能控制、资源管理和配置方式等，且各无线网络的物理层和媒体接入控制层上所采用的调制技术、天线技术、加密技术和接入技术也有很大区别。

（3）无线网络间互异的业务需求。由于各无线网络中的移动用户具有多样化的通信业务需求和不同的业务偏好，如传统的电信业务、交互业务和以内容为中心的业务等。于是异构网络融合设计时必须考虑不同网络上的业务实现需求。

（4）无线网络间种类各异的移动终端设备。相比同构网络，无线异构网络融合环境比较复杂，各无线网络能供给移动终端不同的 QoS 保障。由于制式、业务需求和所属运营商等的不同，要求异构网络融合设计必须考虑到各网络中不同通信终端设备的接入能力和移动能力具有较大的区别。

（5）无线网络的运营归属差异。当异构系统中的各无线网络归属不同运营商时，各无线网络的管理方案各不相同，即具有不同的寻呼漫游、移动切换、资源配置、鉴权认证和计费方式等。无线异构融合系统设计时，为满足各网络的组网需求，必须依照各网络所能利用的无线资源和所拥有的业务特征来设计通信协议栈和网络管理机制等。

9.2　认知异构网络架构与系统模型

根据无线网络飞速发展的趋势可预测未来无线网络是一个基于全 IP 融合的复杂异构网络，它能满足爆炸性增长和多样化的业务需求，承载海量的移动终端，具备无缝移动特征，可采用多种接入技术，允许不同节点间的协同工作，具有高服务质量和安全性保证。为实现上述功能，未来无线网络必须拥有足够的频谱资源，并具有一定的智慧特征，即能智能感知动态变化的无线环境和业务需求，根据外界环境的变化来自动配置各种网络参数。认知无线网络技术具有自我感知、自我学习和自动配置等功能，而为无线异构网络融合的发展提供了强有力的技术支撑。现有的认知无线异构网络（cognitive heterogeneous networks，CHN）的研究还主要停留在异构网络中采用认知无线电技术的层面，认知思想并没有应用到整个无线异构网络，要想实现真正的无处不在和无所不能的认知无线异构网络还需要继续开展深入的研究。

9.2.1　认知无线异构网络的主要特征

随着移动通信网络的异构化，各种无线网络的发展会经历隔离、互通及协同等演进阶段，通过先进通信技术的应用，最终要发展具有自愈、自管理、自发现、自规划、自调整以及自优化等特点的智能化网络系统。然而，简单地将认知无线电技术和各种通信技术整合到无线异构网络中,是无法完全达成上述目标的。为了能更好地促进无线异构网络的发展,实现认知无线异构网络,必须考虑下述认知无线技术与无线异构网络相结合的一些特征。

(1)认知无线异构网络架构和行为模型。目前的无线异构网络架构和认知无线网络架构并没有考虑到两者的相互特征,因此不能直接利用两者中的一种,而必须重新建立符合认知无线网络特性的异构网络架构。在认知无线异构网络架构的建立过程中要考虑三方面的因素:一,要兼容当前无线异构网络而综合考虑网络分布和特点;二,要实现认知无线网络的自我感知、自我意识和自适应学习等智能特性的功能;三,要具备自动管理体制、能适应动态变化的无线环境、可满足用户的多样化业务需求、具有可靠的 QoS 保证和灵活的移动用户接入形式等。认知无线异构网络的行为模型与认知无线网络行为模型相似,网络中的通信节点具有一定程度的主动权,各个节点能根据周围通信环境和网络状况来自主计划、调整、判断以及决策通信行为。这些行为会严重影响着异构网络资源协同调度、分布式跨层设计,以及端到端 QoS 性能的无缝漫游等。

(2)认知异构网络资源的协同调度。由于认知无线异构网络具备了认知网络和无线异构网络两者的特征,对其进行资源调度时要综合考虑到两者的性能需求,而设计出新的、具有协作性和自适应性的无线异构网络资源调度方案。

(3)认知无线异构网络的分布式跨层设计。无线网络的跨层设计是提高网络性能、获得较高端到端网络吞吐量、增加网络容量和效用的有效手段。认知无线异构网络中同样可以通过优化控制网络各层协议来获取较高的网络性能。其中,网络的认知特性使各个通信节点能智能检测周围环境和网络状态,并以此进行自适应计划、调整、判断及决策。要设计出高效的分布式跨层机制就必须考虑到网络各层认知信息的交互和迅速精确地完成自适应认知过程。

(4)认知无线异构网络中基于端到端 QoS 保障的无缝漫游。无缝漫游是所有无线移动网络必须提供的服务,在具备异构特性的认知无线异构网络中建立自适应无缝切换机制时,既要考虑到异构网络间的不同服务承载能力和方式,又要考虑到具有智能决策能力的通信节点的 QoS 性能要求,这样才能保证认知无线异构网络中通信节点基于 QoS 保障的无缝漫游。

9. 2. 2　认知异构无线网络架构

无线异构网络中存在使用了各种不同接入技术的网络,这些网络可能重叠覆盖某些相同的无线业务服务区域,移动用户采用多模终端(即无线终端能同时连接到不同无线网络的多个无线接口)来实现无线异构网络中的漫游和切换。认知用户具有自动检测、学习及适应无线通信环境的能力。综合考虑这些特征,可建立下述认知无线异构网络架构。认知无线异构网络架构见图 9-1。

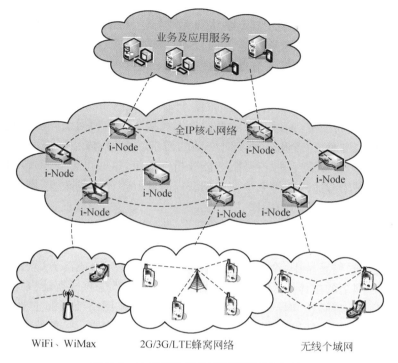

图 9-1　认知无线异构网络原型系统架构

　　认知无线异构网络架构的设计目标是，通过对用户的业务需求和外界及网络环境变化状况的检测，来实时调整网络状态和重新配置网络参数，以此保障整体网络端到端的效能。认知无线异构网络架构的组成部分主要包括业务及应用服务、全 IP 核心网络和无线接入网络[18]，其中，第一部分主要负责为通信用户提供各种无线应用服务，第二部分主要承担整体网络的控制和管理功能，第三部分利用各种无线接入技术使通信用户接入网络和体验业务，同时实现多种接入网络之间的无缝漫游和切换。下面将进一步介绍认知无线异构网络的三个组成部分。

　　业务及应用服务。认知无线异构网络与现有的无线网络具有一致的业务及应用服务，该组成部分的设置便于网络运营商和业务提供方对各种业务及应用的引入和部署。

　　全 IP 核心网络。全 IP 核心网络部分主要承担了认知无线异构网络的控制和管理功能，是三个组成部分中最重要的部分。智能网络节点（i-Node）是组成全 IP 核心网络的主体，大量的智能节点通过分布式组织形式而构成全 IP 核心网络。这些智能节点可通过 UMTS 网络的 RNC（radio network controller）或 WLAN 中的 AR 节点经软硬件升级和认知功能的添加来实现。智能节点是认知无线异构网络的特色,因此,9.2.3 小节还将详细介绍其框架和功能。

无线接入网络。无线接入节点是认知无线异构网络的重要组成部分,它可通过采用认知无线电技术来重新配置 UMTS 网络中的 Node B、WLAN 中的 AP 节点或者其他无线网络中的接入节点等的自动调配能力而获得。无线接入网络具有与认知无线电相同的检测、感知、自适应、学习以及记忆能力,并能将所感知到的用户需求和通信环境的动态变化信息上报给全 IP 核心网络,再由 PHY/MAC 层对网络参数进行重新配置,通过动态的最优化无线接入技术和通信频段的选择,实现有效处理业务、资源、位置和各种实时变动的需求。全 IP 核心网络中的智能节点会对这些可选的配置情况进行存储、智能分析并决策,这些可重新配置的信息是通过软件定义,采用合适的软件来迫使它们获得时间和空间上的改变,即可实现各类无线接入节点的智能化功能操作。

9.2.3　智能网络节点的组成及功能

认知无线异构系统中,全 IP 核心网络是其最重要的组成部分,智能网络节点是全 IP 核心网络的主体,全 IP 核心网络的主要功能都是通过智能网络节点来实现的。为了深入理解认知异构网络架构,必须掌握智能网络节点的主要工作原理,本小节将详细讨论智能网络节点的主要组成及相应的功能。一般来说,智能网络节点既具有认知能力又具有异构特性,它们可能分布在多种不同的接入网络中,也可能分布在同构网络中,若对其进行集中管理,就必须建立极其复杂的管理体制,这将阻碍未来大规模无线异构网络的发展。因此,本书将基于分布式管理体制来介绍智能网络节点的框架,其中可实现自主计算能力、模块化和可扩展性功能。

智能网络节点的组成部分主要包括认知平台(cognitive plane,CP)、认知层接口(cognitive layer interface,CLI)、知识库(knowledge repository,KR)、策略库(policy repository,PR)和协议适配单元(protocol adapter,PA)等。图 9-2 给出了智能网络节点的主体框架,该框架具有类似认知无线网络的各种认知功能。智能网络节点的认知功能是以现有网络为基础而添加的一项新功能,它与传统的 OSI 七层网络结构相对独立。认知功能模块的工作原理示意如图 9-3 所示。通过认知功能模块的作用,可预测网络状态而解决网络中可能出现的问题,这将区别于只有问题发生后才进行处理的自适应网。智能网络节点各组成模块的实现功能可描述如下。

认知平台主要用于实现智能网络节点的各组成部分间、智能网络节点间、智能网络节点与业务应用服务部分和无线接入网络间的信息交互。认知平台利用分布式跨层优化使智能网络节点能理解跨层数据交互、网络性能模型和用户服务需求等。通过规划和决策,认知平台可将用户的端到端通信目标转换为用于控制各网络层或可重配置节点运营的动作指示。根据用户的业务应用需求,认知平台可执

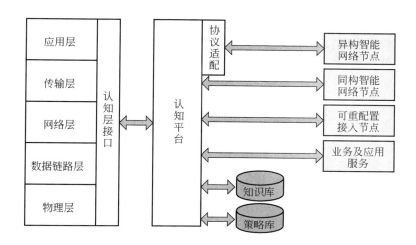

图 9-2　智能网络节点的主体框架

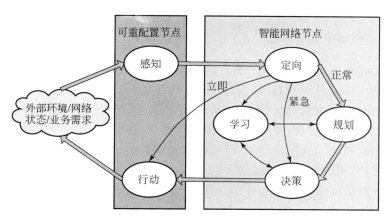

图 9-3　智能网络节点认知功能模块实现原理

行资源联合优化调度的算法,由此产生各网络层所需的参数和每个可重配置节点上的重配置信息。总之,认知平台是根据先前的用户、节点及网络的相关知识和经验来进行动态资源配置和管理的。

认知层接口是连接 OSI 七层协议与认知功能模块的桥梁,其主要作用是收集各协议层的信息和控制协议的参数,一般可以将其看作可承担各协议层的感知、控制及行为的本地服务器。认知层接口一方面收集各协议层的原始信息,并通知各协议层执行认知平台所发出的控制命令;另一方面,将感知到的各协议层信息上报给认知平台,并让其储存到知识库中。此外,认知层接口还要根据认知平台发出的指令来重新配置各协议层参数。

知识库的作用是基于网络需求和存储容量来对一定时段的知识和经验进行储存,所存储的内容主要包括:接入节点所感知的网络状态和环境信息、可重配置节点的状态信息、通信用户的业务需求信息以及智能网络节点先前所做出的部分决策和经验等。据此,认知平台经过分析、推理可预测和解决某些网络问题,最终做出最佳决策。

策略库是一种可实现功能优化的模块化策略池,它能解决网络中所出现的各种优化问题。策略库中包含有多种多样可解决网络问题的智能算法,如神经网络算法、模糊逻辑控制算法、多目标遗传算法及蚁群算法等。于是,认知平台可调用策略库中的算法来有效解决某些网络优化问题。

协议适配单元在异构网络各智能网络节点间的信息交互过程中起到匹配控制作用,即为保证智能网络节点间的正常通信,而将异构网络中不同协议的消息进行标准化适配。

9.3　认知异构网络的关键技术

9.3.1　自适应协同调度机制

由于无线介质的动态变化严重影响移动通信的性能,经研究表明,设计合理的跨层机制是一项能灵活和有效解决此问题的方案[19]。跨层设计的主要目标是实现 OSI 协议栈各层参数的优化,通过跨层设计能提高各分层协议的性能、增强非可靠网络的实时应用能力以及使网络资源利用更为充分。传统的跨层设计主要是优化单一方面的性能,如提高网络吞吐量。这样的设计方案优化局限于某个节点或者某些协议层,而无法应用到认知无线异构网络中。认知无线异构网络中的跨层设计将实现整体网络性能的提升,必须设计考虑了多层优化目标共赢的方案,即在跨层自适应协同调度方案的设计中,不仅物理层上要采用(adaptive modulation and coding,AMC)技术,数据链路层上要采用 HARQ 技术,而且要考虑到无线异构网络中协同数据包的调度机制和智能网络节点的认知特性,还要保证业务的稳定性、连续性和鲁棒性。认知无线异构网络可通过下述四方面的技术处理来获得合理、有效的跨层自适应协同调度机制。

1)物理层上自适应编码调制 AMC 技术的运用

AMC 技术调用的原理是依据信道质量的变动状况来改变、调整调制技术和编码方式。该技术的主要思想为:当信道质量较好时,为了获取较高的信息传输速率,可采用级别较高的调制技术和较弱的信道编码技术;反之,信道质量较差时,要降低信息传输速率来换取通信误码率的保障,因而必须采用低级别的调制技术和较强的信道编码技术。

2) 数据链路层上 HARQ 技术的采纳

通过物理层上 AMC 技术的运用完成调制技术和信道编码的变动和调整后，基站将发出包含了循环冗余校验(cyclic redundancy check，CRC)码的数据分组包。当系统采用 II 型 ARQ 传输机制时，信道编码器会生成与传输信息码相对应的低码速率的全码字以备后续重传时使用，并将此码字存储到缓存器中。信息接收端通过相应的解调和解码来恢复所接收到的数据分组，并利用 CRC 码来检查所恢复的数据分组是否发生错误。当检查到错误时，ARQ 生成单元会通过控制信道将重传请求反馈给发送端，接着 ARQ 控制单元会把缓存器中相应的信息进行重传。重传操作将一直维持到接收端成功恢复出正确的数据分组或者达到最大的重传次数。

3) 无线异构网络的协同调度机制

一般来说，每个通信用户通过无线接入节点会分配到固定的分组队列，因此，就算采用了 AMC 和 HARQ 技术，当系统业务量很大时，也会出现分组数据包的溢出，便造成了后续数据分组的丢弃，而恶劣影响到通信用户的业务体验。为了解决上述问题，一些研究提出了在应用层调整传输速率的方案，但这些方案在实际系统中很难实现，因为其中要求具有业务时延敏感的服务器端能为不同的用户提供不同的传输速率。认知无线异构网络中的协同调度机制可采用下述实现思路，网络中布置了多模智能终端，它能同时接收来自不同接入网络的分组数据，当运用 AMC 和 HARQ 技术后，某种无线接入网络节点的分组队列依然即将溢出，那么可以将后续的数据分组旁路到其他无线接入网络的基站，数据分组经基站转发给多模智能终端，并在智能终端进行按序组合，以此降低网络数据包的丢失率并保证通信用户业务服务质量。

4) 自适应判决算法实现

判决算法是跨层自适应协同调度机制设计过程中根据系统的 QoS 性能参数(如丢包率、平均时延等)进行自适应判决的方法。判决算法在业务开始时刻启动，根据每个业务的 QoS 性能指标自适应地做出判决。下面以丢包率和平均时延作为判决算法的参考性能指标为例来说明执行判决的具体步骤。

步骤 1：由于丢包率主要由分组排队溢出丢包和信道丢包两者造成，若信道质量差造成了大部分的丢包，根据丢包情况可进一步做出下述两种分支判决：若信道丢包是造成丢包率的关键因素，接入节点可根据误码率和载干比(carrier to interference ration，CIR)等参数指标来选择高阶的传输模式，以此使得丢包率在系统容忍范围内，并指示 MAC 层执行相应的操作。否则，溢出丢包是造成丢包率的关键因素，无线网络接入节点与其他无线接入网络的基站实现协同分组调度，将后续的分组旁路，以此避免队列溢出，降低丢包率。

步骤 2：若丢包率完全由信道丢包引起，系统会根据重传限制和传输模式进一步做出下述两种分支判决:若当前没有采用接入节点可能传输模式中的最高阶,判决算法会示意增大传送功率而提高载干比,于是,通过 AMC 技术提高系统的传输速率并降低丢包率。否则,当达到最大重传次数时,判决算法示意执行协同分组调度;若没有达到最大重传次数,判决算法示意增大重传次数。

步骤 3:为在任何可能情况下都能保证系统的最优性能,判决算法要随系统 QoS 的提高而进行自适应判决。若丢包率明显下降,系统将做出下述两种分支判决。当平均时延靠近其边界值时,判决算法会示意增大传送功率,以此提高载干比。于是,通过 AMC 技术提高系统传输速率并降低平均时延。当平均时延与其边界值相差较大时,无线信道质量很好,且误码率很低时,判决算法会指示降低系统传送功率来提高系统容量。

9.3.2　分布式跨层设计方案

传统通信网络中,OSI 的七层体系架构和因特网的五层体系架构是业界公认的两类经典网络架构。这些模块化分层设计使得每个协议层可实现独立的参数优化设置,保证了协议栈各层间的独立性和彼此透明性,且下层协议栈接口能为高层提供服务。由于协议栈能很好地屏蔽各层的运作细节,在保障原有功能的基础上可实现各层的独立设计,该类结构具有良好的可扩展性。上述协议栈分层是基于通信条件最恶劣的环境背景而设计的,这使得网络资源不能得到充分的利用。针对该问题,学者为了让上述网络分层体系能适应动态变化的无线通信环境和满足移动用户的多样性业务应用需求,而通过各协议栈分层间特定信息的传递来协调各分层的工作,即实现跨层设计。

跨层设计的核心内容是指通过监测网络环境和用户业务需求的变动情况,而由协议栈各层自适应地进行网络资源的优化配置。网络实现跨层设计后,协议栈各分层间能共享一些与其相关的信息,包括相邻分层和不相邻分层之间信息的传递,于是低层的信道状态信息能被及时地传递给高层而实现最优调度,高层的不同业务需求也能被便捷地传送给低层信道而实现网络资源配置,这种网络分层间的信息交互降低了节点的处理开销,因此优化了系统的通信性能。无线网络的跨层设计主要有两种实现方案,其一是各分层间的直接通信,其二是各分层间通过数据库共享与之相关的信息。前者实现了各分层间的互相通信,后者是建立能连接所有分层的通用的共享数据库。针对动态变化的无线通信网络环境,跨层设计算法一般是先整体考虑网络的各分层协议,再同步进行网络上的分布式计算,以此解决全局优化问题[20]。换句话说,无线网络跨层设计方案是利用分布式计算来解决网络全局优化问题和最大化网络效应(network utility maximization,NUM)。无线网络全局优化问题可建模为普通的 NUM 问题,即整体网络是一个系统优化器,通信用户的业务需求是优化目标,从而,一个复杂的网络全局优化问题可以被分解成多个简单的子问题,其中每个分层对应着一个子问题,各层之间的关联因素能量化为相应子问题中的优化基本变量和对偶变量的功能函数,于是优化问题将很容易被解决。优化问题的分解解决方式有两种,即水平分解和垂直分解,前者是分解为分布式计算,后者是分解为资源调度、功率控制和拥塞控制等跨层设计策略。

目前,网络跨层设计方案一般是针对某些无线网络的特定问题而设计的,考虑到所设计方案的实际可行性,一般通过研究协议栈的某两个分层来实现网络的跨层优化,这样的网络跨层优化设计方案是无法满足认知无线异构网络需求的,因此下面将讨论从物理层到传输层协议栈完整的跨层信息优化方案,以便实现认知无线异构网络的跨层设计。

为了提高认知无线异构网络的系统容量,使无线资源利用率达到最大,并顾及网络协议栈各分层消息的完整性,设计了分布式的跨层设计方案。其主要思想是根据协议栈各分层将设计划分为两种类型。第一类是对传输层进行设计,即网络中所有源节点利用本地拥塞函数来控制其发送速率,且其他中间节点要按照预先设置的代价更新函数来更新其代价;第二类是对物理层/数据链路层/网络层的设计,主要内容包括:对网络中各节点链路容量的保证,以最大链路代价差为权来求解使网络整体容量最大的各链路容量,并执行数据流的路由操作。某时隙上跨层设计方案的具体实现步骤如下[18]。

步骤 1:根据各网络节点的发生速率和所分配的链路容量定义好代价更新函数,以此求解各节点更新到目的节点的代价,并将其发送给所有的邻居节点。注意:时隙开始阶段的代价函数即为拥塞代价。

步骤 2:根据物理层自适应编码调制 AMC 技术获取各网络节点的当前链路容量。

步骤 3:以拥塞代价为自变量定义每个源节点的发送速率求解函数,以此调制各时隙上每个源节点的发生速率。

步骤 4:各网络节点通过收集到的邻居节点的代价信息来求出使代价差最大的目的节点,并把代价差信息发送给所有的邻居节点。

步骤 5:根据收集到邻居节点前一时隙上的代价差信息,各节点在当前时隙开始阶段通过利用代价差实现加权运算,可为每条通信链路分配到使网络整体容量最大的各链路容量,从而实现资源调度。

步骤 6:根据机会路由协议,各节点根据之前所求的发送速率选择合适的链路而将数据信息传送给目的节点。

9.3.3　无缝切换技术

移动切换技术是无线通信的关键技术,移动切换机制的性能关系着无线通信系统工作的正常运行,对通信用户和网络具有重大影响。认知无线异构网络中,无缝切换是其必须实现的一项关键功能。保证端到端 QoS 的无缝切换方案是认知无线异构网络关键技术的重要内容,该方案要能通过控制触发、判决和执行等操作来保证足够的通信资源,且能满足系统特定的 QoS 需求(如带宽、丢包、时延及时延抖动等性能指标)的无缝垂直切换,从而保证用户端到端的通信服务质量。

垂直切换主要针对无线异构网络而设计,它表示节点在切换前后会采用不同的接入技术。垂直切换通常可以分为三个阶段,即系统发现阶段、切换决策阶段和切换执行阶段。第一阶段中,移动节点会搜索查找出所有可用的无线网络,其中,发现时长和终端能耗量是该阶段性能评价的两个重要参数。第二阶段中,根据接入节点可接收的信号强度来判决是否进行网络切换,这与传统的切换方式相同。第三阶段中,系统将执行把正在进行的会话从先前网络的接入节点转移到目标网络的接入节点,以此实现网络切换操作。注意:为了迎合无线异构网络的特性,必须保证垂直切换与底层的接入技术无关。

单一的协议栈分层切换管理机制是无法满足认知无线异构网络系统需求的,切换算法中的跨层设计已经成为当前学术界关注的重点。文献[21]通过两个分层的联合处理来设计切换机制,利用判决引擎的设置来实现移动终端设备域内漫游的越区切换,并根据链路层信息的变动来检测、判断和保存终端设备的移动模式。成立于 2004 年的 IEEE802.21 工作组设计了一种介质独立的垂直切换协议[22],该协议的特色是在数据链路层和网络层之间设置了媒体独立切换(Media Independent Handover,MIH)层,MIH 层的服务可屏蔽异构网络中各种高层协议栈和低层之间的差异,从而达到高层和低层间的信息交互,最终实现跨终端、跨网络以及跨网元的无缝切换。在认知无线异构网络的移动切换机制设计时,可以充分利用其中的认知功能特性,利用感知到的网络环境信息,结合 MIH 层和网络层的快速移动 IPv6 协议,可实现认知无线异构网络的智能移动切换方案设计。

9.4　认知无线异构网络中的资源管理

9.4.1　无线异构网络资源分配

无线资源在无线通信系统中起着极其重要的作用,对有限的无线资源进行协同管理和高效配置是无线系统设计的关键之一。由于无线通信系统具有不稳定的信道衰落特性和不均匀的网络业务量分布,为了保证各移动用户的通信服务质量,必须规划无线资源管理机制,进行无线资源的动态调整和优化配置,以此全面实现高系统性能、高频谱利用率,并降低信令负荷和网络阻塞[23]。

无线异构网络拥有多种不同的无线接入技术、无线终端设备和网络运营商等动态环境特性,其中某些业务服务的实现可能需要采用多种无线接入技术,而这些无线接入技术又可能由不同的网络运营商提供。因此,若无线异构网络的各接入网络间协调能力不足,将限制业务的无缝切换、网络的重叠覆盖,并使各网络间的干扰变得更加复杂[24]。于是,不仅需要实现各种无线网络间的重叠覆盖和互联互通,还要进行网络资源的总体融合和高效配置,这使无线异构网络中整体资源管理体制的研究显得更为迫切。多网络资源联合管理是无线异构网络技术研究的一个重要分支,实现异构网络资源的合理、充分利用是判定无线网络间有效融合的关键因素。

　　目前,无线异构网络资源管理方案得到了学术界的广泛关注,如 3GPP、IST-WINNER、IST-MIND 以及欧洲联盟(欧盟)第七框架计划(FP7)等国际组织纷纷对其展开了深入研究。3GPP 组织在文献[25]和文献[26]中研究了无线接入网络和蜂窝网络两者相融合的方案,其中通过给各种业务分配合适的无线承载来进行无线资源管理框架的设计,从而实现业务服务质量和网络资源管理能力的增强[27,28]。这种无线资源管理框架通过整合各无线接入网络特定的覆盖区域和容量来实现业务覆盖区域和容量的扩大,它的主要思想是根据服务质量需求、通信终端优先级、开销、资源(包括频谱、功率、能耗)等性能指标来选取最合适的无线接入网络或合并多种接入网络,并对多种混合型业务流进行自适应调度,从而实现无线网络全局资源利用率的提升。欧盟主持的第七框架计划项目开展了联合无线资源管理的研究,该项研究是以用户业务需求为基础、异构蜂窝网络的全局为出发点,利用重配置技术,根据业务测量实行业务分流,而对具有不同特性的接入网进行联合接入控制和资源调度[29,30]。总的来说,对无线异构网络资源管理方案的设计具有下述基本要求,既能支持具有软件无线电功能的多模移动终端,且要满足用户的业务应用服务需求和网络的可重配置需求,还要保证异构网络之间用户业务的无缝平滑切换。

9.4.2　认知异构网络资源分配场景及模型

　　由 9.2 节介绍的认知无线异构网络架构可知,认知无线异构网络可看作在无线异构网络中引入了认知无线电技术,而实现网络功能的扩展和智能化。又由于长期演进技术(long term evolution,LTE)作为 3G 到 4G 的中间演进阶段,它是蜂窝网络的典型,而 WLAN 是目前应用最广泛的小型无线网络。以 LTE 蜂窝网和 WLAN 相融合的无线异构系统为背景的研究具有一定的代表性,因此下面将以此为背景研究基于认知 overlay 频谱共享模式的无线异构网络的资源分配策略。

　　为了简化分析,假设无线异构融合网络主要由一个 LTE 蜂窝网络和一个 WLAN 组成,这两种网络以紧耦合方式关联而生成整体的无线异构融合网络。LTE 蜂窝网络中布置了一个基站(base station,BS)和多个多模用户(即 primary user,PU),WLAN 有一个无线接入节点 AP 和多个用户(记为 WLAN user,WU),

AP 具有多模性能与蜂窝网络中的基站和用户进行通信,WLAN 自身无频谱资源,只利用 LTE 蜂窝网络的资源才能实现通信。将认知 overlay 频谱共享模式引入该系统中,蜂窝用户、WLAN 中的 AP 分别对应认知无线电系统中的主用户和二级用户,蜂窝用户优先享有网络资源,WLAN 系统通过 AP 协助蜂窝用户进行通信而获取频谱资源以实现 WU 的数据通信。AP 充当二级用户来替代传统的随机中继用户具有一些优点,一般来说,AP 与 BS 间具有良好、稳定的信道状况,能为蜂窝用户提供稳定、高效的协作通信,且 AP 具有较大的发送功率,更容易实现 WU 和基于协作的蜂窝用户的通信需求。

LTE 蜂窝通信系统中的空中接口物理资源主要以物理资源块(physical resource block,PRB)为单位分配给用户。3GPP TS 36.213 V9.3.0 对物理层传输的资源块大小进行了规范,而 LTE 蜂窝系统中分配到 PRB 每个用户的传输速率主要根据用户和基站之间的信道状况确定,即依据信道状态信息所预测到的信噪比可确定用户信息传输的调制编码方式(modulation an coding scheme,MCS),并进而获得信息的传输速率。由于无线系统中每个用户的信道条件都不一样,利用相同的 PRB 进行信息传递时,不同用户的信息传输速率也会不同,若要实现相同的服务需求,信道条件差的用户需要使用较多的 PRB,这样使得无线资源利用率较低而造成频谱资源和功率资源的浪费。

基于 LTE 蜂窝网和 WLAN 相融合的认知无线异构网络中,两个网络共享频谱资源,整个系统运作原理可概述如下。当 WLAN 网络负荷量较轻时,具有认知功能的 AP 根据检测到的各蜂窝用户的信道信息和反馈信息来分析确定是否有蜂窝用户需要其充作中继。若有,AP 会感知这些用户的数据信息和码本信息,以备中继传输时使用,并根据总的通信数据量(包括中继转发蜂窝用户数据量和 WU 的通信数据量)向 BS 提交所需 PRB 资源量的申请,随后 BS 会将一定的 PRB 资源分配给 WLAN 系统,利用这些资源,AP 会将已整合好的蜂窝用户数据信息与需要访问蜂窝网的 WU 信息发送给 BS。小区边缘的蜂窝用户通常具有较差的信道环境,会选择利用 AP 协作而进行中继通信,于是蜂窝用户的通信质量保障得到加强而提升用户体验,WLAN 系统以牺牲部分网络负荷换取了通信频谱资源,蜂窝系统通过频谱资源的充分利用提升了网络容量并服务更多用户。总之,上述通信方式有利于认知无线异构网络整体系统性能的提升。

基于 AP 的优点,对于信道条件不好的蜂窝用户可采用 AP 作为其中继设备来实现通信,这样不仅可提升网络资源的利用率而让 LTE 蜂窝网络获得较大的增益,也能实现 WLAN 用户的通信需求。然而,AP 协助蜂窝用户进行传输时,造成了 WLAN 用户和蜂窝用户之间的竞争关系,又给 WLAN 网络造成了一定的负担,特别是有过多蜂窝用户需要 AP 进行中继传输时,会给 WLAN 用户造成严重的干扰。若协作时蜂窝用户给 WLAN 系统造成的干扰比获得的增益更大,那么

WLAN 会谢绝与蜂窝用户的协作。于是 WLAN 系统将协助多少蜂窝用户进行通信会根据其自身的网络特点和当前的网络状态综合确定。又由于蜂窝系统所拥有的通信频谱资源相当有限,如何合理分配频谱资源让其得到充分利用,而获得最大的异构系统整体收益,即需要设计最优的认知无线异构网络资源分配方案。

基于认知无线异构网络的主要特征,必须综合系统 PRB 总量、网络容量、WLAN 系统负荷上限、认知协作等因素进行资源优化设计。本章通过参考文献[31]来说明认知无线异构网络的资源分配方案,即设计资源分配的最优化问题,其中,优化目标是网络系统的总吞吐量,限制条件是系统的各种限制因素,于是系统资源分配理论优化问题模型如下。

优化问题:

$$R_{\mathrm{opt}} = \max \sum_{k=1}^{K} \left(\alpha_k R_k^{AB} + \sum_{n=1}^{N} \beta_k^n (1-\mu_n) R_k^{nB} \right) \tag{9-1}$$

限制条件:

$$\sum_{k=1}^{K} \alpha_k R_k^{AB} \geqslant \sum_{n=1}^{N} \mu_n R_n^L + \sum_{m=1}^{M} \eta_m R_m^W \tag{9-2}$$

$$a = \sum_{n=1}^{N} \mu_n + \sum_{m+1}^{M} \eta_m \tag{9-3}$$

$$S_a \geqslant \sum_{n=1}^{N} \mu_n R_n^L + \sum_{m=1}^{M} \eta_m R_m^W \tag{9-4}$$

$$\sum_{k=1}^{K} \left(\alpha_k + \sum_{n=1}^{N} \beta_k^n \right) \leqslant K \tag{9-5}$$

$$\sum_{n=1}^{N} \beta_k^n \leqslant 1, \quad \forall k \tag{9-6}$$

$$\sum_{k=1}^{K} \alpha_k \beta_k^n = 0, \quad \forall n \tag{9-7}$$

$$\alpha_k, \beta_k^n, \mu_n, \eta_m \in \{0,1\}, \quad \forall k,n \tag{9-8}$$

优化目标函数如式(9-1)所示,代表异构系统的整体吞吐量,它主要包含两部分,前者是 WLAN 系统协作而得到的吞吐量;后者是传统蜂窝网通信方式所获得的吞吐量。其中, R_k^{AB} 、R_k^{nB} 分别表示 AP、蜂窝用户 n 到 BS 的通信在第 k 个 PRB 上的传输速率;α_k 、β_k^n 分别表示第 k 个 PRB 是否分配给 AP 和蜂窝用户 n,分配则取值为 1,否则取值为 0;μ_n 表示蜂窝用户 n 是否需要 AP 协作,需要则取值为 1,否则取值为 0,这里假设了蜂窝用户 n 要么直接与 BS 进行通信,要么通过 AP 进行中继传输。

为了能承载系统中用户的通信需求,要求 AP 到 BS 的传输速率不小于 WU 所需求速率和采用 AP 进行中继协作的蜂窝用户所需求速率的总和,即由式(9-2)表征,其中,η_m 表示 WLAN 系统中用户是否需要访问蜂窝网业务,需要则取值为 1,

否则取值为 0；R_m^W、R_n^L 分别表示 WLAN 用户 m 和蜂窝网用户 n 所要实现的目标业务速率。式(9-3)表示 WLAN 系统实际承载的总用户数，包含其自身有业务需求的用户和基于 AP 协作的蜂窝用户。为了不影响 WLAN 系统的网络性能，WLAN 系统实际承担的通信业务量不能超出其所能承载的最大业务量，即由式(9-4)表征。假设异构系统拥有的 PRB 总量为 K，式(9-5)表示所有分配给用户的 PRB 量不能超过 K；一般来说，多个蜂窝用户不能同时占用一个 PRB，式(9-6)保证了一个 PRB 只能分配给一个用户；式(9-7)表示一个 PRB 不是分配给 AP，就是分配给蜂窝用户，从而避免其被多个用户同时占用；式(9-8)是根据 α_k、β_k^n、μ_n、η_m 等参数的定义而设置的，它们或者取 1，或者取 0。

于是，求解上述优化问题，可获得与用户相对应的各参数 α_k、β_k^n、μ_n 等的最优序列值，从而得到了网络资源 PRB 与 AP 和蜂窝用户的分配关系以及 AP 与蜂窝用户的协作中继关系，实现系统总吞吐量最大时的网络资源最优分配。

9.4.3 认知异构网络资源分配方案的实现

9.4.2 小节基于 WLAN 和 LTE 蜂窝异构网络融合的通信场景，介绍了认知异构网络资源分配方案的基本原理及其数学模型，资源分配方案可建模成为一个以最大化系统总吞吐量为目标的优化问题。根据 9.4.2 小节中优化问题的数学模型可知，这是一个非线性优化问题，当系统中的用户数较少时，可以采用穷举法来找出最优解，也可以采用遗传算法来求解。利用遗传算法来求解上述优化问题的具体实现步骤可参考文献[31]。然而，当用户数较大时，上述方法的实现复杂度都非常大，它们将无法适用未来大规模的认知无线异构网络，因此下面基于具体异构通信场景介绍一种解决优化问题的启发式算法。

为了简化说明，可先对 9.4.2 小节中提及的认知无线异构网络场景做出下述假设。假设一个蜂窝用户最多能分配到一个 PRB，而 AP 能分配到多个 PRB。根据 WLAN 系统的网络状况，在不超出其容量上限的情况下，AP 会尽量协助多个蜂窝用户实现中继通信。假设 AP 能向 BS 申请到足够数量的 PRB。BS 收到来自 AP 的信号后，先分离两种用户的数据信息，然后分别重新打包送入核心网络进行传输。基于以上网络背景和 9.4.2 小节的原理，认知无线异构网络资源分配方案的具体实现步骤可概述如下。

步骤 1：蜂窝用户向 BS 上报自身的业务需求。

步骤 2：BS 根据步骤 1 中的信息和相应的用户信道条件为各蜂窝用户分配 PRB。若满足各蜂窝用户业务需求的 PRB 个数大于系统预设值 a（a 是评判蜂窝用户信道状态条件的参数。因为用户信道条件越好，能满足用户需求的 PRB 数量就越多），便将其中能实现最大传输速率的 PRB 分别配置给对应的蜂窝用户；否则查看各蜂窝用户申请中继的次数。当申请次数大于系统设置的最大值时（此处是为了避免算法进入死循环,当 WLAN 系统不能容纳更多蜂窝用户时,再继续中继申请会给系统造成较大的计算和负担),仍能将实现最大传输速率的 PRB 分别配置给对应的蜂窝用户;否则指示蜂窝用户进行中继申请,转入步骤 3。

步骤 3:蜂窝用户向 AP 上报业务需求,并开展两者间中继协作的协商交互。

步骤 4:AP 检测到某一蜂窝用户的协助需求后,先查看当前 WLAN 所承载用户的个数 M ,并计算 $M+1$ 时 WLAN 系统的饱和吞吐量 C_{M+1} (以此保障 WLAN 的通信质量)。若这个用户加入后 WLAN 系统总的业务量大于 $C_{M+1} - \sigma$ (σ 是取值较小的 WLAN 性能保护因子,此处避免网络容量接近上限而造成网络不稳定),便拒绝充当该用户的协作中继,即这个蜂窝用户的中继申请失败,转入步骤 1;否则接受这个蜂窝用户的中继申请,进入步骤 5。

步骤 5:中继申请成功的蜂窝用户将自己的数据信息直接传送给 AP,继续步骤 6。

步骤 6:AP 将来自蜂窝用户和 WLAN 用户的数据进行整合,并将整合后的数据发送给 BS。至此实现了 LTE 蜂窝网和 WLAN 两者的认知协作连通。

根据文献[31]对遗传算法和启发式算法的仿真可说明后者比前者在实际应用中更为有效。

9.5　本 章 小 结

认知无线异构网络是未来无线通信网发展的趋势,对认知无线异构网络的研究能推动未来移动通信系统的升级。本章首先介绍了无线异构网络的定义、总结了其发展历程,并简单概述该网络的主要特征,综述了当前学术界对无线异构网络融合研究的进展和主要设计方案。接着研究了认知无线异构网络框架和系统模型,其中主要分析了认知无线异构网络的特点,并介绍了该网络的具体组成及各组成主要实现的功能。进而又对认知无线异构网络中的关键技术进行了说明,主要讨论了认知无线异构网络的协同调度、跨层设计和无缝切换等。最后,以 WLAN 与 LTE 蜂窝网异构融合为背景研究了认知无线异构网络中的资源分配方案,其中主要分析了无线异构网络资源分配的研究现状,说明了认知无线异构网络资源分配的场景和数学模型以及网络资源最优化分配的实现算法。

参 考 文 献

[1]3GPP. Feasibility study on 3GPP system to wireless local area network (WLAN) interworking:functional and architectural definition (release 6). 3GPP TR 23.934 V1.0.0,2002.

[2]3GPP. Feasibility study on 3GPP system to wireless local area network (WLAN) interworking:functional and architectural definition (release 7). 3GPP TR 23.934 V7.0.0,2007.

［3］3GPP. Feasibility study on 3GPP system to wireless local area network（WLAN）interworking stage 3（release 7）. 3GPP TS 29. 234 V7. 9. 8，2008.

［4］Aguiar R L，Banehs A，Bernardos C J，et al. Scalable QoS-aware mobility for future moblile operators. IEEE Communitcations Magazine，2006，44（6）：95－102.

［5］Paeyna P，Gozdecki J，Loziak K，et al. Mobility across multiple technologies- the daidalo approach. Interdisciplinary Information Sciences，2006，12（2）：127－132.

［6］Broadband Radio Access Networks（BRAN），HIPERLAN Type2. Requirements and architechures for Interworking between HIPERLAN/2 and 3rd generation cellular systems. ETSI Techology Report 101 957，2001.

［7］SalkintZis A K，Fors C，Pazhyarinur R. WLAN-GPRS integration for next-generation mobile data networks. IEEE Wireless Communications，2002，9（5）：112－124.

［8］Phiri F，Murthy M. WLAN-GPRS tight coupling based interworking architecture with vertical handoff support. IEEE Wireless Personal Communications，2007，40：137－144.

［9］Buddhikot M，Chandrarunenon G，Han S，et al. Integration of 802. 11 and third-generation wireless data networks. Proceedings of IEEE INFOCOM，2003：503－512.

［10］Buddhikot M M，Chandranmenon G，Seungjae H，et al. Design and implementation of a WLAN/cdma2000 interworking architecture. IEEE Communications Magazine，2003，41：90－100.

［11］Varma V K，Ramesh S，Wong K D，et al. Mobility management in integrated UMTS/WLAN networks. IEEE International Communications Conference，2003：1048－1053.

［12］Demesichas P，Stavroulaki V，Boscovic D，et al. m@ANGEL：autonomic management platform for seamless cognitive connectivity to the mobile internet. IEEE Communication Magazine，2006，44（6）：118－127.

［13］Chen W M，Chen J C. Design and analysis of a mobility gateway for GPRS-WLAN integration. IEEE Transactions on Vehicular Technology，2007，56：2603－2616.

［14］3GPP. Architecture enhancements for non-3GPP accesses. TS 23. 402，V8. 4. 1，2009.

［15］Havinga P J M，Smit G J M，Wu G，et al. The SMART project：exploiting the heterogeneous mobile world. Proceedings 2nd International Conference on Internet Computing，2001：346－352.

［16］Chiussi F M，Khotimsky D A，Krishnan S. Mobility management in third-generation all-IP networks. IEEE Communications Magazine，2002，40：124－135.

［17］3GPP. Service requirements for evolution of the 3GPP system，stage 1 releases 8. 2008.

［18］陈广泉. 认知异构无线网络若干关键技术研究［D］. 北京：北京邮电大学，2011.

［19］Srivastava V，Motani M. Cross-layer design：A survey and the road ahead. IEEE Communications Magazine，2005，43（12）：112－119.

［20］Chiang M. To layer or not to layer：balancing transport and physical layers in wireless multihop networks. Proceedings of Infocom，2004：2525－2536.

［21］Hsieh R，Zhou Z G，Seneviratne A. S-MIP：A seamless handoff architecture for mobile IP.

Twenty-Second Annual Joint Conference of the IEEE Computer and Communications Societies, 2003, 3: 1774—1784.

[22]IEEE 802. 21/D10. 0. Draft standard for local and metropolitan area networks: media independent handover services. IEEE 802. 21/D10. 0, 2008.

[23]Sachs J, Wiemann H, Lundsjo J, et al. Integration of multi-radio access in a beyond 3G network. Proceedings of IEEE International Symposium on Personal, Indoor and Mobile Radio Communications (PIMRC), 2004, 2: 757—762.

[24]Beming P, Cramby M, Johansson N, et al. Beyond 3G radio access network reference architecture. Proceedings of VTC 2004, 2004, 4: 2047—2051.

[25] 3GPP. Improvement of RRM across RNS and RNS/BSS (release 5). TR 25. 881 v5. 0. 0, 2001.

[26] 3GPP. Improvement of RRM across RNS and RNS/BSS (release 6). TR 25. 891 v0. 3. 0, 2003.

[27]Tolli A, Hakalin P, Holma H. Performance evaluation of common radio resource management. Proceedings of IEEE ICC, 2002, 5: 3429—3433.

[28]Perez-Romero J, Sallent O, Agusti R, et al. Common radio resource management: Functional models and implementation requirements. Proceedings of 16th PIMRC Conference, 2005, 3: 2067—2071.

[29]Karlsson P, Kuipers M, Ljung R, et al. Target Scenarios specification: vision at project stage 1. Deliverable D05 of the EVEREST IST-2002-001858 project, 2004.

[30]Magnusson P, Lundsjo J, Sachs J, et al. Radio resource management distribution in a beyond 3G multi-radio access architecture. Proceedings of IEEE GLOBECOM, 2004: 3472—3477.

[31]郑瑞康. 异构网络场景中基于认知协同的资源分配方案[D]. 西安:西安电子科技大学, 2013.

第10章 认知协作传输技术的发展

根据本书前面的内容可知,认知无线技术能智能感知环境中的频谱资源,为用户检测到除公共频谱资源外的其他可用频段,是一项能有效提高系统性能和频谱利用率的技术,又将协作技术引入认知无线电,能使系统获得更高的系统性能和频谱效率,因此认知协作传输技术得到了学术界的广泛关注与研究,且其思想也被引入多种应用场景,学者纷纷开展将认知无线电技术与多种通信场景相融合的研究并获得了一定的成果。本章将主要介绍认知协作传输技术在未来移动通信网络、无线传感网络以及物联网中的发展和应用。

10.1 引 言

过去的几十年间,随着半导体、微电子和计算机技术的迅猛发展,个人无线通信产业发生了爆炸性的增长。从移动电话到无线局域网,新兴的业务类型层出不穷,人们在享受无线网络带来的便捷与乐趣的同时,日益增长的频谱需求和有限的频谱资源之间的矛盾也在急剧深化。为了缓解这一矛盾,研究人员提出了一种新的融合技术思路———认知无线网络。

认知无线电[1]又被称为智能无线电,它以灵活、智能、可重配置为显著特征,通过感知外界环境并使用人工智能技术从环境中学习,有目的地实时改变某些操作参数(如传输功率、载波频率和调制技术等),使其内部状态适应接收到的无线信号的统计变化,从而实现任何时间、任何地点的高可靠通信以及对异构网络环境有限的无线频谱资源进行高效利用。认知无线电的核心思想[2]就是利用频谱感知(spectrum sensing)和系统的智能学习能力,来实现动态频谱分配和频谱共享(spectrum sharing)。

认知无线网络综合了现代传感器技术、微电子技术、通信技术以及计算信息处理技术等多个学科,是新兴的交叉研究领域。它的出现引起了全世界范围的广泛关注,被称为21世纪最具影响力的技术之一。其中,微传感技术和无线联网技术为无线认知网络赋予了广阔的应用前景。这些潜在的应用领域可以归纳为军事、航空、反恐、防爆、救灾、环境、医疗、保健、家居、工业、商业等。

认知无线技术本质是一项频谱共享技术。频谱共享技术是当前学术界和工业界关注的重点。2014年2月11日,香港GSMA(Global System for Mobile Communications Assembly)组织发布了一份新报告,指出共用频谱能够补充和缓解日益增长的频谱资源需求。这份名为《The Impacts of Licensed Shared Use of Spectrum》(授权共用频谱使用所产生的影响)的报告由 Deloitte 撰写,其中虽然对许可共用访问频谱协议做了一定的限制,但报告也重点指出了,只要满足相关限定条件,就能允许采用一些智能接入技术和智慧分配策略,以实现频谱资源共享。这样会吸引一定的移动营运商和智慧用户开发商的投资意愿。这意味着频谱共用具有潜在的经济效益。

新报告以评估两种许可共用访问方案在未来能够创造的价值的模式为基础:欧盟从 2020 年开始释放 2.3GHz 频段中的 50MHz,美国则从 2016 年开始释放 3.5GHz 频段中的 100MHz。新报告的发现包括如下内容。

欧盟国家的频谱共用许可将会使经济效益提升至 700 亿欧元(950 亿美元),甚至更高。虽然目前欧盟成员国仍缺少分配频谱的共同方法,而且地域和时间上的独占性比较强,合同方面也有一定的限制。在美国当局的操控中,在频谱共用条件下的移动营运商使用频谱,这项技术创造的价值将会有 2100 亿美元(1550 亿欧元)。

新报告发布之时正值移动流量与用户对智能手机、平板电脑和其他提供通信与资讯服务设备的需求继续快速增长。研究报告进一步表明,为移动宽频释放独占频谱会在 2016~2030 年期间为美国和欧盟创造更为广泛的社会经济效益,包括在未来创造工作机会。部署移动宽频预计会在 2016~2030 年期间为美国创造近 210 万个工作机会,为欧盟创造近 160 万个工作机会。

菲力浦斯继续表示:频谱是移动产业的命脉。为了吸引投资和充分发挥移动宽频的经济效益,监管机构需要帮助提供大量的重要频谱。对于欧盟和美国,这可以透过协调频谱、利用相似合同条款与区分地域和时间上的可用频谱资源来实现频谱共享。鉴于这些原因,频谱共享造成的经济效益将有较大的提升空间,而且政府和监管机构也会逐步开放独占的频谱资源实现频谱共享通信。因此,认知无线网络作为一项典型的频谱共享技术将为社会带来较大的经济增益。

10.2　未来移动网络的发展

移动通信系统是资源相对受限的系统[3],如在频率、功率、基站部署等方面,面临着多样化、复杂化的用户需求,高速多变的业务类型,以及整个系统对能耗的严格约束。移动通信系统发展过程中一直面临着如何更充分合理地使用有限的资源,并保证用户的服务感知以及系统的低能耗问题。

移动通信系统由核心网(core network)和接入网(access network)组成。接入网负责将用户的通信需求从空中接口接入网络。目前蜂窝通信有 2G、3G 和 4G 三种常用的接入网。用户的通信需求进入核心网后,根据不同的业务大类,核心网采用电路交换域(circuit switch domain)和分组交换域(packet switch domain)来满足业务需求。2G 和 3G 网络的接入网能同时支持电路交换业务和分组交换业务,但 4G 网络是全 IP 的网络,其接入网不能承载电路交换业务。用户的无线接入一般采用蜂窝小区(cell)实现,而 2G、3G 和 4G 三种网络中的小区分别由基站收发器(base transceiver station,BTS)、节点 B(node B)和演进节点 B(evolved node B)网络设备来划分。实际网络中,根据天线的方向,一个基站一般由若干个小区构成。2G 和 3G 网络中,接入网的无线控制功能由基站控制器(base station controller,BSC)和无线网络控制器(radio network controller,RNC)共同作用实现,它可以管理数个至上百个小区。而 4G 系统的网络趋于向扁平化发展,能独自完成射频收发和无线资源管理功能,与核心网设备直接相连。4G 核心网主要由移动性管理实体(mobility management entity,MME)、服务网关(serving gateway,SGW)、公共数据网关(PDN gateway,PGW)、归属用户服务器(home subscriber server,HSS)和策略计费规则功能(policy and charging rules function,PCRF)构成。其中,MME 负责信令处理部分,SGW 负责本地网络用户数据处理部分,PGW 负责用户数据包与其他网络的处理,HSS 保存了用户的基础数据,PCRF 对业务功能、质量和属性进行管理与控制。

根据上述移动通信系统的介绍可知,现有的移动通信网络主要还是由运营商人工干预的静态非智能网络,对网络突发事件、环境自然灾害等引起的移动通信网突发性失效无法进行自适应修复或快速建立有效的新网络。为了满足未来移动通信的需求,即实现更高的传输速率、高效的频谱利用率、较低的能量损耗和多种多样的业务类型,动态智能网络将会是未来移动通信系统的主体。而现在研究的很多技术都能支撑未来动态智能的移动通信网络,如认知无线电技术、正交频分复用技术、多输入多输出技术以及自适应调制与编码技术等。

10.2.1　未来移动通信网络中的认知协作思想

认知协作网络可提供较好的端到端性能,它可以改善移动通信系统的资源管理、业务质量、安全、接入控制等,且具有可扩展和灵活的网络架构,因此它将在未来移动通信网的发展与进步中起到重要的作用。未来移动通信系统中认知协作网络的关键内容是在系统中引入认知控制系统模块,而系统中的其他网络要素均可按传统方案配置。认知控制系统可以通过集中式控制或分布式控制方式来收集网络要素的网络状态信息,同时通过信息分析和处理模块建立各节点的通信自适应协作方式。未来移动通信系统中的认知协作网络需要实现的关键功能可总结如下。

(1)实现目标用户端到端通信。移动通信网络的首要任务是保持目标用户端到端的可靠通信,因此未来移动通信系统中的认知网络也是以用户端到端的目标为工作基础。那么认知网络的工作范围应包括每个网络要素而不是很多网络要素。其中通过与软件适应网络(software adaptable network,SAN)的交互,修改 SAN 中的要素,就可让认知网络维护一组端到端的通信目标(如协作设置、路由优化、连接性控制、信任管理等)。认知要素的配置有些是独立的,有些却是协作相关的。为了完成整个网络目标,就需要获得这些网络要素和传递尽可能多的网络信息,这样就产生了更高的开销和复杂度。

(2)状态信息获取。未来移动通信系统中的认知网络同样要实时收集各种网络的状态信息,并可通过协作方案共享这些信息,如汇接局的接通率、不同汇接局之间的话务量和网元的告警信息等。

(3)认知算法采纳和协作方案设计。由于简单的算法更容易应用于实际通信系统,因此首先应用于未来移动通信系统的认知算法应该是简单、经典、研究较为成熟的算法,如能量检测算法、匹配检测算法、循环平稳特征检测等。但为了满足后续不断增长的业务需求和支持移动通信系统的智能化发展,一些较为复杂的、智能化的认知算法将逐步被移动通信系统所采纳,如协作检测技术、神经网络检测技术等。协作方案设计除了上述认知算法中的协作技术设计外,还包含了传输过程中的机会协作传输设计。未来移动通信系统中的协作技术将以多种资源优化共享为目标而实现协作设计。这些资源包含频谱资源、能量资源、存储资源以及业务信息资源等。

(4)认知控制系统的判决和动作。认知控制系统是未来移动通信系统中认知网络的关键内容,它对认知网络的通信工作起着控制作用。它会分析和处理"状态信息获取"中所获取的网络状态信息,然后根据分析和处理结果做出判决,并计算系统重新配置时的参数,实现自适应调整无线网络行为。下面将通过因突发灾害而引起紧急变更通信系统为例[4]来说明未来移动通信系统中认知控制系统可能发挥的功能。①若认知控制系统通过对实时收集的状态信息进行分析后发现,某地区汇接局的接通率比正常情况下降超过系统预定门限值,且该地区出现大量的基站退服、光缆中断告警和话务量明显上升的情况时,系统将判决该地区出现了突发性灾害的判决。②认知控制系统会根据接通率的下降比率值将网络行为自适应地调整成为不同级别,下降比率值越大,行为调整的力度也越大。③为了确保直接救助区与灾难地区的正常接通率,认知控制系统会对其他区域与灾难区域间的通信进行呼叫控制,即对这些地区去往灾难区的动态漫游号进行限呼,限呼的比例也取决于灾难地区的接通率的下降比率值,即下降比率值越大限呼比例越大。同时,认知控制系统会向其他地区下发通知短信,做好解释工作,并要求这些地区的用户尽量不要持续拨打受灾地区的电话,占用话路的时间要尽量短。④认知控制系统又会对受灾地区可工作的基站进行重新配置,根据这些机制的具体位置重新调整覆盖方向、覆盖角度。位置较高的基站可采用海平面覆盖方案,即用容量覆盖,一次尽可能大地覆盖受灾地区。最终通过认知控制系统的控制使得直接救灾地区与受灾地区的通信畅通，而其他地区与受灾地区的话务量明显减少，从而保证了认知系统事先的端到端的通信目标。

10.2.2　认知协作与未来移动通信网络中关键技术的融合

未来移动通信系统中，智能终端将会大规模涌现，移动数据业务呈爆炸性增长，通信业务种类纷繁复杂，海量的移动终端接入无线网络，移动网络流量将会急剧增长，这使得未来无线通信网络中的频谱资源越来越稀缺。为了缓解这种频谱资源稀缺所带来的网络压力，运营商开始大规模地部署网络基础设施，如基站、无线接入点等。然而，密集的网络设备有可能仍无法满足巨大的流量需求，还会造成严重的信道干扰。为了增加频谱资源的供给，提高移动通信系统的频谱利用率，美国等国将首先开放出传统的被分配给模拟电视和无线电台使用的频段（"白空间"）。在异构网络共存、密集覆盖的场景下，如何管理传统的开放 ISM 频谱以及新开放的"白空间"频谱、提高频谱资源的利用率、降低干扰、优化网络性能，是未来移动通信网络亟待解决的问题。

认知无线网络又称为智能无线网络，它以灵活、智能、可重配置为显著特征，通过感知网络环境并使用人工智能技术从环境中学习，有目的地实时改变某些操作参数（如传输功率、载波频率和调制技术等），使其内部状态适应接收到的网络状态信息的统计变化，从而实现任何时间、任何地点的高可靠通信并对异构网络环境有限的无线频谱资源进行高效利用。因此，将认知协作技术与未来移动通信系统技术相融合能使未来移动通信系统频谱资源稀缺问题得到缓解、频谱利用率得到提升。

认知无线关键技术主要有频谱监测技术、自适应频谱资源分配技术、自适应调制解调技术等。移动通信技术主要有正交频分复用技术、多输入多输出技术、HARQ 技术和自适应调制与编码技术等。在未来移动通信系统的发展中，首要考虑移动通信技术与认知无线技术的融合，主流融合方式是：自适应频谱资源分配技术和正交频分复用技术相结合，并辅以其他相关技术。正交频分复用系统是目前公认的比较容易实现且研究较为成熟的频谱资源控制传输方式。该调制方式可以通过频率的组合或裁剪实现频谱资源的充分利用，将其与自适应技术相结合，除了能自适应利用传统时间域资源外，还更容易利用到多载波的频率域，且能灵活控制和分配频谱、时间、功率等资源。又结合多输入多输出系统的空间资源，根据用户在不同位置的不同传输条件，感知环境并且适应环境，并不断地跟踪环境的变化，以合理利用资源、提高系统容量。未来移动通信系统中关键的认知技术，即自适应频谱资源分配的关键技术主要有载波分配技术、子载波功率控制技术、多天线层资源分配算法和复合自适应传输技术。

（1）载波分配技术。认知无线技术具有感知无线网络环境的能力，而子载波分配则是根据用户的业务和服务质量要求,进行定量的通信频谱资源分配。认知用户所检测到的带宽资源具有随机性,它会随时间、空间、移动速度等发生变化。一般来说,系统先检测载波带宽资源,再利用正交频分复用系统所具有的裁剪功能,通过子载波的分配,即在频段内对信干噪比较高的不规律和不连续的子载波的频谱资源进行整合,按照一定的公平原则将频谱资源分配给不同的用户,确定每个子载波传输的比特数量,选取相应的调制方式,实现资源的合理分配和利用。

(2)子载波功率控制技术。由于分配给用户的功率和子载波数一般是成比例的,功率控制算法在经典的"注水"算法的基础上,产生一系列的派生算法。这些算法追求的是功率控制的完备性和收敛性,既要不造成干扰又要使认知无线电有较好的通过率,且达到实时性的要求。事实上,功率控制算法和子载波分配算法是密不可分的。因为若要判断某子载波是否可用,就要对网络环境现状(空间距离、衰落)做出判断,同时还要计算出可分配的功率的大小值。对于一个用户,如果传输速率恒定,子载波数目增加,所需的功率就会下降。

(3)多天线资源分配。该技术的基本思路是把系统的多输入多输出信道看作 M 个平行且独立的子信道的集合(M 是信道特征矩阵 H 的秩),各个子信道的增益则由其对应的奇异值来决定。用户发送端将在增益较多的子信道上分配更多的能量,而在衰减比较厉害的子信道上分配较少的能量,甚至不分配能量,从而在整体上充分利用现有资源,达到最大的传输容量。由此可知,空域资源的分配与功率分配密切结合,同时,不同的应用场景必须选择不同的多天线方式,既可用增加的子信道提高信息传输率,也可在传输率恒定的情况下增加信息的容余度来提高可靠性。而 MIMO-HARQ 组合时,若传输两个数据流,两者都出现了错误,在重传时可考虑采用 STBC(space time block coding)等空时频域编码技术,若只有单个数据流出现错误,可考虑采用 CDD(cyclic delay diversity) 等空时分集方法进行重发。MU-MIMO 可根据多用户的反馈信息实现空域技术切换等,这都为更好地应用空域资源提供了各种应用场景。

(4)复合自适应传输技术。该技术将 OFDM、MIMO 和 CR 思想以及一系列自适应传输技术相结合,从而达到无线电资源的合理分配和充分利用。为寻求保证了服务质量和最大通过率的最佳工作状态,自适应传输技术包括动态子载波分配技术、自适应子载波的功率分配技术、自适应调制编码技术、多天线层选择等一系列自适应技术,形成优化的自适应算法。根据子载波的信噪比,基站自适应地调整与通信终端所建立链路的工作参数,从而达到最佳工作状态。设计合理的自适应传输技术可大幅提高频谱资源的利用率和通信性能。

10.2.3　认知协作网络对移动通信研发的推进

移动通信技术现今正处于第五代移动通信(5G)的研发阶段,5G 通信是指面向

2020 年移动通信发展的新一代移动通信系统,具有超高的频谱利用率和超低的功耗,在传输速率和资源利用率等方面比 4G 系统提高 10 倍,其无线覆盖性能和用户体验也将得到显著提高。5G 将与其他无线移动通信技术密切结合,构成新一代无所不在的移动信息网络,满足未来 10 年移动互联网流量增加 1000 倍的发展需求。

5G 通信中极其重要的指标是超高的系统频谱利用率和数据传输速率,那么频谱共享技术必然是 5G 通信的一项重要关键技术。频谱共享技术主要是在不改变现有频谱分配的架构下,为多种业务在有限的频谱内提供频谱动态接入的机制,包括基于业务的频谱避让机制、基于位置和电磁环境的智能频谱选择机制等,从而实现不同业务的共存,实现多个认知用户协同工作,进而提供良好的用户体验和高效的频谱利用率。目前,作为发展最为迅速的频谱共享技术,认知无线电技术是未来无线通信网络技术的引领,它有广阔的研究前景与应用价值。无线认知网络将在未来的无线通信领域,以其独特的技术优势广泛应用于军事、工业、环境、医疗等各领域。

综上所述,在未来移动通信系统采用认知无线技术的理念会极大地改善无线电系统的性能,它使无线电技术更加人性化、智能化,同时也大大降低了频谱资源的浪费率,从而加深了人们无线电通信的使用感受。而无线电技术在移动通信系统中的应用更是大大地方便了人们的生活。未来移动通信系统是认知无线技术研发的广阔应用场景,而认知无线电技术的研究又是未来移动通信系统的发展需求,更是社会发展的要求与动力。

10.3　无线传感网络中的发展

近年来,随着微机电系统(micro- electro- mechanism system,MEMS)、片上系统(system on chip,SoC)、低功耗嵌入式和无线通信技术的迅猛发展和进步,无线传感网络(wireless sensor network,WSN)已经成为学术界研究的热点。这是一种分布式传感器网络,它的主体是由大量移动或静止的传感器以多跳和自组织形式构成的无线网络,这些末梢传感器主要用于感知和检测外部世界,而被感知到的对象信息通过协作感知、采集、处理和传输等步骤来发送给网络的所有者[5]。综上,无线传感网络主要实现了数据采集、处理和传输三种功能,且其传感器属于无线通信设备,使网络布置灵活,可按需求随时更改网络设备的位置,同时也可采用有线或无线的方式与互联网进行连接。因此,它与计算机技术和通信技术共同构成了信息技术的三大支柱,而广泛应用于国防军事、工业自动化、医疗卫生、环境监测等众多领域[6]。

无线传感器网络的应用中,一般有较高的网络节点布置密度,那么在网络资源受限的情况下,如何及时、同步地实现大量数据传输是 WSN 网络中的关键问题。无线传感器网络一般工作在 ISM 频段,如 2.4GHz 的公用频段。各种新型无线通信技术

(如 WiFi、WiMax、ZigBee 以及蓝牙等)的兴起与应用,致使这部分频段日益拥挤,各种技术间的干扰逐渐严重。有研究显示,几种网络同时工作时,IEEE802.11 网络会使 ZigBee/802.15.4 网络性能明显下降,因此公用频段上的异构无线系统共存问题将制约着无线传感器网络的快速发展。于是在无线传感器网络中引入认知无线电技术,能有效解决传感器网络中的频谱资源有限问题,其中,可通过建立合适的频谱资源利用模型来设计有序竞争接入和高效共享的动态频谱分配机制。

在采用了认知无线电技术的无线传感器网络中,传感器网络节点能实时感知其周围环境的频谱信息,通过分析判决智能地获知可用的频谱资源,并从中选择具有较好网络性能的频谱资源进行通信,这样扩充了网络节点的可选工作带宽,并能提高网络频谱资源的利用率,从而使公用频段的拥挤状况得到缓解。这是因为网络节点的动态选择空闲信道进行通信,可减小节点间因竞争而造成的通信等待和冲突,从而会缩短网络通信时延和提高网络的吞吐量。然而,在 WSN 中引入认知无线电思想时必须注意下述问题:其一,信道利用率和信道分配的公平性,如果当前环境中可用的频谱资源不足以支持网络需求的多个传感器节点同时传输数据,那么需要进行公平性和频谱利用率最大优化处理;其二,由于认知获取的可用频谱资源是动态变化的,因此必须优化设计频谱切换次数。

10.3.1　认知无线传感器网络定义及研究现状

认知无线传感器网络[7,8](cognitive radio sensor network,CRSN)是指采用了认知无线电技术的无线传感器网络,就是由认知无线传感器节点构成的网络,网络中的节点具有检测环境频谱信息的能力,并通过对可用频谱资源的分析来动态选择合适的频谱进行通信,此外,认知无线传感器节点也可用于检测一些特定事件,若这些事件被检测到已发生,节点会通过多跳和协作通信方式传送给网络拥有者,以便改进网络功能。

认知无线传感器网络提出后一直受到学术界的密切关注,学者也对此而开展了多项研究。如文献[7]～文献[10]总结给出认知无线传感器网络较为权威的定义,介绍网络的总体架构,并分析讨论了其现存的一些问题。认知无线传感器网络的实现细节可参考文献[11],这是从物理层和数据链路层的角度来说明其实现方案的,同时与传统传感网络节点进行对比分析发现,认知无线传感器网络中的节点具有更大的通信范围和较小的多跳通信传输路由次数。为了促进认知无线传感器网络的实践应用,文献[12]设计了适用于煤矿井环境的 CR-WSN 监测系统,研究中将认知无线电技术与无线传感器网络技术进行了有效结合,通过对监测系统结构、系统模块间通信机制以及各网络节点硬件等设计,最终实现了矿井环境的实时监控。此外,文献[13]将认知无线电技术应用于基于 ZigBee 技术的无线传感器网络,以此提出了一种新的多频多跳的 Ad Hoc 组网方法。

10.3.2　认知无线传感网络节点

认知无线传感器网络节点主要由四部分组成,即认知无线电收发器、控制器、存储器以及传感器。它相比传统的无线传感器网络,新增了一个认知无线电收发器模块,该模块通过重构通信控制参数使传输能适应动态变化的无线电频谱时空环境,所要调整的参数主要包括传输频率、调制方式、功率控制等。其中,传输频谱是指网络节点根据认知到的无线电环境信息所选择出的最适合通信的传输频谱;调制方式是指网络节点根据用户需求和接入信道条件而重新制定的调制方案,如延迟敏感的通信系统中数据速率比误码率更重要,必须选择频谱效率更高的调制方案,而传输精度要求高的系统需要选择误码率低的调制方案;功率控制是指网络节点所采用的发送功率必须满足认知系统的功率限制。认知无线传感器网络节点结构见图 10-1。

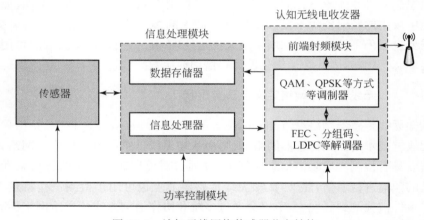

图 10-1　认知无线网络传感器节点结构

在认知无线传感器网络中,改进认知无线传感器的节点性能有利于网络吞吐量和频谱利用率的提升,因此,一些研究就此展开,如文献[14]通过认知方法的改进来获取较强的频谱感知能力,以此设计具有多射频接口认知增强型的无线传感器节点。其中,节点通信频率可支持 433/868/915MHz 的 ISM 频段和 ZigBee 协议的 2.4GHz 频段。硬件设备使用了 STR911 系列的 ARM9 微处理器和 CC2420 与 nRF905 射频芯片。相比 CSMA/CA 策略,上述策略能缩短 11.86% 的通信时延,且在链路层控制方案中,网络节点通信时相互间的干扰能有效得到避免。

10.3.3　认知无线传感网络的频谱管理架构

一般来说,认知无线电技术是无法简单直接搬移应用于无线传感器网络的。

这是因为,一方面,认知无线电的某些关键技术无法与无线传感器网络硬件简单、低能耗、自组织等特点相匹配,特别是要分析认知过程中能量消耗对能量受限传感器网络的影响;另一方面,将认知无线电技术引入无线传感器网络后,传感器网络具备了新的功能,如频谱感知、动态频谱切换等,这时就需要设计新的算法和协议来支撑这些新功能。

认知无线传感器网络中的认知过程与认知无线电技术类似,同样包含四部分关键内容,即频谱感知、频谱决策、频谱共享以及频谱切换,从而实现随无线环境动态变化来调整通信参数的自适应认知环。其中,关键内容所发挥的功能与认知无线电技术也大同小异,频谱感知仍是为网络节点获取可用的频谱信息,频谱决策是通过分析频谱信息特征和通信服务质量需求来选取合适的通信频段及发射功率、调制方式等传输参数,频谱共享是指为避免多个 CRSN 节间共同使用信道可能造成冲突而进行的合作协调控制,频谱切换是指根据环境中发生改变的可用频谱来控制 CRSN 节点进行通信信道的变换。CRSN 的协议体系结构又与无线传感器网络类似,按照网络分层法将其分为物理层、数据链路层、网络层、传输层和应用层。CRSN 的工作过程主要包含频谱检测、建立动态信道、数据传输以及信道切换等步骤,这些步骤与认知无线电系统中的频谱感知、频谱决策、频谱接入以及频谱切换四个工作过程相对应。由于要实现 CRSN 中的动态频谱使用技术则需要通信网络各层间的协作。认知无线传感器网络分层协议体系架构如图 10 - 2 所示。下面将 CRSN 工作步骤与网络分层相结合来说明认知部分的主要技术。

CRSN 频谱感知。在 CRSN 中除了能使用 ISM 频段,也能机会使用环境中属于主用户的空闲频谱,这是与传统无线传感器网络最重要的区别之一。CRSN 频谱感知的主要功能是找出可用的主用户频谱、协作检测及感知参数控制。CRSN 节点可通过检测分析所处的无线环境,根据自身与邻近节点间的检测结果联合识别出可用的主用频谱。为了提高感知的准确性,相邻的 CRSN 节点间通过交换感知信息来实现协作检测,而这些节点间的合作则需要协调和控制,并需要合理配置感知过程中的控制参数,如感知时长、感知进行的起始和终止时间等。根据上述内容可知,主用户的可用频谱感知主要发生在物理层,而协作检测和感知参数控制将涉及链路层。

CRSN 动态信道的建立。CRSN 节点依据自身的 QoS 需求以及主用户的工作情况,从感知获取的可用信道中选择最适合其通信的信道并设置好合理的通信参数(信道带宽、传输速率、发射功率、调制方式等),即通过决策选择出合适的通信频段。上述功能的实现意味着 CRSN 中动态信道的建立将涉及物理层、链路层、网络层、传输层以及应用层。由于 CRSN 是多跳型网络,在实现端到端的通信过程中,路由必然会经历多个中间节点,而每一跳上可能感知到不同的可用信道,于是通信信道的建立必须综合考虑路由和频谱资源两个因素。

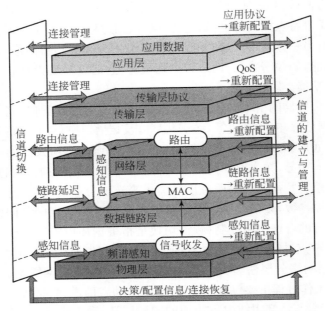

图 10-2　认知无线传感器网络协议体系结构

在 CRSN 信道的建立过程中,不仅要避免干扰主用户,也要避免与其他通信节点发生冲突。由于一定范围内的通信节点可能采用相同的决策算法,而致使感知结果相同或相似。若各节点仅根据自身的感知结果来建立通信信道,必然会导致不同通信节点间的数据包发生碰撞,而发生碰撞时,所有节点又可能切换到其他相同信道进行通信,并发生新的碰撞,且原有信道将会空出,若不进行处理,必然会导致整体系统通信性能很差。这时必须协调控制该范围内节点的信道建立,从而提高频谱利用率并降低能量损耗[7]。对于低能耗、低计算能力的 CRSN,功率消耗和通信开销是十分重要的因素,因此信道建立中必须采取复杂度较低的算法。

CRSN 数据传输。传统的无线传感器网络采用一种有效公平防冲突的信道接入数据传输机制。在 CRSN 中则必须考虑通信节点在频谱感知阶段不能进行信息传输,控制信道的选择必须考虑整个网络因素、频谱感知和决策结果是具有不同优先级的。因此,必须研究出适用于 CRSN 的新型信道接入数据传输机制,而无法借鉴现有认知无线电系统和无线传感器网络中的信道接入数据传输机制。

CRSN 信道切换。当主用户开始使用信道或者其信道质量下降了或者多个 CRSN 节点使用同一通信信道而发生碰撞时,CRSN 节点只有进行信道切换才能继续正常通信。随着 CRSN 节点工作频率的改变,无线传感器网络协议的工作状态也会发生相应的变化。为了保证信道切换对系统性能的影响最小,要求 CRSN 的信道切换中能尽可能平滑地进行网络状态变化。要成功实现 CRSN 的信道切换,需要 CRSN 节点具备频谱切换功能和连接管理功能。信道切换是指变换到新的信道进行通信,那么就得先感知并确定新的可用信道,花费的感知时间会导致短暂的通信中断,又由于频谱分布范围很宽,一般需要重新配置射频前端,这样也会产生切换延迟。上述信道切换引起的延迟会对协议栈的其他层造成影响,如路由协议和 QoS 管理协议,于是就要进行连接管理。根据可切换的信道和延迟信息,要求多层的连接管理协议能预测和重构各层参数及差错控制,以维持正常通信。

CRSN 中的信道切换有两种策略[15],一种是被动信道切换,另一种是预测备用信道切换。前一种策略是指只有检测到信道传输质量下降时,CRSN 节点才开始进行信道切换,由于没有预先准备切换,系统通信质量会有较大的损失。后一种是指 CRSN 节点通过预测信道状态,在保持当前通信连接状态的同时确定好候选信道,于是当通信信道发生变化时可立即切换到备用信道上进行通信,而不需要等待感知信道,因此这种策略的信道切换速度很快,但它的操作实现需要较复杂的算法。综上,切换延迟是 CRSN 中的一个重要评价指标。

10.4　物联网中的发展

物联网技术通过万物间的联网来解决人类所面临的安全、健康、能源、效率、环境等方面的问题。作为信息社会开进的发动机,物联网技术采用了智能运算技术,通过全面感知、可靠传输、智能处理[16]将通信网、互联网以及传感器网络相互融合,它将推动着信息产业进入第三次浪潮,因而得到了世界各国的高度重视和学术界的广泛研究[17,18]。在研发和需求的相互推动下,物联网的应用迅速渗透到各行各业。物联网的目标是实现物与物间的通信,因此它能延伸到生活的每个角落,于是它必须着重依赖无线方式。未来物联网的需求行业和应用场景是无法准确估量的,这导致系统将布置大量终端设备,并形成远大于人与人间互连的移动通信和海量的无线接入数据量[16]。若不加以重视,频谱资源短缺势必成为制约物联网技术发展的重要因素[19]。认知无线电技术能智能感知无线电频谱环境,能从空间、时间、频率调制方式等多维度共享无线频谱资源,是一项能有效提高频谱利用率的技术,因此在物联网中引入认知无线电技术能有效缓解其所面临的频谱资源紧缺的问题,能更好地满足物联网发展中对频谱资源的需求。

10.4.1　物联网的体系架构

物联网的大量研究工作中,学者对其体系结构纷纷进行了探索,针对实际网络环境提出了多种体系架构,如文献[20]基于学校应用背景提出了一种具有柔性和易扩展性的物联网体系结构及相关协议,该体系结构能够实现环境和用户定位服务的监视,且可支持 IPv6 协议。文献[21]研究了一种集成式物联网体系结构,其中将命名、多播、定位、路由及管理等多项功能进行统一,为用户提供泛在服务。文献[22]给出了一种基于 Internet 体系结构的五层物联网体系架构,并对该体系结构的实用性做出了评价。文献[23]提出了一种具有时钟同步的三层物联网体系结构,其中各层分别命名为调节层、组织层和区域层。调节层对物联网起调节作用,组织层用来组织和管理时钟同步系统,区域层用以确保时钟的准确和安全性。文献[24]提出了一种存在物品、网络、应用三个维度的物联网体系结构,通过虚拟网络环境与现实物理场景相融合来给出一种物联网概念模型。当前还未制定通用的物联网体系结构国际标准,但国际、国内较为公认的物联网体系结构如图 10-3 所示。

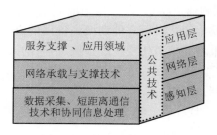

图 10-3　物联网体系结构

10.4.2　物联网中认知无线电技术

将认知无线电技术应用于物联网,主要用认知无线电技术来处理和改变图 10-3 中的感知层。这是因为感知层的信息传输主要采用的是 ISM 频段,并涉及短距离无线通信技术,为认知无线电技术的引入奠定了基础,也有利于协同频谱感知和频谱使用机制的设计,从而实现提高频谱利用率和改善同频干扰的目的。传统物联网中物-物连通是指通信一方或双方为智能实物设备通过程序控制来自动完成两终端通信的形式。无线物-物间通信业务是指所有基于无线网络(包括 CDMA1X/EVD0、WiFi 等)通过程序控制来自动完成终端间通信交互而开展的通信类业务,这类通信业务可支持单工、半双工、双工等通信模式。下面将对基于认知无线电技术的物联网工作过程进行简单概述。

基于认知无线电技术的物联网主要由一定数量的实物终端设备、主用户以及认知物-物间网关构成。认知物-物间网关主要负责整个网络的管理,且建立连接、接入管理和 QoS 管理等网络功能也是在网关中实现的,即实现了建立连接功能,便可将信息上传到物联网和其他网络而达成物-物间通信。通常情况下,物-物间通信实现主要包含四个阶段,即建立连接、数据采集、数据传输和数据处理。建立连接是指根据可用频谱信息建立终端设备与网关间的通信链路。数据采集是指终端设备通过相关处理获得物理数据的过程。数据传输主要指认知网关和终端设备或者外部实体间的通信。数据处理是指分析和处理网络中相关数据的工程。综上所述,建立连接阶段是物-物通信实现的基础,而认知无线电技术在该阶段中起到极其重要的作用,它能为终端用户检测到更多的可用频谱资源。基于认知无线电技术的物联网中建立连接机制可分为如下五个步骤。

(1)启动频谱感知:认知物-物间网关告知终端设备可采用预设频段来执行频谱感知。

(2)自组频谱感知:各通信终端执行频谱感知,并判决可用频谱。

(3)收集可用频谱:认知物-物间网关综合分析所收集到的由各移动终端决策而得的可用频谱,并为终端设备和网关间的连接分配通信频段。

(4)频谱确认:网关与终端间相互确认所选用的通信频段。

(5)建立连接:基于所选择的通信频段,配置好两网关和设备终端的射频参数,最终建立连接。

10.5　本 章 小 结

本章主要论述了认知协作传输技术在未来移动通信网络、无线传感器网络以及物联网中的应用,讨论了将认知协作传输技术引入这些网络,能有效解决它们所面临的频谱资源紧缺的问题,同时也有利于提高系统性能。本章说明了基于认知协作技术的未来移动通信网络的主要工作原理,并概述认知协作技术与未来移动通信网络中的各项关键技术相融合的主流方法。认知无线传感器网络中,利用认知无线电技术来协调配置网络节点的通信参数,如可用频段、射频参数、调制方式、编解码模式等。认知无线传感器网络体系架构是以传统无线传感器网络分层为基础的,并在各分层中融入了认知无线电技术的关键技术,如频谱感知、频谱决策、频谱接入以及频谱切换等。物联网的主要思想是实现物与物间的通信目标,基于认知无线电技术的物联网是指在感知层引入了认知无线电技术的物联网。物-物间通信实现的主要过程包括建立连接、数据采集、数据传输和数据处理,其中建立连接是基础。认知无线电技术在建立连接的实现中起到了非常重要的作用。引入认知无线电技术的物-物间通信建立连接的步骤主要分为启动频谱感知、自组频谱感知、收集可用频谱、频谱确认以及建立连接等五步。移动通信网络、无线传感器网络以及物联网将是未来信息产业的主要支撑,而认知协作传输技术能有力推动这些网络的发展,因此本书开展的对认知协作传输技术的研究具有非常重要的现实应用意义。

参 考 文 献

[1]Mitola J. Cognitive radio: An integrated agent architecture for soft-ware defined radio. Swe-

den：Royal Institute of Technology，2000.

[2]Haykin S. Cognitive radio：Brain- empowered wireless communications. IEEE Journal on Selected Areas Communication，2005，23(2)：201－220，

[3]周轩. 下一代移动通信网络中的业务特征认知及服务机制研究[D]. 杭州：浙江大学，2014.

[4]赵绍刚，李岳梦. 认知网络在未来移动通信网络中的应用. DIGITCW 专题技术，2008：61－65.

[5]Callaway E J. Wireless Sensor Networks：Architechures and Protocols. Boca Raton：CRC Press LLC，2003：1－17.

[6]李建中，高宏. 无线传感器网络的研究进展. 计算机研究与发展，2008,45(1)：1－15.

[7]Akan O B，Karli O B，Ergul O. Cognitive radio sensor networks. IEEE Networks，2009：34－40.

[8]Yau K L A，Komisarczuk P，Teal P D. Cognitive radio-based wireless sensor networks：conceptual design and open issues. IEEE 34th Conference on Local Computer Networks（LCN 2009），2009：955－962.

[9]陆佃杰，黄晓霞. 认知无线电在无线传感器网络中的应用. 先进技术研究通报，2009：18－22.

[10]Zahmati A S，Hussain S，Fernando X，et al. Cognitive wireless sensor networks：Emerging topics and recent challenges. Science and Technology for Humanity（TIC-STH），2009 IEEE Toronto International Conference，2009：593－596.

[11]Cavalcanti D，Das S，Wang J F，et al. Cognitive radio based wireless sensor networks. Proceedings of 17th International Conference on Computer Communications and Networks(ICCC N)，2008：1－6.

[12]王泉夫，陈丽华，钟强，等. 认知无线电在矿井无线传感器网络系统中的应用. 传感器与微系统，2009,28(8)：113－115.

[13]张欣，贾明华. 认知无线电思想在 ZigBee 无线传感器网络中的应用. 单片机与嵌入式系统应用，2009：15－18.

[14]刘智武，吴威. 认知增强型无线传感器节点设计. 计算机研究与发展，2009,(12)：1963－1970.

[15]Akyildiz I F，Lee W Y，Chowdhury K R. CRAHNs：cognitive radio Ad Hoc networks. Ad Hoc Networks，2009：810－836.

[16]赵思思，袁誉红，张洪顺. 物联网发展对频谱需求的分析与思考. 物联网技术，2010：52－55.

[17]邬贺铨. 物联网的应用与挑战综述. 重庆邮电大学学报(自然科学版)，2010,22(5)：526－531.

[18]王志威，周正. 物联网与开放频谱. 电信技术，2010：22－23.

[19]何廷润. 物联网发展需以频谱资料有效供给为前提. 通信世界，2010,3：28－35.

[20]Castellani A P，Bui N，Casari P，et al. Architecture and protocols for the internet of things：A case study. Proceedings of IEEE International Conference on Pervasive Computing and

Communications Workshops (PERCOM)，2010：678—683.

[21]Gronbaek I. Architecture for the internet of things (IoT)：API and interconnect. Proceedings of 2nd International Conference on Sensor Technologies and Applications (SENSOR-COMM)，2008：802—807.

[22]Wu M，Lu T，Ling F，et al. Research on the architecture of internet of things. Proceedings of International Conference on Advanced Computer Theory and Engineering (ICACTE)，2010：484—487.

[23]Lv J，Yuan X，Li H. A new clock synchronization architecture of network for internet of things. Proceedings of International Conference on Information Science and Technology (ICIST)，2011：685—688.

[24]沈苏彬，毛燕琴，范曲立，等．物联网概念模型与体系结构．南京邮电大学学报(自然科学版)，2010,30(4)：1—8.

附录 缩略语对照表

英文缩写	英文全称	中文
2G/3G/4G/5G	the 2rd/3rd/4rd/5rd generation mobile system	第二/三/四/五代移动通信系统
3GPP	3rd generation partner project	第三代伙伴关系
AAA	authentication/authorization/accounting	认证/授权/计费
ACK	acknowledgment	应答
AF	amplify-and-forward	放大转发
AMC	adaptive modulation and coding	自适应编码调制
AP	access point	接入节点
AR	access router	接入路由器
ARQ	automatic repeat request	自动重复请求
BER	bit error rate	误比特率
BRAN	broadband radio access network	宽带无线接入网
BS	base station	基站
CAT	cooperative access transmit	协作接入传输
CC	coded-cooperation	编码协作
CHN	cognitive heterogeneous network	认知无线异构网络
CIF	cooperative interference forward	协作干扰转发
CIM	collaboration interference management	协作干扰管理
CIR	carrier to interference ratio	载干比
CLI	cognitive layer interface	认知层接口
CP	cognitive plane	认知平台
CR	cognitive radio	认知无线电
CRC	cyclic redundancy check	循环冗余校验
CRSN	cognitive radio sensor network	认知无线传感器网络
CT	cooperative transmission	协作传输
DF	decode and forward	译码转发

DPC	dirty paper coding	脏纸编码
DSA	dynamic spectrum access	动态频谱接入
EGC	equal gain combining	等增益合并
EPC	evolved packet core	演进分组核心网
EPS	evolved packet system	演进分组系统
ePDG	enhanced packet data gateway	增强型分组数据网关
ETSI	European Telecommunication Standards Institute	欧洲电信标准化协会
E-UTRAN	evolved universal terrestrial radio access network	通用陆基无线接入网
FCC	Federal Communications Commission	联邦通信委员会
FNR	farthest neighbor routing	最远邻居路由
GSM	global system for mobile communication	全球移动通信系统
HARQ	hybrid automatic request	混合自动重传请求
HC-MAC	hardware-constrained MAC	硬件约束 MAC
HSS	home subscriber server	归属用户服务器
HTS	help to send	协助传送
IEEE	Institute of Electrical and Electronics Engineers	电气及电子工程师学会
IP	internet Protocol	互联网协议
IR	interference receiver	干扰用户接收端
IRI	inter relay interference	中继间干扰
ISM	industrial scientific medical	工业、科学、医疗
IT	interference transmitter	干扰用户发射端
KR	knowledge repository	知识库
LTE	long term evolution	长期演进技术
MAC	media access control	媒体接入控制
MCS	modulation an coding scheme	调制编码方式
MIH	media independent handover	媒体独立切换
MIMO	multiple input multiple output	多输入多输出
MME	mobility management entity	移动性管理实体
MOAR	multi-channel opportunistic auto rate	多信道机会自动变化速率
MRC	maximum ratio combination	最大比合并
NAK	negative acknowledgment	否定应答
NNR	nearest neighbor routing	最近邻居路由
NUM	network utility maximization	最大化网络效应
OFDM	orthogonal frequency division multiplexing	正交频分复用

OM	orthogonal multiplexing	正交复用
OSA-MAC	opportunistic spectrum access MAC	机会频谱接入 MAC
OSI	open system interconnection	开放系统互连
PA	protocol adapter	协议适配单元
PCRF	policy and charging rules function	策略计费规则功能
PD	primary destination	主用户目的端
PDG	PDN data gateway	公共数据网关
P-GW	packet gateway	分组网关
PU	primary user	主用户
PR	primary receiver	主用户接收端
PR_i	the i th primary relay	第 i 个主用户中继
PRB	physical resource block	物理资源块
PS	primary source	主用户数据源
PT	primary transmitter	主用户发射端
QoS	quality of service	服务质量
RNC	radio network controller	无线网络控制器
SAE	system architecture evolution	系统架构演进
SC	superposition coding	叠加编码
SD	secondary destination	二级用户目的端
S-GW	service gate way	服务网关
SIMO	single input multiple output	单输入多输出
SINR	signal to interference plus noise ratio	信干噪比
SNR	signal to noise ratio	信噪比
SR	secondary receiver	二级接收端
ST	secondary transmitter	二级发射端
SU	secondary user	二级用户
TCP	transmission control protocol	传输控制协议
TPSR	two-path successive relaying	双路径中继
Type-I HARQ	type-I hybrid automatic request	传统 ARQ
UMTS	universal mobile telecommunications system	通用移动通信系统
WiMax	worldwide interoperability for microwave access	全球微波互连接入
WLAN	wireless local area network	无线局域网
WSN	wireless sensor network	无线传感网络
WU	WLAN user	无线局域网用户

后　　记

　　根据认知无线电 overlay 频谱共享模型的定义可知,二级用户必须在主用户数据传输之前感知到主用户信息,这是认知 overlay 频谱共享模型研究的重点和难点。本书的研究工作主要围绕着如何实现主用户信息的获取而开展,因此设计了认知 overlay 频谱共享模型的四种可实现场景下的传输策略,相应的四部分研究内容可总结如下。

　　第一部分,在多用户场景下,基于两阶段式机制的认知无线电 overlay 频谱共享模型传输策略的设计。该部分研究以单用户的两阶段式传输策略设计原理为基础,针对已有的多用户选择传输策略的不足而开展。书中提出基于最佳协作用户选择的两阶段式认知 overlay 频谱共享模型的传输策略,并详细介绍该传输策略的设计过程。参考实际系统中用户的分布状况,建立多用户场景下的认知系统模型。系统中包含一个主用户对,这是一种典型的多个二级用户间相互竞争的认知无线电系统。二级用户通过协助中继传输主用户数据来实现频谱共享。以认知无线电 overlay 频谱共享模型系统的工作流程为主线,首先讨论二级用户获取主用户信息的情况,判别第一阶段能解码获取主用户数据的所有二级发射端,此处成功译码是指主用户发射端与二级用户发射端之间信号的实际传输速率大于或等于主用户系统的最小传输速率。根据二级数据的有效传输是激励二级用户参与协作的主要因素,接着判断上述选出的二级用户进行频谱接入时是否满足二级用户的服务质量,即二级数据传输速率大于或等于二级系统的最小传输速率,以此保证二级数据的可靠通信。二级用户经过前两步判别后,再从中选取最有利于主用户性能提升的一个二级发射作为协作中继,就是使主用户获得最优中断性能的二级用户,其中协作用户既协助中继转发主用户数据也实现其二级数据的传输。书中采用了叠加编码技术来组合主用户数据和二级数据,即将二级用户的发射功率分为两部分,一部分用于中继传输主用户数据,另一部分用于发射二级数据。据上述可知,优化目标是最优化主用户的中断性能,约束条件为二级数据的有效传输,因此书中推导了主用户系统的中断概率。在性能仿真中对比分析了无二级用户协作、随机选择用户协作和最佳选择用户协作三种传输策略,结果表明,最佳选择用户协作的传输策略具有最好的中断性能。另外,当二级用户个数和信道系数等传输参数设置不同时,本书讨论了所提出的传输策略中主用户中断性能的变化趋势。仿真分析和理论推导结果一致,从而验证了本书提出的传输策略的可行性和有效性。

　　第二部分,当主用户系统为多跳通信时,本书设计认知无线电 overlay 频谱共享模型传输策略。主用户数据经过多个中继转发才成功传输的通信场景，可实现多个二级用户的并行通信。本书提出基于多个二级用户并行通信的认知无线电overlay 频谱共享模型传输策略，并详细说明其设计过程。参考实际的主用户多跳传输的通信环境，建立认知频谱共享系统模型。二级系统实现点到点的通信目标，主用户系统实现端到端的通信目标，即主用户数据包经过多个中继节点的协助从主用户信息源成功传输到主用户终端。二级发射节点与主用户固有的中继节点有着基本一致的分布结构，它是主用户传输的候选中继，因此，用于中继传送主用户数据的或者是主用户固有的中继节点，或者是二级发射节点。本书为此设计了两种中继路由选择方案，即并行全协作路由传输方案和并行向后窗路由传输方案。前者用于中继传输主用户数据的节点都是二级发射节点，若当前发射节点是主用户信号源，被选到的中继路由是最靠近主用户终端且能解码当前跳上传输的主用户数据包的二级发射节点，即 FNR 路由选择规则；若当前发射节点是二级节点，被选到的中继路由是发射节点的下游邻节点且能解码当前跳上传输的主用户数据的二级发射节点，即 NNR 路由选取规则。在后者中，若当前跳发射端为二级节点，路由选取规则与全协作路由策略中的相同；若当前跳发射端为主用户节点，只有当最优的二级节点落后于最优主用户节点的距离处于一规定范围内时，才选择最优二级节点为下一跳中继路由，否则就会选择最优主用户节点。最优二级节点和最优主用户节点分别指能成功解码当前跳传输的主用户数据且最靠近主用户终端的二级节点和主用户节点。当中继转发主用户信号的是二级用户时，其他满足并行通信条件的二级用户能共享主用户频谱资源而实现二级数据的传输。并行通信条件是指二级数据的传输所造成的干扰不能影响主用户数据的正常传输。据此条件，书中设计了一种并行通信用户选取的搜索算法，其主要目标是最大化并行传输用户的个数，即从给主用户数据传输造成最小干扰的二级用户开始搜索，依次搜索出满足并行通信条件的所有二级用户。综上所述，二级用户扩充主用户中继集合，使主用户系统获得多用户分集增益；且二级用户的协助降低了主用户的系统能量损耗。在端到端的传输中，传输跳数的增加会导致传输时延的增大，因此书中推导了与传输跳数相关的主用户端到端的吞吐量表达式。认知重叠模型系统中，二级用户通过协助传输来获取频谱接入机会，根据每个参与协作的二级用户，推导其使二级系统获得的点到点平均吞吐量。一般来说，二级用户期望获得较多的频谱接入机会，因此希望主用户数据包在二级网络中经过较多的传输跳数，此时会导致主用户吞吐量下降。在性能仿真中分析了主用户的端到端吞吐量和二级用户的点到点吞吐量，结果表明，多个二级用户的并行通信能提高二级用户的点到点吞吐量。被选作中继的二级用户使用全部资源来传输主用户数据，致使主用户的端到端吞吐量有少量提升。理论和仿真结果验证了本书提出的传输策略的有效性和可行性。

　　第三部分,基于 TPSR 机制的认知无线电 overlay 频谱共享模型传输策略的研究。如何从多个二级用户中选择两个来实现主用户数据的 TPSR 传输是本书研究的重点之一。由于基于 TPSR 机制的传输策略中存在中继间干扰,且认知重叠模型中二级用户一般采用叠加编码技术来组合主用户数据和二级用户数据,这使得二级发射端上的成功译码率较低。本书针对这些问题提出了基于 TPSR 机制和多用户选择的认知重叠模型传输策略。该模型包含多对二级用户和一对主用户。考虑到信道衰落和路径损耗会导致主用户直接链路传输效果差,此时主用户需要二级用户协助。在基于 TPSR 机制的共享策略中,主用户传输仍采用传统的通信方式。TPSR 传输中要求选取两个二级发射节点来协助主用户通信,这才能保证不改变传统的主用户通信方式。而要实现 TPSR 传输就需要被选的两个二级发射节点分别能解码各自接收时隙上的主用户数据以便在相应的发射时隙上实现中继传输,因此协助提升主用户性能。又由于相距较远的两个二级发射节点不易于实现 TPSR 传输机制,所以选择能实现 TPSR 传输且使主用户系统获得最好中断性能的两个相邻二级发射节点作为协作中继,被选到的两个二级发射节点仅发挥普通中继的作用。为了补偿参与协作的二级用户,系统允许在主用户频谱资源上实现二级数据的通信。书中利用二级用户间协作的思路来设计频谱接入,即选择第 3 个二级用户进行二级数据传输,选取准则为给主用户数据传输造成的干扰较小。只有前两个二级用户选择成功后,才开始选择第 3 个二级用户。书中详细介绍每个传输时隙上各通信节点的工作状态,并说明 L 个主用户信号需要 $L+1$ 个时隙来传输。利用全概率知识推导主用户系统的中断概率和二级用户系统的中断概率上界。在性能仿真中,对比分析多用户场景下的基于阶段式机制和基于 TPSR 机制的认知重叠模型传输策略。结果表明,后者具有更好的主用户中断性能,且二级用户平均发射信噪比较小时,具有较好的二级用户中断性能,而二级用户平均发射信噪比较大时,用户间干扰会使二级用户中断性能下降。另外,本书还讨论了二级用户个数、主用户系统最小传输速率、信道分布系数以及主用户平均发射信噪比等传输常数取值不同时,系统中断性能的变化趋势。理论推导和仿真结果验证了本书提出的传输策略的有效性和可行性。

　　第四部分,在强干扰环境下,设计面向 ARQ 系统的认知无线电 overlay 频谱共享模型传输策略。干扰严重影响系统性能,而使其呈现瓶颈效应。为此,本书提出基于协作干扰管理与频谱接入之间切换的频谱共享传输策略。参考实际的蜂窝小区覆盖状况建立包含主用户、二级用户以及干扰源用户的系统模型,其中主用户系统和干扰用户系统是 ARQ 系统。本书详细介绍了协作模式和接入模式下的传输机制。在协作模式下,若某一时隙中下述的三个事件即二级发射端成功解码来自干扰源的信号、二级发射端未收到来自干扰用户的反馈信号 ACK、干扰源传送数据包的重传次数未达到最大同时发生,那么二级用户将在下一时隙协助主用户实现干扰消除,此时主用户性能获得提升。在接入模式下,若某一时隙中下述的三个事件即二级接收端成功解码来自干扰源的信号、二级接收端未收到来自干扰用户的反馈信号 ACK、干扰源传送数据包的重传次数未达到最大同时发生,那么下一传输时隙中二级用户实现频谱接入,此时二级数据传输引入的干扰致使主用户性能下降。理论推导了主用户和二级用户吞吐量的表达式。相较于传统的主用户系统吞吐量,定义了协作模式中主用户吞吐量的提升量为二级用户所获得的信用度,定义了接入模式中主用户吞吐量的减少量为惩罚度。当信用度大于等于惩罚度时,所设计的传输策略便是合理有效的。在性能仿真中,对比分析了传统传输策略、协作中继传输策略以及协作干扰管理传输策略。仿真结果表明,当主用户平均发射信噪比大于某个值(该值取决于系统参数的设置以及各信道的状态),主用户直接链路传输质量很好,即无干扰环境下,主用户系统不需要二级用户协助,那么传统传输策略性能最优;当主用户平均发射信噪比低于这个值,即主用户直接链路传输质量较差时,协作传输策略都比传统传输策略优越。上述后一种情况又可分成两个场景:其一,主用户平均发射信噪比很小,即在强干扰环境下,协作干扰管理传输策略比协助中继转发传输策略更优越;其二,在弱干扰环境下,协助中继转发传输策略比协作干扰管理传输策略更优越。此外,书中还讨论了干扰用户系统最小传输速率以及主用户系统最大重传次数不同时,系统性能的变化趋势;也说明了协作干扰管理和协作中继转发两传输策略中的信用度和惩罚度随主用户平均发射信噪比变化的趋势。理论分析和仿真结果验证了本书提出的传输策略的有效性和可行性。

认知无线电 overlay 频谱共享模型具有较好的系统性能和较高的频谱利用率,它的进一步研究能缓解频谱资源稀缺问题。根据本书对认知无线电 overlay 频谱共享模型研究现状的分析和总结,后续研究工作可从下述五个方面开展。

(1)用户位置随机分布时的认知 overlay 频谱共享模型的研究。认知 overlay 频谱共享模型的现有研究主要是理论基础研究,其中为了便于数学推导,建立理想化的系统模型,即规则化地设定用户分布位置,这与实际通信系统存在较大差距,因此深入研究用户随机分布的认知重叠模型,对实际通信场景部署具有重要的指导意义。

(2)认知 overlay 频谱共享模型中多天线技术的研究。多天线技术是一项先进的通信技术,它能很好地提升系统性能,认知 overlay 频谱共享模型中采用多天线技术能提高数据传输速率和信号传输质量。而现有研究很少考虑多天线技术,因此认知 overlay 频谱共享模型中多天线技术有待广泛研究。

(3)多信道认知 overlay 频谱共享模型的研究。单信道认知 overlay 频谱共享模型是现有研究的重点,而多信道能提高网络的吞吐量,且能实现更好的信道维护,因此多信道认知 overlay 频谱共享模型具有深入研究的价值。

（4）多种模型相结合的认知无线电系统设计。现有研究主要分析的是认知无线电三种模型中的一种。由于这三种模型划分明确，且具有不同的特性，针对实际系统的多样化特征，将其结合应用，或者建立更合理的新型认知模型更适用于实际通信系统。

（5）具有部分认知能力的认知 overlay 频谱共享模型的研究。具有部分认知能力的认知 overlay 频谱共享模型更接近于实际通信系统，现有研究主要分析了不同情况下的系统性能。而设计合理的传输策略，既能使已认知的部分信息效用达到最大，又能有效抑制未认知的部分信息所造成的性能损失，更有实际的应用价值。